学术研究专著

复杂条件下的目标检测识别及跟踪技术

吕梅柏　刘晓东　赵军民　刘召庆　王　佩　周大明　著

西北工业大学出版社

西安

【内容简介】 本书针对复杂条件下的目标检测识别及跟踪技术,主要介绍了在复杂条件下目标检测识别及跟踪技术的有关方法和硬件技术,涵盖了图像处理相关基础知识、红外和可见光图像融合跟踪技术、复杂气象条件的目标检测算法以及将传统算法和深度学习算法相结合的目标跟踪算法等内容。针对在复杂条件下常规目标检测识别跟踪方法的不足,本书使用红外和可见光图像的融合、图像去雾等方法提升了算法性能,并结合实际情况,叙述了以嵌入式 GPU(Graphics Processing Unit)和 FPGA(Field Programmable Gate Array)架构的硬件系统为基础的算法部署和应用,有一定的实际参考价值。

本书可作为高等学校导航制导类和图像处理类专业的研究生教材,也可供从事精确制导、抗干扰跟踪识别技术的工程技术人员参考。

图书在版编目(CIP)数据

复杂条件下的目标检测识别及跟踪技术 / 吕梅柏等
著 . — 西安 : 西北工业大学出版社,2022.12
ISBN 978 - 7 - 5612 - 8181 - 9

Ⅰ. ①复⋯　Ⅱ. ①吕⋯　Ⅲ. ①目标检测–图像识别 ②
目标跟踪　Ⅳ. ①TP391.41 ②TN953

中国版本图书馆 CIP 数据核字(2022)第 072356 号

FUZA TIAOJIAN XIA DE MUBIAO JIANCE SHIBIE JI GENZONG JISHU
复 杂 条 件 下 的 目 标 检 测 识 别 及 跟 踪 技 术
吕梅柏　刘晓东　赵军民　刘召庆　王佩　周大明　著

责任编辑:胡莉巾	策划编辑:杨　军
责任校对:王玉玲	装帧设计:李　飞

出版发行:西北工业大学出版社
通信地址:西安市友谊西路 127 号　　邮编:710072
电　　话:(029)88491757,88493844
网　　址:www.nwpup.com
印　刷　者:陕西瑞升印务有限公司
开　　本:787 mm×1092 mm　　1/16
印　　张:14.75
字　　数:387 千字
版　　次:2022 年 12 月第 1 版　　2022 年 12 月第 1 次印刷
书　　号:ISBN 978 - 7 - 5612 - 8181 - 9
定　　价:69.00 元

前　言

在智能化信息时代,目标检测与跟踪算法已广泛应用于各种智能化武器装备上。目前基于深度学习的目标检测算法在各种良好视觉环境的场景下具备可观的检测性能。但是在现代战争中,装备了光学导引系统的精确制导武器在复杂战场条件下,对目标的识别和跟踪往往面对诸多干扰,例如光照、雨水、尘土、烟雾、诱饵以及目标自身的伪装和植被的遮挡等。由于实际场景复杂多变、智能检测算法模型大,存在部署难、抗遮挡性能差、跟踪精度低等问题。真实场景中常常出现雨雾等恶劣天气条件,水分子颗粒对光线的吸收和散射损害了图像数据中目标的特征信息,致使目标检测算法在这些实际场景中性能受损或难以预测正确结果。有些武器通过应用红外成像等技术,可以在一定程度上消除这些干扰,但是红外成像对目标和目标的关键部位的识别能力不足,影响打击的精确性。近年来,随着对红外和可见光图像融合研究的深入,结合研究复杂气象干扰条件,特别是雾天干扰时的目标检测技术如何将图像融合技术和图像去雾算法应用于目标检测识别和跟踪逐渐成为研究热点。本书基于弹载平台,结合智能识别、跟踪、重检测目标一体化的轻量化算法(并将其应用于智能芯片中加以验证),为提高导弹在复杂条件下的打击精度提供科学依据。

全书共分为4章,各章节内容安排如下。第1章图像处理相关基础知识。主要对复杂条件下的目标检测识别跟踪技术的发展现状进行介绍,并对本书所涉及的图像有关的基础知识进行简明扼要的说明,主要内容为图像特征提取、图像滤波算法、传统的目标跟踪算法以及与深度学习有关的基础知识。第2章红外和可见光图像融合跟踪技术。解决复杂光照变化的场景,尤其是夜间的作战场景问题时,红外成像具有显著优势。但是受红外图像本身成像机理的限制,红外图像的纹理信息不足以实现准确的目标检测识别。因此本章结合弹载计算机的实际情况,叙述一种基于光学系统的红外和可见光图像融合方法,它能够保留充分的异源传感器信息,实现在复杂光照变换的场景下对目标的稳定检测识别和跟踪。第3章复杂气象条件下的目标检测算法。在实际的作战环境中,雨、雾等干扰是一种常见的环境因素。为解决雾天场景下目标检测性能退化的问题,本章针对雾天场景数据,并结合前沿相关理论展开研究:首先基于大气散射模型对真实无雾场景进行加雾算法处理,得到不同浓度的雾天图像集合;然后针对不同浓度的雾天场景开展实验,选取不同的检测策略进行处理;最后确定不同浓度雾气干扰下的目标检测策略。第4章传统算法和深度学习算法结合的目标跟踪。针对在实际的弹载平台上深度学习算法部署难度大的问题,本章提出基于弹载平台的改进轻量化 YOLOv4 目标检测算法,并基于 YOLOv4 模型对骨干网络、损失函数等进行改进,以深度可分离卷积代替标准卷积,引入反向残差结构并替换模型的骨干网络,在特征提取阶段增加双金字塔架构,使用焦点损失函数以解决类间不平衡问题;提出智能识别、跟踪、重检测目标一体化的长时目标跟踪算法;针对目前弹载平台仍需人工选取首帧目标及目标丢失后二次进入视场难定位的问题,建立上述改进跟踪算法与轻量化检测算法的协同运行机制。当上述三级置信度判别算法检测到目标处于非稳态跟踪时,启动轻量化目标检测网络 YOLOv4_slv2,并将当前检测到的目标位置发送至跟踪器进行跟踪模板初始化。在 DSP(Digital Signal Processing)和 GPU 组合平台架构上实现算法验证。

本书由吕梅柏、刘晓东、赵军民、刘召庆、王佩、周大明撰写。参与课题研究的成员有吕梅柏、刘晓东、赵军民、王佩、周大明、余桐、何菊、袁浩奔、周鹏耀、付哲、白坤、张步红等。

在此,向中国兵器工业第二〇三研究所和中国兵器工业第二〇五研究所给予的支持表示感谢。

西北工业大学航天学院、西北工业大学出版社对本书的出版给予了热情的支持,在此深致谢忱。

由于水平有限,书中难免存在不妥之处,敬请广大读者批评指正。

著　者

2022 年 3 月

目　　录

第1章　图像处理相关基础知识

1.1　常见的图像特征

在图像处理中,特征提取是一个必不可少的步骤,通过特征提取可以将图像的某个区域用某一特征量化表达,从而通过对不同图像的特征的分析,区分出前景图像和背景图像。因此特征提取的重要性在于表征感兴趣区域的唯一性、提高计算速度并减少内存占用。常规的图像特征选取需要考虑抗干扰特性,选取抗干扰特征时通常遵循以下原则:

(1)能够表征感兴趣区域的唯一性。

(2)对于环境的变化拥有较强的鲁棒性,如光照变化、背景变化。

(3)对于目标外形的变化拥有一定的不变性,如姿态变化、形变、距离导弹目标由远到近的尺度变化。

(4)为了提高计算速度、满足帧频指标,特征维数不能过高。

针对以上原则,本书结合相关实践,对常用的抗干扰特征进行介绍。

1.1.1　局部二进制特征

局部二进制(Local Binary Patterns,LBP)特征是一种描述图像局部纹理特征的算子,计算简单,并且具有灰度不变性、旋转不变性等优点,在计算机视觉很多领域得到了广泛的应用。

原始 LBP 算子被定义为,在 3×3 的矩形窗口内,将中心像素与周围 8 个像素的灰度值进行比较,若周围像素值大于中心像素值,则该位置被置为 1,反之被置为 0。将 8 位二进制数作为中心像素的 LBP 特征值,该值反映了局部纹理信息。为了表征不同尺寸和频率的纹理,研究者将原始算子扩展到圆形 LBP 算子:将 3×3 矩形邻域拓展为任意半径 R 大小的圆形邻域;允许在该圆形邻域内有任意多个采样点,并采用两次线性插值法或邻近法得到坐标不为整数的采样点的像素值。图 1-1 即为圆形算子示意图。图 1-1(a)是邻域半径 R 为 1、采样点数 P 为 4 的情况;图 1-1(b)是邻域半径 R 为 1、采样点数 P 为 8 的情况,其中 4 个灰色采样点的像素值需要用插值法得到。

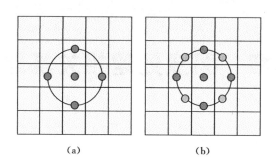

(a)   (b)

图 1-1　圆形局部二进制算子

(a)$R=1,P=4$;(b)$R=1,P=8$

为了使得 LBP 算子具有旋转不变性,研究者将圆形领域不断旋转,得到一系列初始定义的 LBP 值,然后取其中的最小值作为最终的 LBP 值。即便这样,对于半径为 R 的圆形邻域内的 P 个采样点,会产生 2^P 种模式。譬如,对于 10 个采样点,会产生 1 024 种模式。这么多的取值模式会造成典型的高维描述符,对后续处理不利,同时,过多的模式种类对于纹理的表达也是不利的。为了解决这一问题,LBP 创始者提出了一致化 LBP 模式。Ojala 等认为,在实际图像中,绝大多数 LBP 模式最多只包含两次从 1 到 0 或从 0 到 1 的跳变。因此,Ojala 将"等价模式"定义为:当某个 LBP 所对应的循环二进制数从 0 到 1 或从 1 到 0 最多有两次跳变时,该类型保留;当跳变次数超过 2 次时,均归为一类。譬如,00001110 左移一位变为 00011100,此时跳变为 2 次,这两种模式为等价模式;11111111 左移不变,跳变次数为 0,这种模式仍然为等价模式;10001000 左移一位变为 01000100,跳变次数为 4,则这种模式被称为混合模式。根据上述定义,对于半径为 R 的圆形邻域内的 P 个采样点,模式个数会由 2^P 种变为 $P(P-1)+3$ 种,而如果再考虑旋转不变性,模式个数变为了 $P+2$ 种。圆形局部二进制特征图谱和旋转不变局部二进制图谱如图 1-2 所示。等价模式代表了图像的边缘、斑点、角点等关键模式,等价模式占了总模式中的绝大多数,所以极大地降低了特征维度。利用这些等价模式和混合模式类直方图,能够更好地提取图像的本质特征。

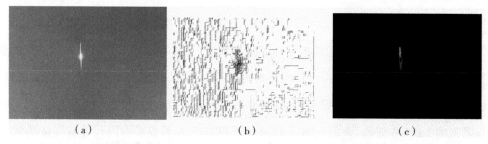

(a)   (b)   (c)

图 1-2　原图、圆形局部二进制特征图谱和旋转不变局部二进制(LBP)特征图谱

综上,提取等价模式意义下的 LBP 特征,建立其模式种类统计直方图,具体步骤如下:

(1)将图片分为 $K×K$ 个小区域(cell);

(2)对于子块的每个像素,确定圆形邻域半径 R 和采样点个数 P,计算中心像素的一致化

LBP 特征；

　　(3)针对每个子块的 LBP 特征,建立统计直方图,如图 1-3 所示,并进行归一化处理；

　　(4)将 $K \times K$ 个子块的直方图特征级联起来,用该特征向量描述整幅图像的纹理特征。

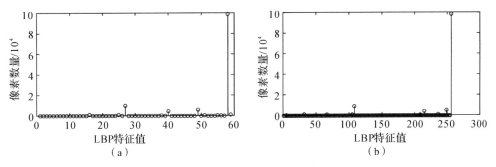

图 1-3　局部二进制特征统计直方图

1.1.2　方向梯度直方图特征

　　方向梯度直方图(Histogram of Oriented Gradient,HOG)特征是一种在计算机视觉和图像处理中用来进行物体检测的特征描述子。它通过计算和统计图像局部区域的梯度方向直方图来构成特征。首先,由于 HOG 是在图像的局部方格单元上操作,所以它对图像几何和光学的形变都能保持很好的不变性,这两种形变只会出现在更大的空间领域上。其次,在粗的空域抽样、精细的方向抽样以及较强的局部光学归一化等条件下,可以容许目标有一些形变。因此 HOG 特征特别适合于做检测识别。HOG 特征提取的步骤如图 1-4 所示。

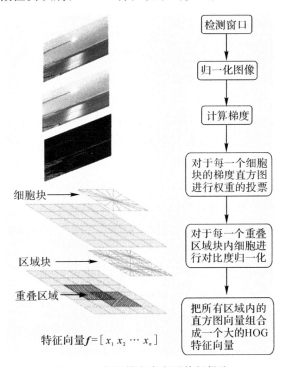

图 1-4　方向梯度直方图特征提取

(1)使用 Gamma 校正法对输入图像进行归一化,从而调节图像对比度,降低局部阴影和光照变化造成的影响,抑制噪声干扰。Gamma 压缩公式为

$$F(x,y)=F(x,y)^{\text{gamma}} \tag{1-1}$$

式中,$F(x,y)$为输入图像像素值,gamma 为压缩参数。

(2)使用一维离散微分模板同时在水平和垂直两个方向上计算像素梯度。像素点(x,y)处的梯度幅值与角度公式如下:

$$G(x,y)=\sqrt{G_x(x,y)^2+G_y(x,y)^2} \tag{1-2}$$

$$\alpha(x,y)=\arctan\frac{G_y(x,y)}{G_x(x,y)} \tag{1-3}$$

式中,$G(x,y)$为像素点(x,y)的梯度值,$\alpha(x,y)$为像素点(x,y)的梯度角度值,$G_x(x,y)$为像素点(x,y)在 x 方向的梯度值,$G_y(x,y)$为像素点(x,y)在 y 方向的梯度值。

(3)确定细胞块(cell)尺寸、梯度方向的统计窗口数(bin)。对于 cell 中的每个像素点,根据其梯度方向值为直方图通道进行加权投票,其权值是由梯度幅值进行高斯加权计算而来的。如果计算带符号的梯度,则统计$-180°\sim180°$的梯度方向;如果计算不带符号的梯度方向,则统计 $0°\sim180°$的梯度方向。

(4)确定区域块(block)尺寸。将一个 block 中所有 cell 的特征串联起来,作为该 block 的特征,并进行归一化,从而克服局部光照的变化以及前景-背景对比度的变化带来的影响。

(5)确定区域块的重叠率。将图像中所有区域块的特征级联起来构成最终的 HOG 特征向量。

1.1.3 多通道颜色特征

颜色特征作为重要的特征之一,可以为导弹目标跟踪提供重要的判别依据,由于导引系统通常含有彩色(RGB)摄像头,因此可以采集到目标的颜色特征。颜色特征本身就是一种全局特征,它描述了图像或者是图像区域内所对应的景象的表面性质。普通的颜色特征往往都是基于像素点的特征,因此这个时候所有属于这个图像或者图像区域的每个像素点都有自己的贡献。由于颜色特征对图像或者是图像区域内的大小和方向等变化不是太敏感,因而颜色特征不能很准确地捕捉图像中需要检测的对象的个别局部特征。另外,如果仅仅使用目标的颜色来进行特征查询,假使这个数据库很大,常常会把许多不相关的图像也给检索出来。

颜色特征的具体选择是整体目标跟踪成功的关键。近几年,颜色特征已经在目标识别、目标检测和行为识别等方面取得巨大成功,本系统将颜色特征运用到目标跟踪中来解决问题。语言研究表明世界上包含 11 个基本颜色词:黑色、蓝色、棕色、灰色、绿色、橙色、粉色、紫色、红色、白色和黄色。在计算机视觉领域,颜色命名(Color Names,CN)将彩色摄像头观测与语言颜色标签结合起来。

自适应颜色属性就是实时地来选择、比较目标表观特征中相对比较显著的颜色,这个颜色选择的过程就是一种类似主成分分析(Principal Component Analysis,PCA)中降维的思想,把 11 维的颜色特征降为 2 维颜色特征。这样既保留了有用的信息,又大大减少了颜色数量的维度,从而显著提高速度。

通过最小代价函数,为图像 p 找到一个颜色信息被最大程度保留的降维映射:

$$\eta_{\mathrm{tot}}^{p} = a_{p}\eta_{\mathrm{data}}^{p} + \sum_{j=1}^{p-1} a_{j}\eta_{\mathrm{smooth}}^{j} \tag{1-4}$$

式中，η_{data}^{p} 是一个只取决于当前帧的数据项，$\eta_{\mathrm{smooth}}^{j}$ 是一个与帧数 j 有关的平滑项。这些项是由权重 $a_1,\cdots,a_p$ 控制的。

$\hat{x}^{p}$ 是 D_1 维的学习目标外观参数，$\boldsymbol{B}_p$ 是通过降维方法找到的一个在标准正交基下的 $D_1 \times D_2$ 投影矩阵。$\boldsymbol{B}_p$ 通过线性映射 $\tilde{x}^{p}(m,n) = \boldsymbol{B}_p^{\mathrm{T}}\hat{x}^{p}(m,n)$，$\forall m,n$ 计算新的 D_2 维外观的特征映射 $\tilde{x}^{p}$。数据项由目前的外观重建误差组成。

$$\eta_{\mathrm{data}}^{p} = \frac{1}{MN}\sum_{m,n} \| \hat{x}^{p}(m,n) - \boldsymbol{B}_p \boldsymbol{B}_p^{\mathrm{T}}\hat{x}^{p}(m,n) \|^{2} \tag{1-5}$$

式中的数据结果符合主成分分析对于学习外观模型 $\hat{x}^{p}$ 的处理。在式（1-5）中，更新投影矩阵只使用当前帧的目标模型，因为以前学习分类器系数 $\hat{\alpha}^{p}$ 已经更新。

为了获得鲁棒性更高的学习投影矩阵，应在式（1-5）中加入平滑项。$\boldsymbol{B}_j (j < p)$ 是之前帧已经计算过的投影矩阵。如果新的投影矩阵 $\boldsymbol{B}_p$ 和在前面帧计算得到的投影矩阵 $\boldsymbol{B}_j$ 测量的不是相同的特征子空间，那么添加平滑项只会增加成本。这是由内积和 RBF 内核不变的单一操作性决定的。因此，特定选择的基础并不重要，只要在相同的特征子空间内测量。平滑项的具体公式如下：

$$\varepsilon_{\mathrm{smooth}}^{j} = \sum_{u=1}^{D_2} \| \lambda_{j}^{(u)} - \boldsymbol{B}_p \boldsymbol{B}_p^{\mathrm{T}} b_{j}^{(u)} \|^{2} \tag{1-6}$$

式（1-6）是早前的基础向量 $\boldsymbol{B}_j$ 和现在的基础 $\boldsymbol{B}_p$ 之间的重建损失。$\boldsymbol{B}_j$ 中的每一个基础向量 $\boldsymbol{b}_j^{(u)}$ 的重要性是由权重 $\lambda_j^{(u)} \geqslant 0$ 来决定的。

根据数据项 η_{data}^{p} 和平滑项 $\eta_{\mathrm{smooth}}^{j}$ 可以得知总约束下的最小化函数 $\boldsymbol{B}_p \boldsymbol{B}_p^{\mathrm{T}} = \boldsymbol{I}$。执行一个矩阵的特征值分解（EVD）：

$$\boldsymbol{R}_p = a_p \boldsymbol{C}_p + \sum_{j=1}^{p-1} a_j \boldsymbol{B}_j \boldsymbol{\Lambda}_j^{\mathrm{T}} \tag{1-7}$$

其中，$\boldsymbol{C}_p$ 是当前帧外观模型协方差矩阵，$\boldsymbol{\Lambda}_j$ 是 $\lambda_j^{(u)}$ 权重下的 $D_2 \times D_2$ 的对角矩阵。投影矩阵 $\boldsymbol{B}_p$ 作为 $\boldsymbol{R}_p$ 的 D_2 规范化特征向量对应的最大特征值。设置式（1-7）中的权重 $\lambda_j^{(u)}$

作为 $\boldsymbol{R}_j$ 的特征值对应的基向量 $b_j^{(u)}$。式（1-7）中的权重是根据学习速率参数 γ 来设置的。这样就可确保一个高效的计算矩阵 $\boldsymbol{R}_p$，不需要存储所有前面的矩阵 $\boldsymbol{B}_j$ 和 $\boldsymbol{\Lambda}_j$。具体的算法流程如图 1-5 所示。

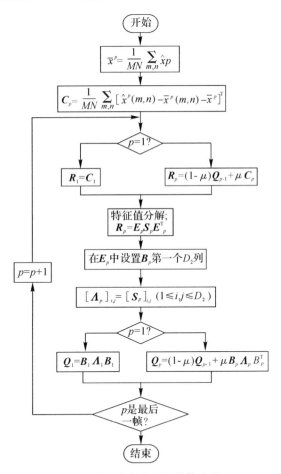

图 1-5　多通道颜色特征计算流程

1.1.4 一维熵特征

熵用来衡量一个分布的均匀程度,熵越大,说明分布越均匀。在信息论中,信息熵可以说明消息的混沌程度,熵越大说明消息越不明了,即越难以从消息中得到有效信息。利用图像熵为准则进行图像分割是由 Kapuret 提出来并至今仍然使用较广的一种图像熵分割方法。

一维最大熵法是根据分类问题中越靠近分类边界分布的不确定性越大的原理,通过求出目标和背景分布的最大熵获取最佳分割阈值,从而取得较好效果的。其算法原理如下:

给定一个特定的阈值 $q(0 \leqslant q < k-1)$,对于该阈值所分割的两个图像区域 C_0、C_1,其估算的概率密度函数可表示为

$$C_0: \frac{p(0)}{p_0(q)}, \frac{p(2)}{p_0(q)}, \cdots, \frac{p(q)}{p_0(q)}, 0, 0, \cdots, 0 \tag{1-8}$$

$$C_1: 0, 0, \cdots, 0, \frac{p(q+1)}{p_1(q)}, \frac{p(q+2)}{p_1(q)}, \cdots, \frac{p(k-1)}{p_1(q)} \tag{1-9}$$

其中

$$p_0(q) = \sum_{i=0}^{q} p(i) \tag{1-10}$$

$$p_1(q) = \sum_{i=q+1}^{k-1} p(i) = 1 - p_0(q) \tag{1-11}$$

式中,$p_0(q)$、$p_1(q)$ 分别表示 q 阈值分割的背景和前景像素的累计概率,两者之和为 1。

背景和前景对应的熵表示如下:

$$H_0(q) = -\sum_{i=0}^{q} \frac{p_i}{p_0(q)} \log \frac{p_i}{p_0(q)} \tag{1-12}$$

$$H_1(q) = -\sum_{i=q+1}^{k-1} \frac{p_i}{p_1(q)} \log \frac{p_i}{p_1(q)} \tag{1-13}$$

在该阈值下,图像总熵为

$$H(q) = H_0(q) + H_1(q) \tag{1-14}$$

计算所有分割阈值下的图像总熵,找到最大的熵,将最大熵对应的分割阈值作为最终的阈值,图像中灰度大于此阈值的像素作为前景,否则作为背景。

最大熵阈值分割的检测效果如图 1-6 所示。

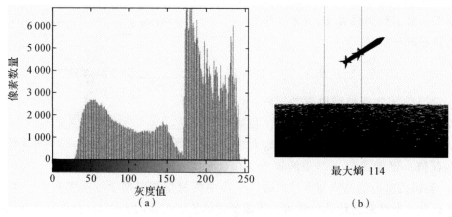

图 1-6　最大熵阈值分割的检测效果

(a) 灰度直方图;(b) 最大熵分割结果

1.2 图像特征点提取

很多人都玩过拼图游戏：首先拿到完整图像的碎片，然后把这些碎片以正确的方式排列起来从而重建这幅图像。如果把拼图游戏的原理写成计算机程序，那么计算机就会玩拼图游戏了。

在拼图时，要寻找一些唯一的特征，这些特征要适于被跟踪，容易被比较。我们在一幅图像中搜索这样的特征，找到它们，而且也能在其他图像中找到这些特征，然后再把它们拼接到一起。人类的这些能力都是天生的。

那这些特征是什么呢？我们希望这些特征也能被计算机理解。

下面以图 1-7 为例，深入观察一些图像并搜索不同的区域。

在图像的上方给出了六个小图。找到这些小图在原始图像中的位置。你能找到多少正确结果呢？

A 和 B 是平面，而且它们在图像中很多地方都存在，很难找到这些小图的准确位置。

C 和 D 是建筑的边缘，可以找到它们的近似位置，但是准确位置还是很难找到。这是因为沿着边缘，所有的地方都一样，所以边缘是比平面更好的特征，但是还不够好。

E 和 F 是建筑的一些角点。它们能很容易地被找到。因为在角点的地方，无论你向哪个方向移动小图，结果都会有很大的不同，所以可以把它们当成一个好的特征。

为了更好地理解这个概念，此处再举个更简单的例子。

如图 1-8 所示，框 1 中的区域是一个平面，它很难被找到和跟踪，无论向哪个方向移动外框，都是一样的。对于框 2 中的区域，它是一个边缘。如果沿垂直方向移动，它会改变。但是如果沿水平方向移动就不会改变。而框 3 中的角点，无论你向哪个方向移动，得到的结果都不同，这说明它是唯一的。因此，我们说角点是一个好的图像特征，也就回答了前面的问题。

图 1-7 特征匹配实例

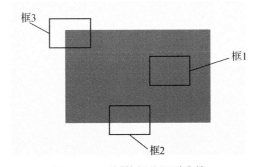

图 1-8 不同特征的识别难易

角点是图像很重要的特征，对图像图形的理解和分析有很重要的作用。角点在三维场景重建运动估计、目标跟踪、目标识别、图像配准与匹配等计算机视觉领域起着非常重要的作用。在现实世界中，角点对应于物体的拐角，如道路的十字路口、丁字路口等。

1.2.1 角点特征

角点又被称为兴趣点、显著点等,作为图像的一种重要特征,常被用于图像匹配和运动目标跟踪。角点往往具有如下特征:是轮廓之间的交点;对于同一场景,即使视角发生变化,角点位置通常具备稳定性质的特征;该点附近区域的像素点无论是在梯度方向上还是其梯度幅值上都有着较大变化。对于空天背景的导弹目标,图像中信息含量最高的位置就是导弹的边缘,所以通过计算角点可以获得导弹的位置信息,完成对导弹的定位。

Harris 角点检测算法具有较强的旋转缩放不变性,且对光照变化不敏感,具有一定的抗噪声能力,所以可以利用 Harris 角点检测算法进行角点检测。

其角点检测的原理如下:以图像中的某个像素点为中心构造一个局部检测窗口,让该局部检测窗口沿各个方向微移,考察该局部检测窗口内的平均能量变化,当平均能量变化值超过预先设定的阈值时,即认为该点是角点。

对于平坦区域内的像素点,如图 1-9(a)所示,无论向哪个方向移动局部检测窗口,窗口内的灰度变化都很小;对于边缘上的像素点,如图 1-9(b)所示,若沿着边缘方向移动局部检测窗,窗口内的灰度变化也很小;对于角点,如图 1-9(c)所示,无论向任何方向移动局部检测窗口,窗口内的灰度变化均很大。

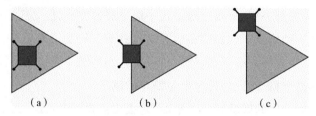

图 1-9 角点检测示意图
(a)平坦区域;(b)边缘;(c)角点

自相关函数描述了局部图像灰度变化程度,其对应的矩阵型 M 如下。

$$E(x,y) = \sum_{u,v} w_{x,y} \left| I_{x+u,y+v} - I_{x,y} \right|^2 \tag{1-15}$$

$$M = G \otimes \begin{bmatrix} I_x^2 & I_x I_y \\ I_x I_y & I_y^2 \end{bmatrix} \tag{1-16}$$

式中,I_x 和 I_y 表示图像中两个方向的梯度大小,G 是高斯模板。

如果自相关函数在两个正交方向上的极值曲率都很大,即认为该点是角点,又矩阵 M 的行列式值正比于两个正交方向上的极值曲率的乘积,故 Harris 角点检测由下式给出[即如果在某点处的 $R(x,y)$ 超出预先设定的阈值,即被提取为角点]:

$$R(x,y) = \det[M(x,y)] - k \cdot \mathrm{tr}^2[M(x,y)] \tag{1-17}$$

式中,det 表示矩阵的行列式值,tr 表示矩阵的迹。

图 1-10 为导弹目标的 Harris 角点检测结果。

Shi-Tomasi 算法是对 Harris 角点检测算法的改进,一般会比 Harris 算法得到更好的角点。Harris 算法的角点响应函数是将矩阵 M 的行列式值与 M 的迹相减,利用差值判断是否为角点。Shi-Tomasi 提出改进的方法是,若矩阵 M 的两个特征值中较小的一个大于阈值,则

认为它是角点,即

$$R = \min(\lambda_1, \lambda_2) \tag{1-18}$$

从图 1-11 中可以看出,只有当 λ_1 和 λ_2 都大于最小值时,才被认为是角点。

图 1-10　角点特征示意图

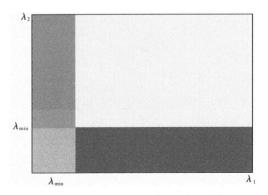

图 1-11　Shi-Tomasi 算法阈值选取

1.2.2　SIFT 特征提取

SIFT(Scale-Invariant Feature Transform),中文释义为尺度不变特征变换。SIFT 算法的实质是在不同的尺度空间上查找关键点,并计算出关键点的方向。

SIFT 算法提取的特征点通常有一定的突出性,这些点不会因为光照变换、噪声等因素变化,通常提取出来的特征点属于图像的角点、边缘点、暗区的亮点或亮区的暗点等。

SIFT 算法的实现主要包含以下四个步骤。

1.2.2.1　尺度空间极值检测

构建高斯差分金字塔首先要构建高斯金字塔。高斯金字塔的每一层都是一个图像的尺度空间 $L(x, y, \sigma)$。其中 σ 是正态分布的标准差,也即尺度空间因子。该尺度空间的实现方法是将原始图像 $I(x, y)$ 与可变尺度的二维高斯函数 $G(x, y, \sigma)$ 进行卷积,即

$$L(x, y, \sigma) = G(x, y, \sigma) * I(x, y) \tag{1-19}$$

其中

$$G(x, y, \sigma) = \frac{1}{2\pi\sigma^2} e^{\frac{-x^2+y^2}{2\sigma^2}} \tag{1-20}$$

由于高斯金字塔的每一层都是由尺度因子不同高斯函数与原图进行卷积得到的,因此每层包含多个不同程度模糊的图像。通常将这样一组尺寸一致、包含不同模糊程度的图片称为 octave。高斯金字塔的示意图如图 1-12 所示。

余下的层的构造方式是:首先,对原始图片进行下采样,获取原始的下采样原图,将其作为第二层的基准;然后,重复第一层的构造方式,用不同尺度因子的高斯函数进行卷积,获取不同模糊程度的图片作为第二层;后续重复上述操作,直到完成所有层的构建。

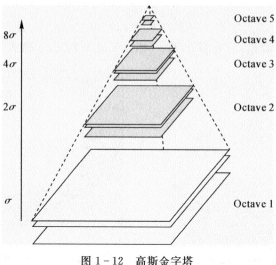

图 1-12　高斯金字塔

　　构建完成高斯金字塔后,需要构造高斯差分金字塔。为了提高计算效率,差分运算不采用高斯拉普拉斯方法(Laplace of Gaussian,LoG):

$$\Delta^2 G = \frac{\partial^2 G}{\partial x^2} + \frac{\partial^2 G}{\partial y^2} \tag{1-21}$$

　　这种方法涉及大量图像二阶求导运算,计算量大、效率低,因而采用 DoG(高斯差分)实现,即

$$D(x,y,\sigma) = [G(x,y,k\sigma) - G(x,y,\sigma)] * I(x,y) = L(x,y,k\sigma) - L(x,y,\sigma)$$
$$\tag{1-22}$$

即将高斯金字塔中每个 octave 中相邻两层相减构成高斯差分金字塔。其示意图如图 1-13 所示。

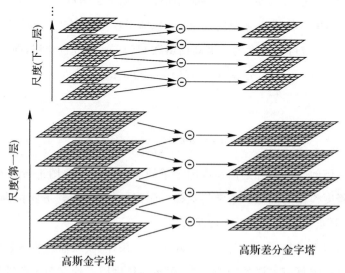

高斯金字塔　　　　　　　　　　高斯差分金字塔

图 1-13　高斯差分

完成了高斯差分金字塔的构建之后,在其基础上实现在不同的尺度空间中搜索局部最大值。其方法是:针对高斯差分金字塔的每一个 octave,除去第一层和最后一层,对中间层的每一个像素 I_{xy} 进行遍历操作,考察其是否是同层的 8 个邻域像素、上一层的临近的 9 个像素和下一层临近的 9 个像素,共 26 个的像素中的局部极大值,如图 1-14 所示。如果其是局部最大值,那么像素 I_{xy} 就可能是一个关键点。

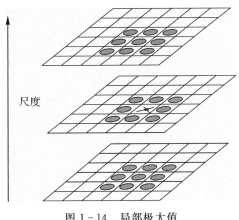

图 1-14　局部极大值

1.2.2.2　关键点定位

在第一步中,获取了所有可能的关键点。这些关键点是高斯差分金字塔的局部极值点,因此并不一定是真正的极值点,在进行下一步之前需要剔除不满足条件的点。要剔除掉的不符合要求的点主要有两种:①低对比度的关键点;②不稳定的边缘响应点。对于低对比度的特征点可以进行二阶泰勒展开,具体实现方法如下:

设候选点为 X,其对比度 $D(x)$ 的绝对值为 $|D(x)|$,对式(1-22)中的 $D(x)$ 进行二阶泰勒展开:

$$D(x,y,\sigma)=D(x_0,y_0,\sigma)=\frac{\partial \boldsymbol{D}^{\mathrm{T}}}{\partial \boldsymbol{X}}\boldsymbol{X}+\frac{1}{2}\boldsymbol{X}^{\mathrm{T}}\frac{\partial^2 \boldsymbol{D}}{\partial \boldsymbol{X}^2}\boldsymbol{X} \qquad (1-23)$$

其中

$$\boldsymbol{X}=(x,y,\sigma)^{\mathrm{T}},\quad \frac{\partial \boldsymbol{D}^{\mathrm{T}}}{\partial \boldsymbol{X}}=\begin{bmatrix}\dfrac{\partial D}{\partial x}\\[6pt]\dfrac{\partial D}{\partial y}\\[6pt]\dfrac{\partial D}{\partial \sigma}\end{bmatrix},\quad \frac{\partial^2 \boldsymbol{D}}{\partial^2 \boldsymbol{X}^2}=\begin{bmatrix}\dfrac{\partial^2 D}{\partial x^2} & \dfrac{\partial^2 D}{\partial xy} & \dfrac{\partial^2 D}{\partial x\sigma}\\[8pt]\dfrac{\partial^2 D}{\partial yx} & \dfrac{\partial^2 D}{\partial y^2} & \dfrac{\partial^2 D}{\partial y\sigma}\\[8pt]\dfrac{\partial^2 D}{\partial \sigma x} & \dfrac{\partial^2 D}{\partial \sigma y} & \dfrac{\partial^2 D}{\partial \sigma^2}\end{bmatrix} \qquad (1-24)$$

对式(1-23)进行求导,令其等于 0,得出精确的极值位置 $X_{\max}$:

$$X=-\left(\frac{\partial^2 \boldsymbol{D}}{\partial \boldsymbol{X}^2}\right)^{-1}\frac{\partial D}{\partial X_{\max}} \qquad (1-25)$$

为了将低对比度的点去除,将式(1-25)的结果代入式(1-23)中,保留前两项,得到对比度的计算式,即

$$D(X_{\max})=\boldsymbol{D}+\frac{1}{2}\frac{\partial \boldsymbol{D}^{\mathrm{T}}}{\partial \boldsymbol{X}} \qquad (1-26)$$

根据 SIFT 算法原始论文中的结论,若满足以下条件:

$$| D(X_{\max}) | \geqslant 0.03 \tag{1-27}$$

则该特征点可以保存,若不满足式(1-27)的条件,则删除该点。

通过上述方法实现了对低对比度的点的去除,下面实现不稳定的边缘响应点的去除。去除不稳定的边缘响应点通过黑塞矩阵实现。黑塞矩阵为

$$\boldsymbol{H} = \begin{bmatrix} D_{xx} & D_{xy} \\ D_{xy} & D_{yy} \end{bmatrix} \tag{1-28}$$

设黑塞矩阵 $\boldsymbol{H}$ 的特征值分别是 a 和 b,其中 a 是较大的特征值,根据矩阵的相关理论有

$$\left. \begin{aligned} \text{tr}(\boldsymbol{H}) &= D_{xx} + D_{yy} = a + b \\ \det(\boldsymbol{H}) &= D_{xx}D_{yy} - (D_{xy})^2 = ab \end{aligned} \right\} \tag{1-29}$$

令 $a = rb$,由于函数 D 的主曲率与黑塞矩阵 $\boldsymbol{H}$ 的特征值成正比,因此计算其比例即可。结合式(1-29),其比例 γ 的计算公式为

$$\gamma = \frac{\text{tr}(\boldsymbol{H})^2}{\text{Det}(\boldsymbol{H})} = \frac{(a+b)^2}{ab} = \frac{(rb+b)^2}{rb^2} = \frac{(r+1)^2}{r} \tag{1-30}$$

特征值 a 和 b 表征的是矩阵 $\boldsymbol{H}$ 的 x 和 y 方向的梯度,比例 γ 在 a 和 b 相等时最小,两个特征值的比值 r 越大,说明该点在某一个方向的梯度值越大,而在另一个方向的梯度值越小,这样的点可能是边缘点。通过设置阈值,判断比例 γ 对边缘点去除,如满足下式,则保留该点,否则去除该点:

$$\gamma \leqslant \frac{(r+1)^2}{r} \tag{1-31}$$

通常取 $r = 10$。

1.2.2.3　关键点方向的确定

经过上述步骤,留下的点即为特征点,这些特征点具有尺度不变性。为了拥有旋转不变性,还需要为每个关键点分配一个方向。根据检测到的关键点在高斯尺度图像的邻域结构中求得一个方向基准。具体实现方法如下:

对于任一关键点,采集其所在高斯金字塔图像以 r 为半径的区域内所有像素的梯度特征(幅值和幅角),半径 r 通常设置为 4.5 倍的 σ,其中 σ 为高斯差分金字塔中每个组的尺度。结合式(1-19),对于范围内所有点的幅值计算方法如下:

$$m(x,y) = \sqrt{[L(x+1,y) - L(x-1,y)]^2 + [L(x,y+1) - L(x,y-1)]^2} \tag{1-32}$$

俯角的计算方法如下:

$$\theta(x,y) = \arctan\frac{L(x+1,y) - L(x-1,y)}{L(x,y+1) - L(x,y-1)} \tag{1-33}$$

完成所有点的梯度特征计算后,使用梯度特征直方图统计该范围内的点梯度方向。梯度方向的范围是 $0° \sim 360°$,其中以每 $10°$ 为一个区间进行统计。梯度方向直方图的峰值则代表了该特征点处邻域梯度的主方向,即作为该特征点的方向。在梯度方向直方图中,当存在另一个相当于主峰值 80% 能量的峰值时,则认为这个方向是该特征点的辅方向。一个特征点可能会被指定具有多个方向(一个主方向,一个以上辅方向),这可以增强匹配的鲁棒性。

1.2.2.4 关键点描述

通过上述三步,经过过滤后的每个特征点包含三个信息:位置、尺度和方向。最后一步为每个特征点添加描述符。描述符不仅包含关键点,也包含关键点周围的像素点,而且描述符与特征点所在的尺度有关。

描述符的生成方法是:首先确定关键点所在的高斯尺度图像上生成对应的描述符的计算过程中需要的区域。以特征点为中心,将其附近邻域划分为 $d \times d$ 个子区域(一般取 $d=4$),每个子区域都是一个正方形,边长为 $3\sigma_{\text{oct}}$。考虑到实际计算时,需进行三次线性插值,所以特征点邻域的范围 A 如下:

$$A = 3\sigma(d+1) \times 3\sigma(d+1) \tag{1-34}$$

然后,为了特征点保持旋转不变性,以特征点为中心,将坐标轴旋转为关键点的主方向,如图 1-15 所示。

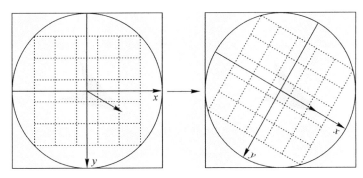

图 1-15 按特征点主方向旋转坐标系

旋转后的坐标系与原坐标变换关系为

$$\begin{bmatrix} x' \\ y' \end{bmatrix} = \begin{bmatrix} \cos\theta & -\sin\theta \\ \sin\theta & \cos\theta \end{bmatrix} \begin{bmatrix} x \\ y \end{bmatrix}, \quad x,y \in [-r,r] \tag{1-35}$$

其中半径 r 满足

$$r = \frac{3\sigma_{\text{oct}} \times \sqrt{2} \times (d+1)}{2} \tag{1-36}$$

将邻域内的采样点分配到对应的子区域内,将子区域内的梯度值分配到 8 个方向上,计算其权值。旋转后的采样点坐标在半径为 r 的圆内被分配到的子区域,计算影响子区域的采样点的梯度和方向,将其分配到 8 个方向上。旋转后的采样点 (x',y') 落在子区域的下标变换式为

$$\begin{bmatrix} x'' \\ y'' \end{bmatrix} = \frac{1}{3\sigma_{\text{oct}}} \begin{bmatrix} x' \\ y' \end{bmatrix} + \frac{d}{2} \tag{1-37}$$

将子区域的像素的梯度大小按 $\sigma=0.5d$ 的高斯加权计算,即

$$w = m(a+x,b+y) \times e^{-\frac{x'^2+y'^2}{2\times(0.5d)^2}} \tag{1-38}$$

最后,计算每个种子点的 8 个方向的梯度。如图 1-16 所示,将由式(1-37)所得采样点在子区域中的下标进行线性插值,计算其对每个种子点的贡献。如图中的 R 点,落在第 0 行和第 1 行之间,对这两行都有贡献。对第 0 行第 3 列种子点的贡献因子为 dr,对第 1 行第 3 列

的贡献因子为 $1-dr$。同理,对邻近两列的贡献因子为 dc 和 $1-dc$,对邻近两个方向的贡献因子为 do 和 $1-do$。则最终累加在每个方向上的梯度大小为

$$\text{weight} = w \times dr^k (1-dr)^{1-k} dc^m (1-dc)^{1-m} do^n (1-do)^{1-n} \qquad (1-39)$$

其中,k、m、n 为 0 或 1。

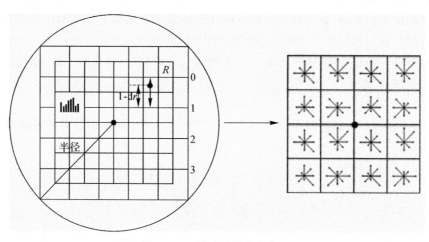

图 1-16　描述子梯度直方图

按上述步骤统计 $4 \times 4 \times 8 = 128$ 个梯度信息,即为该关键点的特征向量,按照特征点的尺度对每个关键点的特征向量进行排序,就得到了 SIFT 特征描述向量。

综上即完成了对图像 SIFT 特征的提取。

使用 SIFT 算法进行关键点检测和描述的执行速度比较慢,需要速度更快的算法。

2006 年 Bay 提出了加速度鲁棒特征算法(Speeded Up Robust Feature,SURF),这是 SIFT 算法的增强版。它的计算量小,运算速度快,提取的特征与 SIFT 几乎相同,将其与 SIFT 算法进行对比,见表 1-1。

表 1-1　SIFT 算法和 SURF 算法的对比

比较项目	SIFT 算法	SURF 算法
特征点检测	使用不同尺度的图片与高斯函数进行卷积	使用不同大小的盒滤波器与原始图像做卷积,易于并行
方向	关键点邻接矩形区域内,利用梯度直方图计算	关键点邻接圆域内,计算 x,y 方向的 haar 小波
描述符生成	关键点邻域内划分 $d \times d$ 子区域,每个子区域内计算 8 个方向的直方图	关键点邻域内划分 $d \times d$ 个子区域,每个子区域计算采样点的 haar 小波响应,记录 $\sum dx$、$\sum dy$、$\sum \lvert dx \rvert$、$\sum \lvert dy \rvert$

1.2.3　FAST 特征提取

前面介绍了几种特征检测器,它们的效果都很好,特别是 SIFT 和 SURF 算法,但是从实时处理的角度来看,它们的效率还是太低了。为了解决这个问题,Edward Rosten 和 Tom

Drummond 在 2006 年提出了 FAST 算法,并在 2010 年对其进行了修正。

FAST 全称为 Features from Accelerated Segment Test,是一种用于角点检测的算法。该算法的原理是取图像中检测点,以该点为圆心的周围邻域内像素点判断检测点是否为角点,通俗地讲,就是若一个像素周围有一定数量的像素与该点像素值不同,则认为其为角点。

(1)在图像中选取一个像素点 p,判断它是不是关键点。I_p 为像素点 p 的灰度值。

(2)以 r 为半径画圆,覆盖 p 点周围的 M 个像素,通常情况下,设置 $r=3$,则 $M=16$,如图 1－17 所示。

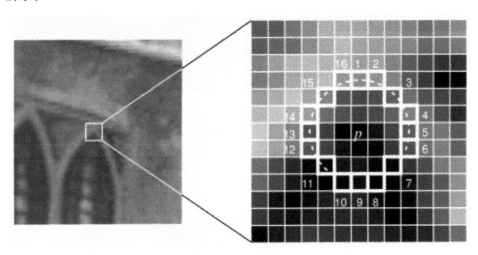

图 1－17　FAST 特征提取示意图

(3)设置一个阈值 t,如果在这 16 个像素点中存在 n 个连续像素点的灰度值都高于 I_p+t,或者低于 I_p-t,那么就认为像素点 p 是一个角点,如图 1－17 中的虚线所示,n 一般取 12。

(4)在检测特征点时需要对图像中所有的像素点进行检测,然而图像中的绝大多数点都不是特征点,如果对每个像素点都进行上述检测,那显然会浪费很多时间,因此采用一种“非特征点判别”的方法:首先对候选点周围每个 90°的点(1,9,5,13)进行测试(先测试 1 和 9,如果它们符合阈值要求,再测试 5 和 13)。如果 p 是角点,那么这四个点中至少有 3 个要符合阈值要求,否则直接剔除。对留下来的点继续进行测试(是否有 12 个点符合阈值要求)。

虽然这个检测器的效率很高,但它有以下缺点:

1)获得的候选点比较多。

2)特征点的选取不是最优的,因为它的效果取决于要解决的问题和角点的分布情况。

3)进行非特征点判别时大量的点被丢弃。

4)检测到的很多特征点都是相邻的。

前 3 个缺点可以通过机器学习的方法克服,最后一个缺点可以使用非最大值抑制的方法克服。

机器学习的训练大致步骤如下:

(1)选择一组训练图片(最好是与最后应用相关的图片)。

(2)使用 FAST 算法找出每幅图像的特征点,对图像中的每个特征点,将其周围的 16 个像素存储,构成一个向量 $\boldsymbol{P}$,如图 1－18 所示。

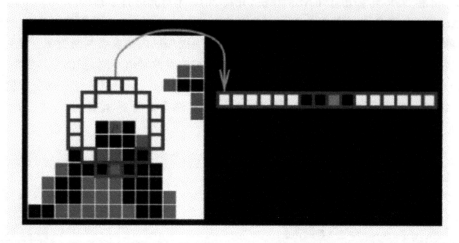

图 1-18　FAST 特征点存储模式

(3)每一个特征点的 16 个像素点都属于下列三种中的一种：

$$S_{p\to x} = \begin{cases} d, & I_{p\to x} \leqslant I_p - t\,(\mathrm{darker}) \\ s, I_p - t < I_{p\to x} \leqslant I_p + t\,(\mathrm{similar}) \\ b, & I_p + t \leqslant I_{p\to x}\,(\mathrm{brighter}) \end{cases} \tag{1-40}$$

(4)根据这些像素点的分类,特征向量 P 也被分为 3 个子集:Pd,Ps,Pb,

(5)定义一个新的布尔变量 K_p,如果 p 是角点就设置为 True,如果不是就设置为 False。

(6)利用特征值向量 p、目标值 K_p,训练 ID3 树(决策树分类器)。

(7)将构建好的决策树运用于其他图像的快速检测。

非极大值抑制:筛选出来的候选角点中有很多是紧挨在一起的,需要通过非极大值抑制来消除这种影响。

为所有的候选角点都确定一个打分函数 V,V 的值可以这样计算:先分别计算 I_p 与圆上 16 个点的像素值的差值,取其绝对值,再将这 16 个绝对值相加,就得到了 V 的值。即

$$V = \sum_{i}^{16} \mid I_p - I_i \mid \tag{1-41}$$

最后比较毗邻候选角点的 V 值,将 V 值较小的候选角点去掉。

FAST 算法的思想与我们对角点的直观认识非常接近,化繁为简。FAST 算法相比其他角点的检测算法运算速度快,但在噪声较高时不够稳定,这需要设置合适的阈值。

1.2.4　ORB 算法

SIFT 和 SURF 算法是受专利保护的,在使用它们时要付费,但是 ORB(Oriented FAST and Rotated BRIEF)算法不需要。它可以对图像中的关键点快速创建特征向量,并用这些特征向量来识别图像中的对象。

ORB 算法结合了 FAST 和 BRIEF 两种算法的特点,构造金字塔,为 FAST 特征点添加方向,从而使关键点具有尺度不变性和旋转不变性。具体流程如下:

(1)构造尺度金字塔,金字塔共有 n 层,与 SIFT 不同的是,每一层仅有一幅图像。第 s 层

的尺度为

$$\sigma_s = \sigma_0^s \qquad (1-42)$$

式中，σ 是初始尺度，默认为 1.2，原图在第 0 层。ORB 特征金字塔结构示意图如图 1-19所示。

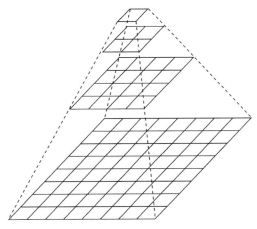

图 1-19　ORB 特征金字塔示意图

第 s 层图像的大小为

$$SIZE = \left(H * \frac{1}{\sigma_s} \right) \times \left(W * \frac{1}{\sigma_s} \right) \qquad (1-43)$$

（2）在不同的尺度上通过 FAST 算法检测特征点，采用 Harris 角点响应函数，根据角点的响应值排序，选取前 N 个特征点，作为本尺度的特征点。

（3）计算特征点的主方向，再计算以特征点为圆心、半径为 r 的圆形邻域内的灰度质心位置，以从特征点位置到质心位置的方向作为特征点的主方向。

计算方法如下：

$$m_{pq} = \sum x^p y^q I(x, y) \qquad (1-44)$$

质心位置为

$$C = \left(\frac{m_{10}}{m_{00}}, \frac{m_{01}}{m_{10}} \right) \qquad (1-45)$$

主方向为

$$\theta = \arctan(m_{01}, m_{10}) \qquad (1-46)$$

（4）为了解决旋转不变性，将特征点的邻域旋转到主方向上，再利用 BRIEF 算法构建特征描述符，至此就得到了 ORB 的特征描述向量。

1.2.5　BRIEF 算法

BRIEF（Binary Robust Independent Elementary Features）是一种特征描述子提取算法，而非特征点的提取算法。它是一种生成二值化描述子的算法，不提取代价低，匹配只需要使用简单的汉明距离（Hamming Distance），再利用比特之间的异或操作就可以完成。因此，时间、空间代价低及效果好是其最大的优点。

其算法的步骤如下：

(1)图像滤波:当原始图像中存在噪声时,会对结果产生影响,所以需要对图像进行滤波,去除部分噪声。

(2)选取点对:以特征点为中心,取 $S\times S$ 的邻域窗口,在窗口内随机选取 N 组点对(一般 $N=128,256,512$,默认值是256)。关于如何选取随机点对,提供了五种方法(见图1-20):

1)x,y 方向平均分布采样。

2)x,y 均服从 Gauss$(0,S^2/25)$各向同性采样。

3)x 服从 Gauss$(0,S^2/25)$、y 服从 Gauss$(0,S^2/100)$采样。

4)x,y 从网格中随机获取。

5)x 一直在$(0,0)$,y 从网格中随机选取。

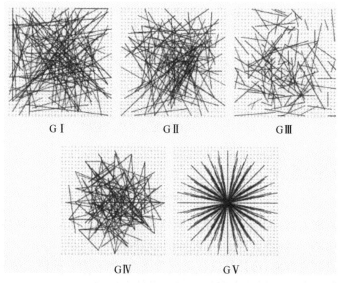

图1-20　窗口内随机选取 N 组点对的方法

图1-20中一条线段的两个端点就是一组点对,由图可见第二种方法的结果比较好。

(3)构建描述符:假设 x,y 是某个点对的两个端点,$p(x)$,$p(y)$ 是两点对应的像素值,则有

$$t(x,y)=\begin{cases}1, & p(x)>p(y)\\0, & 其他\end{cases} \qquad (1-47)$$

对每一个点对都进行上述的二进制赋值,形成 BRIEF 关键点的描述特征向量。该向量一般为128～512位的字符串,其中仅包含 1 和 0,如图1-21所示。

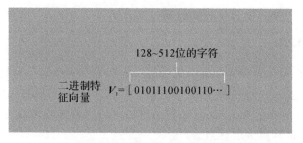

图1-21　BRIEF 的关键点的描述特征向量

1.3　图像傅里叶变换

傅里叶变换是由法国的数学家傅里叶(Joseph Fourier)(见图 1-22)在 18 世纪提出来的,他认为,任何连续周期的信号都可以由一组适当的正弦曲线组合而成。

傅里叶变换是一种信号分析方法,它使我们能够对信号的构成和特点进行深入和定量的研究,通过频谱的方式对信号进行准确、定量的描述。

那我们为什么要把信号分解为正弦波的组合,而不是其他波形呢?

图 1-22　数学家傅里叶

傅里叶变换是信号的分析方法,目的就是要简化问题,而不是将其变复杂。傅里叶选择了正弦波,而没有选择其他波形,是因为正弦波有任何其他波形不具有的特点:正弦波输入任何线性系统中,不会产生新的频率成分,输出的仍是正弦波,改变的仅仅是幅值和相位。将单位幅值的不同频率的正弦波输入某线性系统,记录其输出正弦波的幅值和频率的关系,就得到该系统的幅频特性,记录输出正弦波的相位和频率的关系,就得到该系统的相频特性。线性系统是自动控制研究的主要对象,只要研究系统对正弦波的输入、输出关系,就可以知道该系统对任意输入信号的响应。这是傅里叶变换最主要的意义。

1.3.1　傅里叶变换中的相关概念

1.3.1.1　时域和频域

傅里叶变换是将难以处理的时域信号转换成易于分析的频域信号,那频域和时域到底是什么呢?

时域:是真实的世界,是唯一存在的域。从我们出生开始,所接触的这个世界就是随着时间在变化的,如花开花落、四季变换、生老病死等。以时间作为参照来分析动态世界的方法称为时域分析。比如一段音乐,就是一个随时间变化的震动,就是时域的表示,如图 1-23 所示。

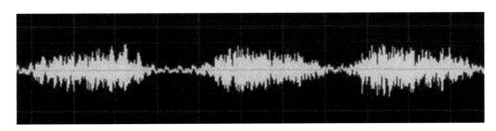

图 1-23　时域信号

频域:不是真实的,而是一个数学构造。频域是一个遵循特定规则的数学范畴,也被一些学者称为"上帝视角"。结合上面对时域的理解,如果时域是运动永不停止的,那么频域就是静止的。正弦波是频域中唯一存在的波形,这是频域中最重要的规则,即正弦波是对频域的描述,因为频域中的任何波形都可用正弦波合成。

再看图 1-23 的那段音乐,我们将其表示成频域形式,就是一个永恒的音符。

对于信号来说,信号强度随时间的变化规律就是时域特性,信号是由哪些单一频率的信号合成的就是频域特性,傅里叶变换的实质就是频域函数和时域函数的转换。

那频域与时域之间的关系是怎样的呢?正弦函数可叠加成一个矩形,它不仅仅是矩形,你能想到的任何波形都是可以用正余弦波叠加起来获得的。如图 1-24 所示,时域是永远随着时间的变化而变化的,而频域就是装着正余弦波的空间。

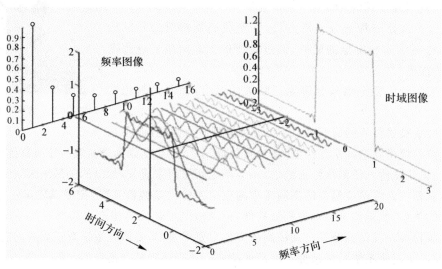

图 1-24 时域和频域的信号

从时域来看,我们会看到一个近似为矩形的波,而我们知道这个矩形的波可以拆分为一些正弦波的叠加。而从频域来看,我们看到了每一个正余弦波的幅值,每两个正弦波之间有一条直线,那并不是分割线,而是振幅为 0 的正弦波。也就是说,为了组成特殊的曲线,有些正弦波成分是不需要的。随着叠加的递增,所有正弦波中上升的部分逐渐让原本缓慢增加的曲线不断变陡,而所有正弦波中下降的部分又抵消了上升到最高处时继续上升的部分,使其变为水平线。一个矩形就这么叠加而成了(见图 1-25)。

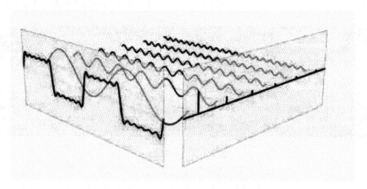

图 1-25 不同频率信号的叠加

1.3.1.2 频谱和相位谱

在傅里叶变换中怎么描述变换后的结果呢? 有两个概念:频谱和相位谱。

频谱：将信号分解为若干不同频率的正弦波，那么每一个正弦波的幅度，就叫作频谱，也叫作幅度谱。

频谱只代表正弦函数的幅值，而要准确描述一个正弦函数，不仅需要幅值，还需要相位，不同相位决定了波的位置。对于频域分析，仅仅有频谱（幅度谱）是不够的，还需要一个相位谱。

相位谱：如图 1-26 所示，用"×"点表示投影点，用"●"点表示离正弦函数频率轴最近的峰值，而相位差就是"●"点对应"×"点在相位方向上相对参考点的距离。将相位差画到一个坐标轴上就形成了相位谱。

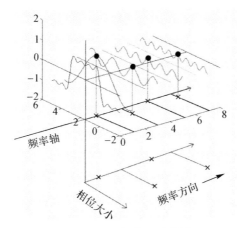

图 1-26　相位差示意图

1.3.1.3　傅里叶变换的分类

根据原信号的属性，可以将傅里叶变换分为表 1-2 中的几种。

实际应用较多的是傅里叶变换、傅里叶级数和离散傅里叶变换。

表 1-2　傅里叶变换的分类

1	非周期性连续信号	傅里叶变换（Fourier Transform）
2	周期性连续信号	傅里叶级数（Fourier Series）
3	非周期性离散信号	离散时域傅里叶变换（Discrete Time Fourier Transform）
4	周期性离散信号	离散傅里叶变换（Discrete Fourier Transform）

任意波形都可以通过正弦波的叠加来表示，正弦波可以通过欧拉公式写成指数的形式。欧拉公式如下：

$$\mathrm{e}^{\mathrm{i}t} = \cos t + \mathrm{i}\sin t \tag{1-48}$$

本书以下内容都以指数形式进行展示。

1.3.2　傅里叶级数

任意的周期连续信号都可以使用正弦波叠加而成，这叫作傅里叶级数，写成指数形式为

$$f(t) = \sum_{-\infty}^{\infty} c_n \mathrm{e}^{\mathrm{i}\frac{2\pi n t}{t}} \mathrm{d}t \tag{1-49}$$

其中, c_n 表示傅里叶级数,有

$$c_n = \frac{1}{T} \int_{-\frac{T}{2}}^{\frac{T}{2}} f(t) e^{-i\frac{2\pi nt}{T}} dt \tag{1-50}$$

式中, T 表示时域信号的周期。从式(1-50)可以看出周期信号的频谱是离散的非周期信号,如图 1-27 所示。

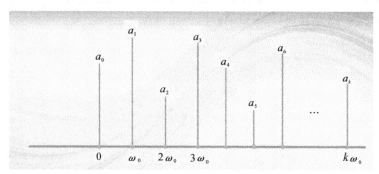

图 1-27　周期信号的频谱示意图

1.3.3　傅里叶变换

对于非周期的连续信号,也可以使用正弦信号来逼近,这时将非周期信号看作周期无限大的周期信号,则有

$$F(\omega) = \int_{-\infty}^{\infty} f(t) e^{-i\omega t} dt \tag{1-51}$$

其中, ω 表示频率, t 表示时间。式(1-51)叫作傅里叶变换,从中可以看出非周期信号的频谱是连续的非周期信号,如图 1-28 所示。

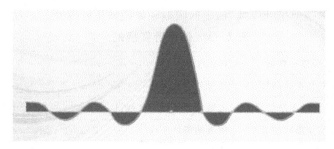

图 1-28　时域信号示意图

傅里叶变换的逆变换如下:

$$f(t) = \frac{1}{2\pi} \int_{-\infty}^{\infty} F(\omega) e^{i\omega t} d\omega \tag{1-52}$$

利用上述公式就可将频域信号转换为时域信号。

数字信号处理是希望在计算机上实现各种运算和变换,其所涉及的变量和运算都是离散的。因此对于数字信号处理,应该找到在时域和频域都是离散的傅里叶变换,即离散傅里叶变换。

对于非周期的离散信号进行傅里叶变换就是离散傅里叶变换,其计算方法如下:

$$F(k) = \sum_{n=0}^{N-1} f(n) e^{-i\frac{2\pi kn}{N}} \tag{1-53}$$

其中，N 表示傅里叶变换的点数，k 表示傅里叶变换的频谱。

离散傅里叶变换的逆变换为

$$f(n) = \frac{1}{N} \sum_{k=0}^{N-1} F(k) e^{-ikn\frac{2\pi}{N}} \tag{1-54}$$

1.3.4　傅里叶变换在图像中的应用

1.3.4.1　图像中的傅里叶变换

图像是二维的离散信号，所以可对图像进行二维傅里叶变换。对于 $M \times N$ 的一幅图像进行离散二维傅里叶变换，公式如下：

$$F(u,v) = \sum_{x=0}^{M-1} \sum_{y=0}^{N-1} f(x,y) e^{-i2\pi\left(\frac{ux}{M} + \frac{vy}{N}\right)} \tag{1-55}$$

其中，u 和 v 确定频率，$f(x,y)$ 是灰度值。该式的意义是两个求和号对图像进行遍历，利用 $f(x,y)$ 求出原像素的数值，当固定 x 时，横轴不动，对 y 进行遍历，表示变换前像素的位置比例与变换后的位置相乘，映射到新的位置，且能够反映像素沿 y 方向距离的差异，越靠后的像素（y 越大），$\frac{vy}{N}$ 值越大，即 $\frac{vy}{N}$ 能够反映不同位置（纵轴）像素之间的差异；前一项含义为保留像素相对位置（横轴）的信息（遍历 y 时为常数），2π 为修正参数。

其逆变换由下式给出：

$$f(x,y) = \sum_{x=0}^{M-1} \sum_{y=0}^{N-1} F(u,v) e^{i2\pi\left(\frac{ux}{M} + \frac{vy}{N}\right)} \tag{1-56}$$

1.3.4.2　图像傅里叶变换的物理意义

图像的频率是表征图像中灰度变化剧烈程度的指标，是灰度在平面空间上的梯度。如：大面积的沙漠在图像中是一片灰度变化缓慢的区域，对应的频率值很低；对于地表属性变换剧烈的边缘区域在图像中是一片灰度变化剧烈的区域，对应的频率值较高。傅里叶变换在实际中有非常明显的物理意义。从物理效果看，傅里叶变换是将图像从空间域转换到频率域，其逆变换是将图像从频率域转换到空间域。换句话说，傅里叶变换的物理意义是将图像的灰度分布函数变换为图像的频率分布函数。

傅里叶逆变换是将图像的频率分布函数变换为灰度分布函数。在做离散傅里叶变换（Discrete Fourier Transform，DFT）时，是将图像的空域和频域沿 x 和 y 方向进行无限周期拓展的，如图 1-29 所示。

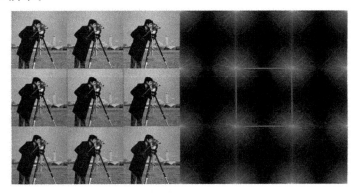

图 1-29　多个周期图像的傅里叶变换的示意图

如果只取其中一个周期,会得到图 1-30。

图 1-30 单个周期图像的傅里叶变换的示意图

为了便于频域的滤波和频谱的分析,常在变换后进行频谱的中心化,即对掉频谱的四个象限,如图 1-31 所示。

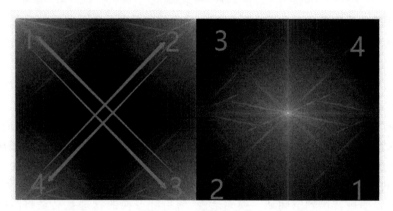

图 1-31 频谱中心化

经中心化后的频谱如图 1-32 所示。

图 1-32 频谱中心化结果

在经过频谱居中后的频谱中,中间最亮的点是最低频率,属于直流分量,越往外,频率越高,如图 1-33 所示。

图 1-33　频域图中不同位置对应时域的含义

1.3.4.3　图像傅里叶变换的应用

图像经过傅里叶变换就得到了频域内的图像,在频域内可以对图像进行滤波操作以突出不同频段的图像特征。

在频域进行滤波的方法主要包括:高通滤波、低通滤波、带通滤波和带阻滤波。

我们知道,图像经过傅里叶变换、频谱中心化后,从中间到外面,依次是从低频到高频的。那么如果把中间规定的一小部分去掉,是不是相当于把低频信号去掉了呢? 这也就相当于进行了高通滤波。

这个滤波模板如图 1-34 所示,其中黑色部分为 0,白色部分为 1。将这个模板与图像的傅里叶变换做与"计算"就实现了高通滤波,如图 1-35 所示。

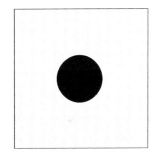

图 1-34　高通滤波器的示意图

输入图像

高通滤波结果

图 1-35　图像经过高通滤波的结果

从结果中可以看出,高通滤波器有利于提取图像的轮廓,图像的轮廓或者边缘或者一些噪声处,灰度变化剧烈,那么对它们进行傅里叶变换后就会形成高频信号(高频是捕捉细节的),

所以在把图像低频信号滤掉以后剩下的自然就是轮廓了。

低通滤波器与高通滤波器相反，取图1-34的黑色部分为1，白色部分为0，再将这个模板与图像的傅里叶变换相与就实现了低通滤波。低通滤波器的效果如图1-36所示。

输入图像　　　　　　　　低通滤波结果

图1-36　图像经过低通滤波器结果

从结果中可看到低通滤波后图像轮廓变模糊了，图像的信息基本上都保留了。图像的主要信息都集中在低频上，所以低通滤波器的效果是这样也是能够理解的。上述的高通、低通滤波器的构造是由0、1构成的理想滤波器，也是最简单的滤波器。还有一些其他滤波器，例如高斯滤波器、butterworth滤波器等，它们不止有0、1，因此对不同频段的信息可以进行不同程度保留，在一些处理上非常有意义。

图1-37　带通滤波器的示意图

将高通和低通的一部分结合在模板中就形成了带通滤波器，它容许一定频率范围信号通过，但它会减弱（或减少）频率低于下限截止频率和频率高于上限截止频率的信号通过，如图1-37所示。使用这样的蒙版与图像相与的效果如图1-38所示。

输入图像　　　　　　　　带通滤波结果

图1-38　图像经过带通滤波器结果

可见，带通滤波器既能保留一部分低频，也能保留一部分高频。至于保留多少，根据具体的需求进行调试选择。

带阻滤波器减弱(或减少)一定频率范围信号,但容许频率低于下限截止频率和高于上限截止频率的信号的通过,其蒙版如图 1-39 所示。

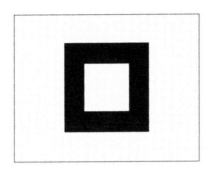

图 1-39　带阻滤波器的示意图

进行带阻滤波后的结果如图 1-40 所示。

输入图像　　　　　　　　　　　带阻滤波结果

图 1-40　图像经过带阻滤波器结果

从结果中可看到带阻滤波器保持了原图像的大部分信息,图像的主要信息都集中在低频上,而边缘轮廓信息都在高频位置。带阻滤波器滤除了中频信息,保留了低频和高频信息,所以对图像的信息破坏是比较小的。

1.4　霍　夫　变　换

霍夫变换常用来提取图像中的直线和圆等几何形状,如图 1-41 所示。

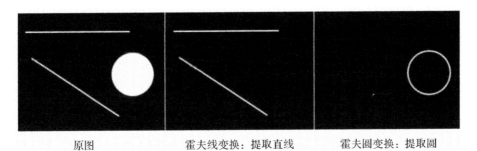

原图　　　　　　　霍夫线变换:提取直线　　　　　霍夫圆变换:提取圆

图 1-41　霍夫变换的功能示意

霍夫变换的原理是利用坐标系变换,在新的坐标系下进行检测。在笛卡儿坐标系中,一条直线由两个点 $A=(x_1,y_1)$ 和 $B=(x_2,y_2)$ 确定,如图 1-42 所示。

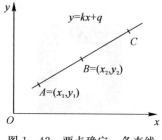

图 1-42　两点确定一条直线

将直线 $y=kx+q$ 写成关于 (k,q) 的函数表达式:

$$\left.\begin{array}{l} q=-kx_1+y_1 \\ q=-kx_2+y_2 \end{array}\right\} \tag{1-57}$$

对应的变换通过图形直观表示,如图 1-43 所示。

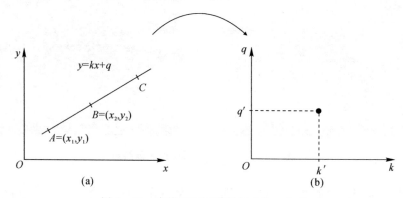

(a)　　　　　　　　　　　(b)

图 1-43　直线经空间变换后成为一个点

变换后的空间叫作霍夫空间,即笛卡儿坐标系中的一条直线,对应于霍夫空间中的一个点。反过来同样成立,即霍夫空间中的一条线,对应于笛卡儿坐标系中一个点,如图 1-44 所示。

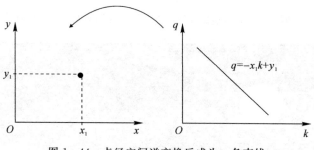

图 1-44　点经空间逆变换后成为一条直线

A、B 两个点对应于霍夫空间的情形如图 1－45 所示。

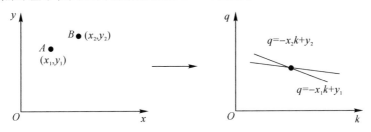

图 1－45　两个点经空间变换后成为两条直线

三点共线的情况如图 1－46 所示。

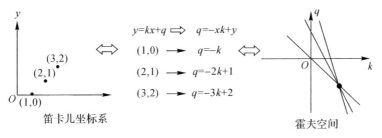

图 1－46　三个点经空间变换后成为三条直线

可以看出,如果在笛卡儿坐标系的点共线,那么这些点在霍夫空间中对应的直线交于一点。

当不只存在一条直线时,结果如图 1－47 所示。

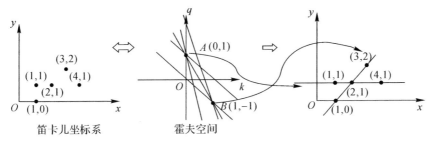

图 1－47　多个点经空间变换后成为多条直线

到这里似乎已经完成了霍夫变换的求解。但如果在像图 1－48 的情况下,直线是 $x=2$,(k,q) 怎么确定呢? 为了解决这个问题,考虑将笛卡儿坐标系转换为极坐标系(见图 1－49)。

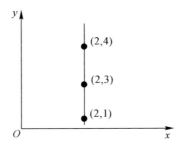

图 1－48　多个点在笛卡儿坐标系下为一条直线

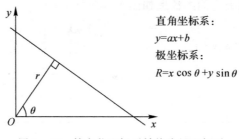

图 1-49　笛卡儿坐标系转换为极坐标系

在极坐标下是一样的,极坐标中的点对应于霍夫空间的线,这时的霍夫空间不再是参数 (k,q) 的空间,而是 (ρ,θ) 的空间,ρ 是原点到直线的垂直距离,θ 表示直线的垂线与横轴顺时针方向的夹角,垂直线的角度为 $0°$,水平线的角度是 $180°$,如图 1-50 所示。

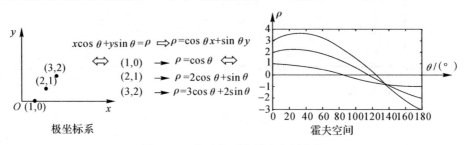

图 1-50　极坐标系向霍夫空间变换

只要求得霍夫空间中的交点的位置,即可得到原坐标系下的直线。

假设有一个大小为 100×100 的图片,使用霍夫变换检测图片中的直线,则步骤如下:

(1)直线都可以使用 (ρ,θ) 表示,首先创建一个二维数组,称之为累加器,初始化所有值为 0,ρ 表示行,θ 表示列。

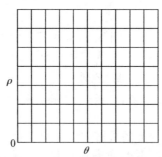

图 1-51　2D 数组累加器示意图

(2)该数组的大小决定了结果的准确性,若希望角度的精度为 $1°$,那就需要 180 列。对于 ρ,最大值为图片对角线的距离,如果希望精度达到像素级别,行数应该与图像的对角线的距离相等。

(3)取直线上的第一个点 (x,y),将其代入直线在极坐标中的公式中,然后遍历 θ 的取值 $(0,1,2,\cdots,180)$,分别求出对应的 ρ 值,如果这个数值在上述累加器中存在相应的位置,则在该位置上加 1。

(4)取直线上的第二个点,重复上述步骤,更新累加器中的值。对图像中的直线上的每个点都执行以上步骤,每次都更新累加器中的值。

(5)搜索累加器中的最大值,并找到其对应的 (ρ,θ),就可将图像中的直线表示出来。

霍夫检测也可以用于对圆形的检测。圆的表达式是

$$(x-a)^2+(y-b)^2=r^2$$

其中,a 和 b 表示圆心坐标,r 表示圆半径。因此标准的霍夫圆检测就是在这三个参数组成的三维空间累加器上进行圆形检测。但是这种方法效率很低,通常对圆形使用霍夫梯度法进行检测。

霍夫梯度法将霍夫圆检测分为两个阶段,第一阶段检测圆心,第二阶段利用圆心推导出圆半径。

圆心检测的原理:圆心是圆周法线的交汇处,设置一个阈值,若在某点相交的直线的条数大于这个阈值,就认为该交汇点为圆心。

圆半径确定原理:圆心到圆周上的距离(半径)是相同的,确定一个阈值,只要相同距离的数量大于该阈值,就认为该距离是该圆心的半径。

原则上霍夫变换可以检测任何形状,但复杂的形状需要的参数多,霍夫空间的维数就高,因此从程序实现上所需的内存空间以及运行效率上考虑,标准霍夫变换都不宜应用于实际复杂图形的检测中。霍夫梯度法是霍夫变换的改进,它的目的是减小霍夫空间的维度,提高效率。

第 2 章　红外和可见光图像融合跟踪技术

在现代战争中,在复杂战场条件下装备了光学导引系统的精确制导武器,对目标的识别和跟踪往往面对诸多干扰,例如光照、雨水、尘土、烟雾、诱饵以及目标自身的伪装和植被的遮挡等,这些干扰会对可见光导引头的目标跟踪性能产生严重影响。有些武器通过应用红外成像等技术,可以在一定程度上消除这些干扰,但是红外成像对目标和目标的关键部位的识别能力不足,影响打击的精确性。近年来,随着对红外和可见光图像融合研究的深入,如何将融合图像应用于目标跟踪领域逐渐成为研究热点。

本章通过对基于红外和可见光融合图像的目标跟踪算法进行研究,融合红外和可见光图像的优点,增加图像特征信息维度,达到能够抵抗一定程度的干扰并能够对目标进行稳定的跟踪的目的。为了验证本章研究内容的实际价值,对相关的算法和理论均进行了硬件实现和嵌入式图形处理器(Graphics Processing Unit,GPU)平台的部署,并进行了外场实验。

本章的主要内容及研究思路如下:

首先,介绍基于图像特征点的红外和可见光图像配准方法。考虑到嵌入式 GPU 平台的算力限制,设计一种同轴光学机构,并提出利用典型目标物标定的快速图像配准方法。该系统通过嵌入式 GPU 平台实现对红外图像和可见光图像的快速配准,配准误差不超过 5 个像素。

然后,在配准图像的基础上,介绍目前主流图像融合方法,并对比相关评价指标。在此基础上,提出一种自适应图像融合方法,该方法能够有效地突出目标的纹理信息和辐射特征,在结构相似性(Structural Similarity,SSIM)、互信息量(Mutual Information,MI)、相关系数(Correlation Coefficient,CC)等融合指标优于传统算法的同时提高了融合速度,在嵌入式 GPU 系统上融合速度超过 30 fps(frames per second)。跟踪网络部分主要以孪生网络为主要研究内容,介绍目前主流的基于深度学习的目标跟踪网络,并对现有的网络进行改进,增加轻量化的自适应滤波器作为融合预处理前馈神经网络,使用包含干扰的数据集进行训练,获得泛化性较好的融合权重,能够适应不同干扰,从而实现融合跟踪的端到端的网络。

最后,将上述的算法和理论进行代码实现,将图像配准、图像融合和目标跟踪三个主要内容在嵌入式 GPU 平台上进行适配和部署,并进行外场实验。实验表明,本章的基于深度学习的可见光与红外多模融合目标跟踪算法能够融合红外图像和可见光图像的特征,在目标跟踪中抵抗部分干扰,跟踪算法的稳定性增强,与使用相同骨干网络的单模跟踪系统相比,平均重叠期望(Expected Average Overlap,EAO)提升 14%,跟踪鲁棒性(Robustness,R)提升 2%,跟踪准确率(Accuracy,A)提升 4%。利用本章研制的样机进行外场实验,通过实验证实,在一定程度的烟雾和光照变化的干扰下样机仍然可以实现对目标的有效稳定跟踪。

2.1　红外和可见光融合跟踪概述

2.1.1　研究背景及意义

目标跟踪算法是在视频序列中逐帧获取感兴趣目标位置的算法,属于计算机视觉研究领域。目标跟踪算法在民用领域可以用于视频监控、安防、无人驾驶等方面。在军用领域中,其在被动式自主寻的类的导弹导引头中也被广泛应用。安装可见光传感器导引头的导弹通常被称为电视制导导弹,具有对目标的精准识别能力,可实现精准打击。在越战中,美军使用AGM-62 Walleye 型电视制导滑行炸弹,以极高的打击精度击毁了越南众多军事目标而使其闻名世界。但是电视制导由于容易受到环境影响,作战的综合效果一般。

在 AGM-62 的基础上,美国采用红外和激光制导技术研制出 AGM-65 "幼畜" 导弹。AGM-65 "幼畜" 导弹是世界上第一款在实战中大量使用的电视制导导弹。在第四次中东战争中,以色列军队使用 AGM-65 "幼畜" 导弹命中埃及和叙利亚联军的概率达到了 85% 以上。在1991 年海湾战争中,美军飞机大量使用各型 "幼畜" 导弹,攻击伊拉克的各种重要目标,共发射了 5 100 枚,命中概率在 90% 以上。

从 AGM-65 导弹的发展历程可以看出,采用多模复合的传感器技术对武器的打击精度有着质的提升。电视制导可以获取目标的可见光图像,这种图像与人类的视觉感官的认知基本一致,分辨率高,便于鉴别真假目标,具有纹理清晰、细节丰富的特点。但是电视制导受光照和环境的影响较大,在有烟雾、尘土等可见度低的环境下作战效能低,而且不能在夜间使用。红外制导可以获取目标的红外图像,其中主要获取的是目标的红外辐射特征。其能准确显示目标的热量分布信息,不受光照等影响,可以在夜间使用。但是红外线在传播过程中容易被云雾和二氧化碳气体吸收,导致制导成像效果差,而且容易受其他热源干扰,如被曳光弹、红外诱饵弹、云层反射的阳光等,导致导弹丢失目标。

由于传统的双模导弹通常使用的是电视制导和红外制导切换的方式,由射手根据使用环境自行择机选取制导模式,因此无法避免可见光图像和红外图像成像本身的缺点,也无法综合利用两者的优点。

通过使用图像融合算法既可以克服单模跟踪的缺点,又可以综合利用双模图像的优点,进一步增强导弹的目标识别和跟踪能力。如果能组合不同类型的传感器图像,就能生成特征丰富、具有稳健性的融合图像。以这种融合图像为基础的目标跟踪算法,能够利用不同传感器的图像特征,弥补各个传感器的不足之处。通过合适的算法对多模输入资源进行调配,不仅可以增大导引头搜索到目标的可能性,还可以在一定程度上抑制干扰,有利于导引头在复杂背景下寻找并跟踪目标,实现对目标的精准打击。

2.1.2　国内外研究现状

从 2000 年开始,基于红外和可见光融合图像的目标跟踪算法有了迅速进展。其大致的发展进程如图 2 - 1 所示。

2017 年有科研人员正式将红外和可见光融合称为 RGBT 跟踪。在 2019 年,视觉目标跟踪挑战(Visual Object Tracking,VOT)发布,它是利用可见光和红外图像的跟踪算法挑战赛。

这代表着红外和可见光融合图像的目标跟踪成为了新的研究领域。

目前世界主流的融合跟踪算法都是采取双阶段的方式,即先对图像进行融合,在融合图像的基础上实现目标跟踪。因此,下面分别针对图像融合和基于融合图像目标跟踪两个部分介绍目前的发展现状。

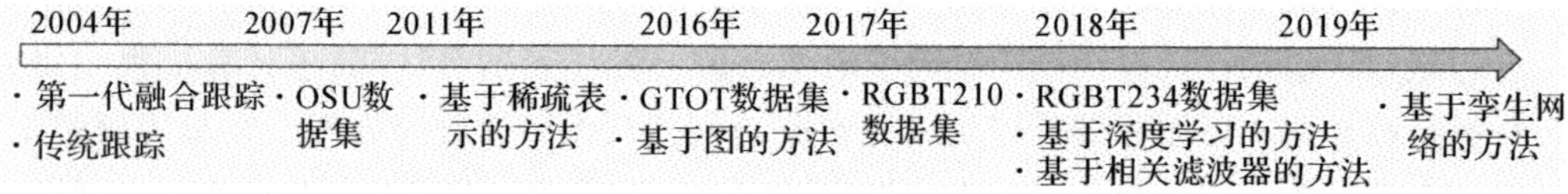

2004年	2007年	2011年	2016年	2017年	2018年	2019年
·第一代融合跟踪 ·传统跟踪	·OSU数据集	·基于稀疏表示的方法	·GTOT数据集 ·基于图的方法	·RGBT210数据集	·RGBT234数据集 ·基于深度学习的方法 ·基于相关滤波器的方法	·基于孪生网络的方法

图 2-1　红外可见光融合目标跟踪的发展进程

2.1.2.1　红外与可见光图像融合发展

目前主流红外与可见光图像融合算法主要分为三种:①基于多尺度变换的方法;②基于稀疏表示的方法;③基于神经网络的方法。

在基于多尺度变换的红外图像与可见光图像融合算法中,大致的思路都是通过对红外图像和可见光图像进行分辨率的分解,通过各种变换算法将图像转换至变换域,通过变换获取一系列不同层次的子图像,以保留更多的图像纹理。其融合过程主要分为三个步骤:图像多尺度的分解、不同尺度图像的融合、多尺度反变换。

拉普拉斯金字塔(Laplacian Pyramid,LP)变换是最早提出的基于金字塔变换的融合方法,基于 LP 变换的应用,比率低通金字塔、对比度金字塔(Contrast Pyramid, CP)、形态学金字塔和可控金字塔等融合方法相继被提出。虽然 LP 变换基于高斯金字塔获取的一系列图像凸显了高频子带图像的细节特征信息,但存在图像对比度低、信息冗余等问题。同时金字塔变换还存在源图像结构信息丢失和图像信噪比低的问题。

小波变换的概念最早由 Grossman 和 Morlet 于 1984 年提出,之后 Mallet 根据信号分解和重建的塔式算法建立了基于小波变换的多分辨率分解理论。小波变换具体包括离散小波变换(Discrete Wavelet Transform,DWT)、双树离散小波变换(Dual Tree Discrete Wavelet Transform,DT-DWT)、提升小波变换、四元数小波变换和谱图小波变换等。DWT 通过滤波器组合实现源图像的多尺度分解,各尺度间独立性高,纹理边缘信息保留度高。但 DWT 存在一些缺陷,具体包括振荡、移位误差、混叠以及缺乏方向选择性等。DT-DWT 利用可分离的滤波器组合对图像进行分解,解决了 DWT 缺乏方向性的问题,且具有冗余信息少、计算效率高的优势。与金字塔变换相比,小波变换不会产生图像块效应,具有高信噪比。此外,小波变换还具有完备的图像重构能力,降低了图像分解过程中的信息冗余。然而,其表达的是源图像中部分方向信息,仍会造成图像细节信息的丢失。

为获取图像方向信息,消除吉布斯现象,解决平移不变性等问题,Da 等提出了非下采样轮廓波变换(Non-Subsampled Contourlet Transform,NSCT),由于不存在采样过程,其解决了轮廓波变换的频谱混叠问题。此外,NSCT 与模糊逻辑相结合能有效增强红外目标并保留可见光图像的细节。NSCT 与感兴趣区域的提取相结合,可成功凸显红外目标。但是,NSCT 的计算效率较低,无法满足高实时性的应用需求。

为满足高实时性需求,Guo 等提出多尺度多方向性的剪切波变换,但其仍不具备平移不变特性。而非下采样剪切波变换(Non-Subsampled Shearlet Transform,NSST)不仅可以满足上述需求,且相比于 NSCT,拥有更高的计算效率。优越的信息捕获和表示能力使 NSST 成为红外与可见光图像融合方法中的一种流行方法。Kong 等在 NSST 融合方法的基础上,引入区域平均能量和局部对比度的融合规则,将空间域分析和多尺度几何分析的优点最大限度地融合在一起。NSST 实质上属于冗余变换,为克服其存在的不足,Kong 等进一步在 NSCT 融合方法中提出快速非负矩阵分解,最终融合图像在保留源图像全部特征的同时降低了图像的冗余信息。

非下采样多尺度多方向几何变换所分解出的子带图像与源图像尺寸相同,这有利于源图像细节、纹理特征的提取,同时简化了后续融合规则的设计。但 NSCT 分解过程复杂,难以应用于实时性要求高的场景。由于 NSST 分解时引入了非下采样金字塔变换的方法,容易造成高频子带图像细节的丢失,还会降低图像亮度。

虽然基于多尺度变换的红外图像与可见光图像融合算法的融合效果良好,但是这类算法往往需要在精确配准的图像上进行融合,获取精准配准图像的过程往往需要大量的运算,容易导致整个系统实时性不满足需求。

2010 年,Yang 和 Li 提出了基于稀疏表示(Sparse Representation,SR)的图像融合方法,其重点在于过完备字典的构造和稀疏系数分解算法。过完备字典的构造方式主要有两种:基于数据模型和基于学习算法的过完备字典。基于数据模型的过完备字典是利用特定的数学模型构建的,该方法虽然高效但难以应对复杂数据。可利用基于联合学习策略的平稳小波多尺度字典和由过完备离散余弦字典与基函数相结合的混合字典来解决此问题。而基于学习算法的过完备字典是通过训练样本集的方式构造的,常用的是基于最优方向法(Method of Optimal Directions,MOD)字典和奇异值分解(Kernel Singular Value Decomposition,K-SVD)字典进行训练。后来,聚类补丁和主成分分析(Principal Component Analysis,PCA)、最优方向、自适应稀疏表示、在线学习方法、多尺度几何分析领域中的 K-SVD 字典等方法也成功应用于图像融合领域。

稀疏表示与传统多尺度变换的图像融合方法有两大区别:一是多尺度融合方法一般都是基于预先设定的基函数进行图像融合,这样容易忽略源图像某些重要特征,而基于稀疏表示的融合方法是通过学习超完备字典来进行图像融合,该字典蕴涵丰富的基原子,有利于图像更好地表达和提取;二是基于多尺度变换的融合方法是利用多尺度的方式将图像分解为多层图像,再进行图像间的融合,因此分解层数的选择就尤为关键。一般情况下,为从源图像获取丰富的空间信息,设计者都会设置一个相对较大的分解层数,但随着分解层数的增加,图像融合对噪声和配准的要求也越来越严格。而稀疏表示则利用滑窗技术将图像分割成多个重叠小块并将其向量化,这样可减少图像伪影现象,提高抗误配准的鲁棒性。

神经网络在图像融合的应用始于脉冲耦合神经网络(Pulse Coupled Neural Network,PCNN)模型。与其他神经网络模型相比,PCNN 模型无需训练与学习过程,就可有效提取图像信息。基于 PCNN 的红外与可见光图像融合方法通常会与多尺度变换方法结合,例如 NSCT、曲波变换、轮廓波变换等。

Li 和 Ren 都提出了一种基于预训练的 VGG-19(Visual Geometry Group-19)网络,以提取源图像的深层特征,获得较好的融合效果。2019 年,Ma 等首次将端到端的生成对抗网络模型用于解决图像融合问题,避免了传统算法手动设计复杂的分解级别和融合规则,并有效保留了源图像信息。

　　PCNN 模型中神经元与图像像素一一对应,解决了传统方法中图像细节易丢失的问题。但 PCNN 模型网络结构复杂,参数设置烦琐。同时,其与多尺度变换组合的方法,也只能实现模型的局部自适应,且计算速率和泛化能力仍有待提高。

2.1.2.2　融合图像的目标跟踪算法发展

　　目前主流 RGBT 跟踪算法主要分为三种:①传统算法;②基于相关滤波的方法;③基于深度学习的方法。

　　在传统的目标跟踪算法中,图像的特征起着重要的作用。从 2000 年开始,RGBT 的跟踪方法主要依赖人工定义的图像特征,如方向梯度直方图(Histogram of Oriented Gradient,HOG)、尺度不变特征变换(Scale Invariant Feature Transform,SIFT)和局部二值特征(Local Binary Pattern,LBP)等。主要采取的目标跟踪算法是卡尔曼滤波、粒子滤波和均值漂移等传统算法。例如,Bunyak 等提出了一种运动目标检测和跟踪系统,该系统在一个水平集框架内稳定地融合了红外和可见光视频,通过卡尔曼滤波和分水岭分割方法估计目标聚类的长期轨迹。Yun 等提出了压缩时空域卡尔曼滤波融合跟踪算法,将压缩跟踪(Compressive Tracking,CT)方法扩展到可见光和红外图像融合跟踪的情况下。该融合模型可以在空间和时间两个维度上实现融合跟踪。

　　上述两种算法均依赖于卡尔曼滤波,但是适用于时间序列模型的卡尔曼滤波算法有两个要求:①状态变量 X_t 和观测变量 Y_t 都符合高斯分布;②X_t 可以通过 X_{t-1} 线性表示,Y_t 可以通过 X_t 线性表示。其数学表达式如下:

$$X_t = \boldsymbol{F} X_{t-1} + \omega_{t-1}, \quad \omega_{t-1} \sim N(0, \boldsymbol{Q}) \tag{2-1}$$

$$Y_t = \boldsymbol{H} X_t + r_t, \quad r_t \sim N(0, R) \tag{2-2}$$

其中,$\boldsymbol{F}$ 是状态转移矩阵,$\boldsymbol{H}$ 是状态空间到观测空间的映射矩阵。

　　但是目标跟踪算法的实际应用情况往往是非线性的,状态变量和观测变量也不一定符合高斯分布。因此上述两种算法的实际应用效果都不够理想。

　　与卡尔曼滤波相比,粒子滤波算法放松了对线性和高斯性的要求。Isard 等首次将粒子滤波器用于目标跟踪,并实现了基于粒子滤波的 RGBT 跟踪算法。2007 年,Cvejic 等在基于粒子滤波的目标跟踪算法的基础上,研究了像素级图像融合方法对目标跟踪结果的影响,并与单模跟踪效果进行了对比。2008 年,Liu 和 Sun 提出了一种基于顺序传播算法的融合跟踪方法。其在粒子滤波的框架下,利用协方差特征构造似然函数,同时,通过序贯置信传播自动实现融合。Peteri 等还提出了一种基于粒子滤波的可见光和红外图像融合跟踪方法,粒子过滤器分别在可见光和红外图像中搜索与目标相似的颜色或温度特征。但是该方法有两个前提:①红外图像和可见光图像必须经过严格的像素级配准;②在两个图像中,目标都是可以跟踪的,不存在遮挡等情况。Wang 等提出了一种基于局部分辨分析的红外和可见光协同跟踪方法,其中采用了粒子滤波跟踪框架。引入 Fisher 线性判别理论,设计局部区域目标与背景的判别函数。在此基础上,对可见光和红外图像进行了特征级融合。Xiao 等提出了一种先跟踪再融合的方法。首先对可见光和红外图像分别进行跟踪,然后对跟踪结果进行融合,得到最终的跟踪结果。与先融合图像再进行跟踪的方法相比,先跟踪再融合的方法对图像对配准的限制较小。在这项工作中,可见光图像中的目标跟踪采用改进的粒子滤波方法,红外图像中的目标跟踪采用改进的模板匹配方案。

　　均值漂移和模板匹配等算法也被用于 RGB 红外融合跟踪。然而,传统的融合跟踪方法存在一些不足,导致其实际使用效果不够理想。首先,跟踪中使用的特征是手工设计的,在实际情况下,很多特征无法被有效地提取。其次,传统方法计算量大,特别是基于粒子滤波的方法导致上述跟踪器几乎都不能满足实时性要求。最后,传统的融合跟踪算法对于个别的特定场景有良好的跟踪效果,但是缺乏泛化性,对不同场景的目标跟踪适应能力较差。

基于相关滤波的融合跟踪技术由于性能好、效率高,近年来人们开始对其进行研究。目前,基于相关滤波器(Correlation Filter,CF)的 RGBT 跟踪算法都是基于决策级融合的。大致的方法都是将红外图像和可见光图像分别使用相关滤波器进行卷积得到特征响应图,通过不同的权重系数进行加权组合,将红外图像和可见光图像进行特征级融合后再进行目标跟踪。

Wang 等提出了第一个基于相关滤波的融合跟踪算法。他们提出了一种基于软一致性相关滤波器(Soft Consistency Correlation Filter,SCCF)的融合跟踪方法。软一致性意味着,红外和可见光图像的滤波器应具有相似的循环移位机制,而且滤波器彼此具有稀疏的不同元素。他们提出了一种加权融合机制,可以融合两种模式的响应图以生成最终响应图。根据该响应图获得跟踪结果。在检测阶段,利用响应图中的平均峰值相关能量(Average Peak Correlation Energy,APCE)计算融合权重。SCCF 的速度为 50 fps,可以满足实时性要求。Zhai 等提出了一种通过互模式相关滤波器的 RGBT 跟踪算法。在这项工作中,对每个模态使用相关滤波器,然后利用低秩约束联合学习滤波器以进行跨模态融合。他们观察到,不同的模态特征应该具有相似的相关滤波器,以实现对目标对象一致的定位。最后的响应图也通过融合每个模态的响应图获得。但是,该算法没有为各个模态分配权重,导致缺乏对环境光照的自适应能力。该跟踪器的速度为 224 fps,是在本章目前所提及的跟踪器中检测速度最快的 RGBT 跟踪器。最近,Yun 等提出了一种判别式融合相关学习(Discriminant Fusion Correlation Learning,DFCL)模型,以提高基于判别相关滤波器(Discriminant Correlation Filter,DCF)的跟踪性能,该模型还对可见光和红外图像的响应图应用了加权融合规则。然而,Yun 等仅给出了从不同数据集中选择的几个序列的结果,并没有显示其在大规模数据集上的性能,难以评估其泛化性能。

除了上述单纯利用相关滤波器进行融合跟踪的工作外,还有一些研究将相关滤波器与其他方法相结合进行多模态跟踪。例如,Luo 等提出了融合前跟踪框架,该框架包括两个模块,即基于相关滤波器的跟踪(Correlation Filter-based Tracking,CFT)模块和基于直方图的跟踪(Histogram-based Tracking,HIST)模块。CFT 模块和 HIST 模块分别实现跟踪,然后利用自适应加权方案通过决策级融合获得最终结果。具体而言,在确定两个模块的权重时,采用Kullback-Leibler 散度来衡量当前响应图和最后一帧响应图之间的相似性,综合考虑了时间信息。Ren 等提出了一个跟踪框架,该框架结合了基于 CF 的可见光跟踪器和基于马尔可夫链蒙特卡罗(Markov Chem Monte Carlo,MCMC)的红外图像跟踪器,用以实现稳定的夜间目标跟踪。与 CF 的跟踪器不同,VIRF 处理的是同步可见光和红外图像。由于红外图像和可见光图像具有不同的成像特征,该算法设计了候选区域位置-尺度融合规则,得到最终的跟踪结果。综上所述,虽然基于 CF 的 RGBT 跟踪方法的研究始于 2018 年,目前还处于早期阶段,但其极具竞争力的性能和效率使其成为未来很有希望的研究方向。

深度学习能够从大量图像中学习有效的特征表示,与手工制作的特征相比,学习到的深层特征更有效、更健壮,因此有利于跟踪问题的解决。因此,近年来,深度学习被应用于 RGB 红外融合跟踪。2018 年,深度学习首次应用于 RGB 红外融合跟踪。大多数基于深度学习的融合跟踪算法使用特征级融合方法,一小部分基于像素级和决策级融合。

2018 年,Xu 等提出了一种基于 CNN 的利用可见图像和红外图像的融合跟踪算法。这是第一个基于 CNN 进行 RGB 红外融合跟踪的算法。这是一种像素级的融合跟踪方法,使用了一种非常简单的图像融合方法,即简单地把红外图像作为可见光图像的第四通道。该方法基于 Zhang 等提出的模型,采用了两层简单的 CNN,不需要进行大量数据训练。实验表明,该方法的跟踪性能优于传统的基于粒子滤波的融合跟踪器。然而,该方法的性能仍然有限,因为很容易引入人为的视觉效果因素,从而影响有效特征的提取。此外,该方法计算量大(速度约为 5 fps),不能满足实时性要求。Xu 等还提出了另一种基于像素级深度学习的融合跟踪算法。他们设计了一种基于深度多视图压缩模型的融合跟踪算法。该算法结合区域建议网络(Region Proposal Network,RPN)的基本模型,并提出了一种扩展区域建议网络,可以自动改变目标跟踪窗口的位置和尺度,从而有效地解决了快速运动目标的跟踪问题。有文献提出了另一种基于像素级深度学习的融合跟踪方法,其中采用了孪生网络。具体来说,他们首先将可见光和红外图像融合得到融合图像,然后利用这些融合图像作为孪生网络的输入进行跟踪。

基于特征级深度学习的融合跟踪算法通常首先利用深度神经网络提取可见光和红外图像的特征,然后使用一定的规则将这两个特征融合起来形成联合特征,最后使用联合特征执行跟踪。基于深度学习的融合跟踪的关键在于关节特征表示和模态可靠性。

有相关研究人员提出了使用基于 CNN 的网络获取联合特征进行 RGBT 跟踪的算法。例如,Zhang 等提出了一种基于 MDNet 思想的融合跟踪方法。该方法采用并行结构,其中两个浅层 CNN 分别用于处理可见光和红外图像。然后将可见光和红外特征直接连接起来,并发送到特定的层,以便对目标进行二元分类和识别。但是其在结合可见光和红外特征时,并未考虑模态权重。Li 等提出了一种双流融合网络,用于融合两组卷积网络生成的最有效特征。他们提出了一种由双流 CNN 和 FusionNet 组成的 CNN 体系结构。双流网络中的一个 CNN 结构用于从红外图像中提取特征,另一个用于处理可见光图像。FusionNet 设计了分别用于可见光图像和红外图像的自适应融合和消除冗余噪声方法。FusionNet 可以在在线跟踪期间更新网络参数。然而,该方法的速度仅为 15 fps 左右,不能满足实时性要求。尽管 FusionNet 试图通过考虑每个特征的重要性来执行可见光和红外特征的自适应融合,但它没有考虑可见光和红外图像在不同场景下的跟踪可靠性。Lan 等提出了一种新的跟踪系统,旨在结合可见光和红外信息进行目标跟踪。在该文献中,他们提出了一个机器学习模型,该模型可以解决从表示模式和可辨别性两个方面所提出的模态一致性约束下的模态差异问题,并生成鉴别特征模板,用于异构模型中的协同表示和鉴别。

在融合跟踪中还存在一些考虑模态可靠性的工作。例如,Li 等提出了 FANet——一种用于融合跟踪的质量感知特征聚合网络。FANet 的主要创新之处在于它不仅考虑了多模态图像之间的差异,而且还考虑了层次特征的差异,在跟踪过程中,学习了层权重和模态权重。但是 FANet 的速度只有 1.3 fps,远远不能满足实时性要求。Zhang 等提出了 SiamFT,它基于 SiamFC,并利用两个孪生网络分别提取可见光和红外图像的特征,融合可见光和红外特征,形成融合模板特征和融合搜索特征。然后通过互相关计算这两个融合特征之间的相似性,从而得到最终的响应图。根据最终的响应图,可以得出目标的位置和比例。Zhang 等提出了一种基于各模态响应图的模态权重计算方法。该方法可以以 28 fps 的速度运行。他们还提出了该方法的改进版本,称为 DSiamMFT。此外,Lan 等提出了一个判别式学习框架来执行 RG-

BT 跟踪。该方法能够自适应地学习各模态的协同分类器,实现目标/背景分离和各模态的可靠性权重。Lan 等还提出了一个在线非负特征模板学习模型,用于执行 RGBT 跟踪。在其论文中提出了一种自适应模态重要性权重学习方案,并推导了一种迭代优化算法。

关于基于决策层深度学习的融合跟踪算法,Tang 等在可见光和红外图像中跟踪目标,在跟踪过程中生成可见光和红外图像的置信值。选择置信值较大的结果为融合结果。Zhang 等利用两个孪生网络分别在可见光和红外序列中跟踪目标。他们使用一些文献中提出的模态权重计算方法来计算两种模态结果的可靠性,以可靠度较高的结果作为最终结果。

综上所述,不同的研究人员对基于深度学习的 RGBT 跟踪算法进行了不同的尝试。深度学习算法的优点是显而易见的,但是这些算法都严重依赖硬件的算力水平。因此深度学习类的算法必须进行特定的优化,以减轻计算成本、加快跟踪帧率,从而让该类算法具有实际应用价值。

2.1.3　本章的主要研究内容

综上可以发现,在目前的相关研究中,缺乏对红外和可见光融合跟踪的全流程的研究,往往是对图像配准、融合、跟踪进行相对独立的研究,这种研究的结果缺乏总体的约束条件,使得研究结果的实用价值不高。本章从实际应用的角度出发,对现有的算法进行改进,结合光学硬件和嵌入式硬件平台,设计出一种能够在弹载平台上实际应用的红外和可见光融合目标跟踪算法和硬件结构,其在跟踪的实时性、准确度和抗干扰等方面都有一定的提升,同时完成红外和可见光融合跟踪的全流程的研究并在嵌入式平台实现。

本章的主要研究内容如下:首先,研究可见光与红外图像的配准,并提出基于双模标定靶的光学同轴快速配准方法,实现快速的像素级图像配准;然后,在配准图像的基础上对传统的多尺度变换图像融合方法进行介绍、复现和对比,并提出基于自适应滤波器的融合方法,实现快速精准的红外与可见光图像融合方法;最后,在融合图像的基础上,设计基于自适应滤波器的图像融合预处理网络,与孪生网络目标跟踪算法进行结合,并移植到嵌入式 GPU 平台上,完成基于深度学习的红外和可见光融合的目标跟踪算法的全流程的实现。

本章的主要创新点如下:

(1)在图像配准环节,本章设计熔融石英介质膜反射镜光学同轴系统。通过使用光学结构的辅助实现配准,结合本章设计的双模图像标定靶图,方便同轴光学双模设备的快速精准标定,大大减少配准环节的计算量,为后续的图像融合和目标跟踪算法节省大量计算机资源。

(2)本章从图像融合的实际应用需求出发,设计基于自适应滤波器的图像融合算法,通过调节红外图像和可见光图像的融合参数,使融合图像更好地突出目标形态、纹理和轮廓等信息,在部分指标优于传统算法的同时大大加快融合速度。

(3)本章将基于自适应滤波的图像融合预处理网络与目标跟踪网络结合,通过大量含有一定干扰的数据集的训练,使得整个融合-跟踪网络拥有较强的泛化性,能应对一定程度干扰,获得比单模孪生网络跟踪算法更佳的跟踪效果。

本章结构如图 2-2 所示。

本章主要分为六节,除 2.1 节外各节的内容安排如下:

2.2 节,首先介绍基于特征点匹配的红外图像和可见光图像配准方法的有关理论,然后介绍本章的基于双模标定靶的图像配准方法,包括光学同轴机构的设计、双模标定靶的设计和基于双模标定靶的图像配准方法。

2.3 节,首先介绍图像融合常见的评价指标,然后着重介绍传统的基于多尺度变换方法的图像融合理论,其中主要介绍以 NSST 算法为代表的方法。在此基础上,提出基于自适应滤波器的融合方法。最后对两种算法的各种评价指标进行对比。

2.4 节,首先对 RGBT 跟踪的常见数据集进行介绍。然后改进孪生网络,结合第 3 章的自适应滤波器设计图像融合预处理网络,并与孪生网络进行结合。利用公开的红外和可见光的跟踪算法数据集及本章所设计的光学同轴设备拍摄的含有干扰的数据集,对融合跟踪网络进行训练。

2.5 节,将上述的图像算法和光学硬件进行工程化实现,对工程化中出现的帧同步问题进行详细的阐述。在实验环节中,在不同光照和干扰环境下进行大量测试。与单模孪生网络的跟踪效果进行对比,证明本章的设计和算法是有效且具有实际应用意义的。

2.6 节,总结本章的全部工作,对过程中出现的问题与不足之处进行分析,并对未来的研究工作进行展望。

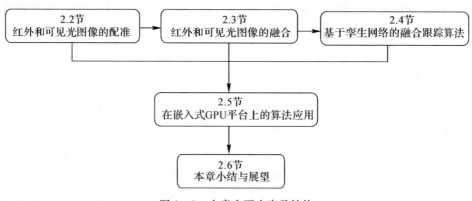

图 2-2　本章主要内容及结构

2.2　红外和可见光图像的配准

研究基于红外和可见光融合图像的目标跟踪算法,首先要获取配准图像。

考虑到融合跟踪的实际应用需求,红外和可见光图像的配准需要在两个维度展开,分别是逐帧图像在空间维度的配准和图像序列在时间维度上的配准。图像序列在时间维度上的配准主要是根据红外传感器和可见光传感器的采集帧率以及两种帧格式的具体情况,采用合适的插帧或减帧方法进行时间戳对齐。该部分不涉及图像有关理论,具体内容在 2.5 节详细叙述。本节主要介绍在逐帧图像中的空间维度上的配准,下文如无特殊说明,图像配准均代表图像空间维度的配准。

图像配准的本质是通过寻找一种图像的单应性变换,把待配准图像映射到参考图像上,使得两幅图像在空间中同一位置点一一对应起来,从而实现异源信息融合的目的。精确的配准图像,可以为后续的图像融合提供有效的位置基准。

图像配准的应用非常广泛。在医学图像处理与分析中,可以对同一患者采集含有准确解剖信息的图像,诸如 CT、MRI,采用正确的图像配准方法则可以将多种多样的信息准确地融合到同一图像中,使医生更方便、更精确地从各个角度观察病灶。在目标跟踪领域中,红外图像和可见光图像反映了目标的不同信息,但是由于相机镜头规格不同、图像成像畸变、成像传感器尺寸不同等硬件原因,目标在异源图像视场中的位置信息并不完全一致。通过图像配准过程,可以使同一目标在红外图像和可见光图像的空间位置保持完全一致。根据不同的环境采取合理的目标跟踪算法,可以达到良好的跟踪效果,帮助武器实现全天时的目标打击能力。

目前图像配准的主要方法有基于深度学习类算法和传统算法两大类。由于需要在嵌入式平台上进行算法实现,考虑到实现的可行性、嵌入式平台算力限制和跟踪帧率等因素,图像配准需要尽可能少地占用计算机资源,同时尽可能少地减少运行时间,因此本节主要研究传统算法。

目前常用的传统图像配准算法主要分为以下三大类:

(1)基于待配准图像灰度信息的配准方法。

(2)基于待配准图像特征信息的配准方法。

(3)基于模板图像的配准方法。

基于灰度信息的配准方法是使用图像的灰度分布进行图像配准,配准速度快,但是配准精度不能满足目标跟踪算法的需求,因此不展开叙述。

基于特征信息的配准方法是目前主流的配准方法,常用的图像特征有 SURF、SIFT、ORB等。通过对红外图像和可见光的图像特征进行提取并进行一致性匹配,可实现异源图像的配准。其优点是配准的自适应性好,可以进行动态配准,因此应用前景好。其缺点是计算量大导致实时性差。对于红外图像来说,图像的分辨率低、轮廓边缘不清晰,导致特征点提取困难,这也是红外和可见光图像配准在使用特征点进行配准时的主要问题之一。

基于模板图像信息的配准方法是使用定制的标定图像,以该图像为基准实现异源图像配准。这种方法的优点是完成配准后可一劳永逸,在后续使用中仅需要调用标定配准得到的单应性矩阵即可。这种方法的缺点是不能进行动态配准,当红外图像或可见光图像的焦距、视场等镜头参数发生变化时,原先的标定参数就无法发挥作用。根据本章后续的跟踪算法的需求,对系统资源的实时性要求较高,所以应该尽可能少地占用计算机资源。该方法的计算量小,因此对基于模板图像信息的配准方法将重点展开研究。

但是无论使用哪种配准方式,获取配准中心将对配准的精度和仿射变换矩阵的求取有非常大的帮助,因为这种方式能够辅助视场的对齐,也就是在配准矩阵的求取中拥有了重要的已知条件。考虑到图像配准和融合的最终目的是进行目标跟踪,所以需要保证同一目标必须在可见光和红外图像画面中处于相同位置。因此,在正式的配准环节开始之前,本节将先介绍所设计的光学同轴机构。通过该系统,能够获取画面中心与视场几乎一致的可见光和红外图像。

需要注意的是,本节所有画面变换的前提都是红外相机和可见光相机已经完成了图像畸变矫正,所以单应性变换主要由仿射变换和刚性变换组成,不包含投影变换。

2.2.1　光学分光系统的搭建及硬件系统搭建

2.2.1.1　光学分光系统的搭建

使用光学分光系统的目的是获取同轴的红外和可见光图像,保证被跟踪目标在红外和可见光画面中的位置具有相同的比例关系。同时背景中的各个关键点的位置也需要尽可能地一一对应。

本节所设计的光学分光系统通过光学透镜将入射光分成可见光波段和红外波段,并分别被可见光传感器和红外传感器接收。本节所采用的光学镜片材质为熔融石英介质膜反射镜。这种透镜的光学特性如图 2-3 所示。图 2-3 反映了熔融石英介质膜反射镜对不同波段的光的反射率。从图中可以看出,在可见光波段,即波长在 400~780 nm 的范围内,熔融石英介质膜反射镜的反射率超过 98%,即绝大部分可见光都会被反射。在常见的非制冷红外相机工作波段,即 2.5~25 μm(本节使用的红外相机的探测范围是 8~14 μm),熔融石英介质膜反射镜的反射率为 0,即红外线可 100% 透过。

综上所述,熔融石英介质膜反射镜可以实现将入射光线分为可见光波段和红外波段的功能。由于熔融石英介质膜反射镜对可见光波段的反射率并不是 100%,因此通过这样的光学结构获取的图像可能会出现亮度不足等问题,后续需要进行图像预处理,以补充亮度的衰减。

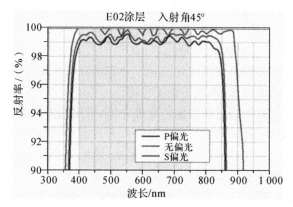

图 2-3 熔融石英介质膜反射镜对不同波段的光的反射率

通过上述光学系统获取了同一场景的红外图像和可见光图像。为了保证被跟踪目标在两幅图像上处于同一相对位置,需要将红外传感器和可见光传感器的感光元件的几何中心布设在同一条直线上,同时需要综合考虑硬件系统的布局。其各个元件的布局示意图如图 2-4 所示。

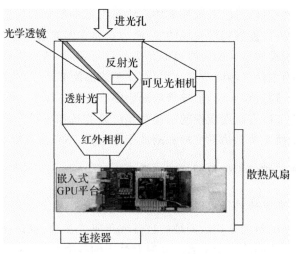

图 2-4 光学元件布局示意图

具体实现方式如图 2-5 所示,进光孔的中心、熔融石英介质膜反射镜的中心和红外相机的感光底片的中心位于同一水平线上,该水平线称为进光水平线。其中熔融石英介质膜反射镜呈 45°角放置。红外相机感光元件的纵向中轴线与设备底座垂直。可见光相机的感光底片与进光水平线平行放置,其几何中心与进光水平线和熔融石英介质膜反射镜的焦点在同一条直线上,该直线称为反射垂直线。反射垂直线和进光水平线垂直且在同一平面内。

为保证接收的画面便于人员观察,相机的摆放角度和摆放位置也应合理设计。由于红外相机接收的红外线是通过进光孔透过熔融石英介质膜反射镜直射到的感光底片上的,其观察角度处于常规位置,因此红外相机按照画面向上摆放,保证感光底片平面与进光水平线垂直,且感光底片的纵向中轴线与底座水平面垂直即可。可见光相机接收的画面是经过熔融石英介质膜反射镜反射得到的,为保证得到画面画幅上边缘与红外图像的一致,其感光底片的上边缘需要远离进光孔一侧放置。这样的设计可以使红外图像和可见光图像的画面中心保持一致。

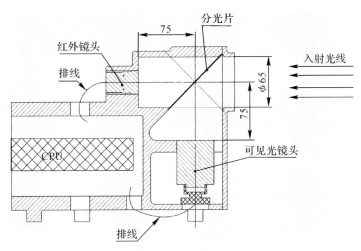

图 2-5　光学分光结构的剖面图(单位:mm)

除了光学结构设计以外,结构的设计还需要着重考虑红外传感器和可见光传感器的硬件连接以及嵌入式 GPU 板卡的安装散热等问题。最终光学分光结构整体的三维视图如图 2-6 所示。

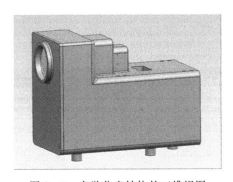

图 2-6　光学分光结构的三维视图

2.2.1.2 硬件系统的搭建

本章的主要内容是研究基于深度学习的红外与可见光融合目标跟踪算法,并进行应用,因此需要进行嵌入式的实现。

本节使用了以英伟达(NVIDIA)公司制造的 Jetson TX2 为核心的嵌入式 GPU 图像处理系统,如图 2-7 所示。

图 2-7 基于 Jetson TX2 的图像处理嵌入式系统

该 GPU 平台包含一个 NVIDIA Pascal 架构的 GPU,有 256 个(Compute Unified Device Architecture,CUDA)核心。CPU 部分有两个 ARM v8 64 位 CPU,可以应用于多线程应用程序。其拥有的丰富外设可以搭载可见光相机、红外相机等设备。本节使用自研板卡,在 Jetson TX2 上扩展了多路基于 PCIE 总线的视频采集系统,用以采集多路视频信号。

关于硬件系统的其他相关内容参见 2.5 节。

2.2.2 基于特征点的图像配准算法

2.2.2.1 常用基于特征点的配准方法

基于特征点的配准方法的大致流程是:首先,提取可见光和红外图像的图像特征点;然后,进行一致性匹配检测,去除匹配不合理的特征点;最后,根据特征点的位置关系计算单应性变换矩阵,得到配准后的图像。其实现流程如图 2-8 所示。

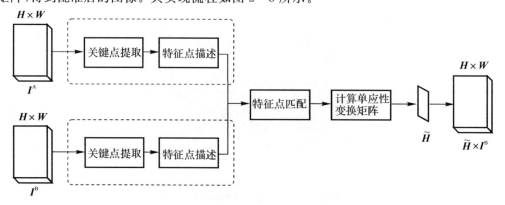

图 2-8 基于特征点的图像配准算法流程图

2.2.2.2　基于特征点的图像配准矩阵的计算

通过特征点提取算法,获取了两幅图像中相似点,这些点表证了图像中具有相似的特征的位置。通过 SIFT 算法提取的特征点对尺度缩放、旋转都能保持图像局部不变形,因此匹配得到的点具有一致性。

通过 SIFT 算法提取的特征点如图 2-9 所示。这些特征点并不是一一对应的关系,需要通过匹配算法进行匹配。一般可以使用 K 近邻(K-Nearest Neighbor,KNN)算法。K 近邻算法求取在空间中距离最近的 K 个数据点,并将这些数据点归为一类。在进行特征点匹配时,一般使用 KNN 算法找到最近邻的两个数据点,如果最接近和次接近的比值大于一个既定的值,那么保留这个最接近的值,认为它和其匹配的点为良好的匹配。如图 2-10 所示,经过 KNN 算法匹配后,图中直线连接两幅图像中一致对应的点。

图 2-9　通过 SIFT 算法提取出的特征点

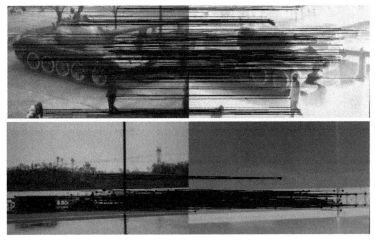

图 2-10　经过 KNN 算法得到的良好匹配的点

　　获取了更加准确的匹配点之后就可以进行图像变换了。图像的变换主要依赖单应性 (Homography)矩阵。单应性矩阵的意义是描述物体在世界坐标系和像素坐标系之间的位置映射关系。设图像 A 和图像 B 中有一组对应的点 A 和点 B,其中 A 点的坐标为 $A(x,y)$,B 点的坐标为 $B(x',y')$。设单应性矩阵 $\boldsymbol{H}$ 为

$$\boldsymbol{H} = \begin{bmatrix} h_{11} & h_{12} & h_{13} \\ h_{21} & h_{22} & h_{23} \\ h_{31} & h_{32} & h_{33} \end{bmatrix} \tag{2-3}$$

则有

$$\begin{bmatrix} x' \\ y' \\ 1 \end{bmatrix} = \begin{bmatrix} h_{11} & h_{12} & h_{13} \\ h_{21} & h_{22} & h_{23} \\ h_{31} & h_{32} & h_{33} \end{bmatrix} \begin{bmatrix} x \\ y \\ 1 \end{bmatrix} \tag{2-4}$$

展开后得到

$$x' = \frac{h_{11}x + h_{12}y + h_{13}}{h_{31}x + h_{32}y + h_{33}} \tag{2-5}$$

$$y' = \frac{h_{21}x + h_{22}y + h_{23}}{h_{31}x + h_{32}y + h_{33}} \tag{2-6}$$

　　易知单应性矩阵 $\boldsymbol{H}$ 有 8 个自由度。通过增设如下条件,可去掉一个自由度:

$$h_{11}^2 + h_{12}^2 + h_{13}^2 + h_{21}^2 + h_{22}^2 + h_{23}^2 + h_{31}^2 + h_{32}^2 + h_{33}^2 = 1 \tag{2-7}$$

对式(2-6)齐次化简可得

$$h_{11}x + h_{12}y + h_{13} - h_{31}xx' - h_{32}yx' - h_{33}x' = 0 \tag{2-8}$$

$$h_{21}x + h_{22}y + h_{23} - h_{31}xx' - h_{32}yx' - h_{33}x' = 0 \tag{2-9}$$

　　设通过 SIFT 算法获取了 n 对来自红外图像和可见光图像中的对应点,分别为 (x_i, y_i) 和 (x_i', y_i'),则可得出如下线性方程组:

$$\begin{bmatrix} x_1 & y_1 & 1 & 0 & 0 & 0 & -x_1x_1' & -y_1x_1' & -x_1' \\ 0 & 0 & 0 & x_1 & y_1 & 1 & -x_1y_1' & -y_1y_1' & -y_1' \\ \vdots & \vdots & \vdots & \vdots & \vdots & \vdots & \vdots & \vdots & \vdots \\ x_n & y_n & 1 & 0 & 0 & 0 & -x_nx_n' & -y_nx_n' & -x_n' \\ 0 & 0 & 0 & x_n & y_n & 1 & -x_ny_n' & -y_ny_n' & -y_n' \end{bmatrix}_{2n \times 9} \begin{bmatrix} h_{11} \\ h_{12} \\ h_{13} \\ h_{21} \\ h_{22} \\ h_{23} \\ h_{31} \\ h_{32} \\ h_{33} \end{bmatrix}_{9 \times 1} = \begin{bmatrix} 0 \\ 0 \\ 0 \\ 0 \\ 0 \\ 0 \\ 0 \\ 0 \\ 0 \end{bmatrix}_{2n \times 1}$$

$$\tag{2-10}$$

　　易知该线性方程组需要至少 4 组对应点才可以解出。但是在实际的应用中,特征点的选取算法可能检测出错误的对应点关系,所以为了保证计算的准确性,需要远超 4 组点的对应关系。

　　当使用远超 4 组点时,采用直接线性解法求解方程组(2-10)通常很难得到最优解,所以实际中一般会采用其他优化方法,如奇异值分解、Levenberg-Marquarat(LM)算法等。该内容不是本章的主要内容,在此不再赘述。在实际应用中,通过调用 OpenCV 图像处理库中的

findHomography 函数计算多个二维点之间的最优单映射变换矩阵,默认使用最小均方误差或者随机抽样一致算法(RANdom SAmple Consensus,RANSAC)的方法。

RANSAC 方法大致分为以下三个步骤:

(1)假定一个拟合模型,并随机抽取 n 个数据样本对模型拟合;

(2)增加容许误差,寻找复合容许误差内的样本点,并统计个数;

(3)重新随机寻找 n 个数据样本,重复上述两个步骤,直到迭代结束,其中满足数据点个数最多的即为最终的拟合结果。

RANSAC 不是本章的主要研究内容,在此不再赘述。结论是通过 RANSAC 过滤了部分特征点,获取了更加准确的匹配点,只选取最优的 4 组点进行计算。

将选取的 4 组点代入式(2-10),求解出单应性变换矩阵 **H**。利用矩阵 **H** 进行仿射变换得到配准图像,效果如图 2-11 所示。图中,从上到下分别是可见光图像、红外图像和经过单应性变换后的叠加配准结果。

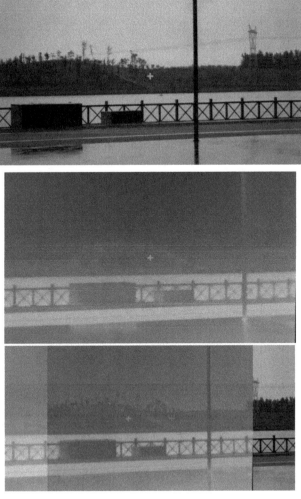

图 2-11　使用特征点方法得到的配准图像

2.2.3 基于双模标定靶图的快速配方法

2.2.3.1 双模图像标定靶图的设计

2.2.2 节基本通过特征点提取和匹配的方法实现了对异源图像的图像配准。但是该方法的劣势十分明显。首先,算法的计算速度非常慢。在 NVIDIA Jetson XAVIER AGX 的嵌入式 GPU 平台上,处理分辨率为 1 920×1 080 的图像时,该算法的运行速度低于 10 fps,远远不能满足目标跟踪算法的实时性需求。其次,虽然该算法可以实现动态的图像匹配,但是整体的配准精度依赖于特征点提取的数量和准确性。在不考虑光照、烟雾等干扰的情况下,可见光图像一般能够获取丰富准确的特征点。而红外图像因为自身空间分辨率低,特征点的提取数量少而且不够准确。可见光图像的特征点与红外图像的特征点的对应关系有一定差距。虽然可以通过图像增强等手段使红外图像的空间分辨率提高,使红外图像的边缘轮廓、图像纹理等信息量增加,但是执行这样的操作会增加系统的时间消耗,影响后续的目标跟踪环节的运行帧率。

综合上述原因,本小节提出基于目标物标定的快速图像配准方法。

各种图像配准算法的目的都是获取一个单应性变换矩阵 H,通过该矩阵对图像进行单应性变换,实现其与另一幅图像对应像素的空间关系一致。结合这样的需求以及前文所设计的光学同轴机构,本小节设计了一种可见光-红外双模图像标定靶,通过该标定靶,可以同时对红外相机和可见光相机进行标定。通过标定环节进行单应性矩阵 H 的预求取。使用提前计算好的单应性矩阵进行图像配准,可以省去特征点提取、特征点过滤和特征点匹配这三个环节,大大缩短了图像配准的时间。

其中,可见光-红外双模图像标定靶由两部分组成,正面是五行五列的黑色实心圆形,如图 2-12 所示。

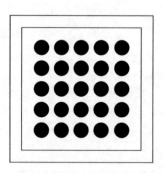

图 2-12　可见光-红外双模图像标定靶正面示意图

将由 25 个与黑色实心圆形大小一致的发热片,按照相同位置贴在标定靶背面,组成红外热靶。发热片的实物图如图 2-13 所示。

图 2-13　圆形发热片

为了防止发热片中的发热导线在工作中产生的高温导致成像时形成的圆形高亮图案不均匀,影响下一步的单应性矩阵的求取,需要使用导热硅胶将该圆形发热片粘贴在可见光标定靶的对应圆形图案的背后,通过导热硅胶的散热,形成均匀的圆形发热区域。在粘贴过程中要与正面的圆形图案精准对应,以防止在标定过程中出现误差,影响配准精度。随后进行其电路连接即可完成可见光-红外双模标定靶的制作。

该标定靶在可见光相机和红外相机下形成的图像分别如图 2-14(a)(b)所示。

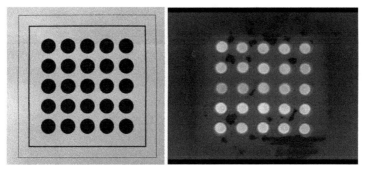

图 2-14　可见光相机和红外相机下的标定靶的图像

(a)可见光相机下的标定靶;(b)红外相机下的标定靶

2.2.3.2　基于双模标定靶图的图像配准矩阵计算

通过 2.2.3.1 节的可见光-红外双模标定靶的设计,分别在红外相机和可见光相机上获得了五行五列同样间距、同样大小的圆形图案组合。前文中设计的同轴光学系统可以实现获取的可见光图像和红外图像的画面中心一致。这样就有了重要的已知条件,即求出单应性矩阵只需要进行放缩变换即可。考虑到机械装配的误差,可能存在画面旋转,当然这些都可以通过预配准方法进行消除。这将大大减少了配准环节的计算量。

综上所述,基于目标的图像配准需要计算的部分主要有两个,即旋转变换和放缩变换。

单应性矩阵可以描述成分块矩阵形式,即

$$\begin{bmatrix} x' \\ y' \\ 1 \end{bmatrix} = \begin{bmatrix} \boldsymbol{A}_{2\times2} & \boldsymbol{T}_{2\times1} \\ \boldsymbol{V}^{\mathrm{T}} & s \end{bmatrix} \begin{bmatrix} x \\ y \\ 1 \end{bmatrix} = \boldsymbol{H}_{3\times3} \begin{bmatrix} x \\ y \\ 1 \end{bmatrix} \tag{2-11}$$

其中,通过矩阵 $\boldsymbol{A}_{2\times2}$ 实现放缩和旋转变换,通过矩阵 $\boldsymbol{T}_{2\times1}$ 实现平移变换。这两者都是刚性变换,即变换过程中图像的大小不发生变化。在计算单应性矩阵之前需要说明的是,本节使用的可见光相机的分辨率是 $1\,920\times1\,080$,红外相机的分辨率是 640×512,相机的镜头均为 19 mm。由于两个相机的成像底片的规格不同,两者的垂直视场角相似,但是可见光相机的水平视场角大于红外相机的水平视场角。因此本章在图像配准中均使用可见光图像作为待配准图像,以红外图像作为配准图像。结合前文提出的同轴光学机构,在实际配准中,只关注可见光图像中间部分和红外图像的配准。

在进行配准之前,需要进行两个准备工作。首先,将红外图像和可见光图像的画面物理中心对齐,即将可见光图像的画面中心点(960,540)与红外图像画面中心点(320,256)对齐,设该点为 O。为了便于验证和分析,将两幅图像进行叠加。由于光学同轴机构的存在,通过上述步骤可以实现红外图像与可见光图像的画面中心的对齐。其次,通过对两幅图像进行霍夫圆检测,得出所有圆的圆心位置。图 2-15(a)(b)所示分别是对可见光图像和红外图像的双模标定靶的霍夫圆检测结果。

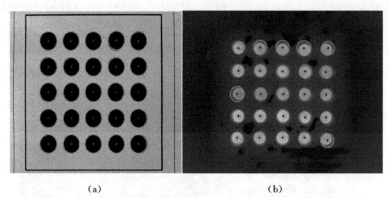

(a)   (b)

图 2-15　可见光图像和红外图像的双模标定靶的霍夫圆检测结果
(a)可见光相机下标定靶;(b)红外相机下标定靶

完成上述操作后,首先解决由同轴光学设备的装配问题误差可能导致的双模标定靶在可见光图像与红外图像中的中心不一致的问题。

设在可见光图像中目标靶的画面中心为 $\overline{O}_v$,在红外图像中目标靶的画面中心为 $\overline{O}_i$。利用图 2-15 的霍夫圆检测结果,得到可见光图像和红外图像中所有圆形的圆心坐标 $O_{ij}(x_{ij},y_{ij})$,对所有圆的圆心位置求平均值得到平均圆心坐标 $\overline{O}(\overline{x},\overline{y})$,即

$$\overline{x} = \sum_{i=1}^{5}\sum_{j=1}^{5}x_{ij}, \quad \overline{y} = \sum_{i=1}^{5}\sum_{j=1}^{5}y_{ij} \tag{2-12}$$

由于发热片的热辐射及热传导等因素,发热片周边部分也存在一定的热量,那么红外图像的检测中可能出现检测的圆心位置与实际位置不一致的现象。通过对平均圆心的求取可以减少上述现象对标定中心的定位不准确的问题。

由同轴光学设备的装配问题误差可能导致的双模标定靶在可见光图像与红外图像中的中心不一致,即 $\overrightarrow{OO_i}$ 与 $\overrightarrow{OO_v}$ 之间存在夹角 θ,如图 2-16 所示。

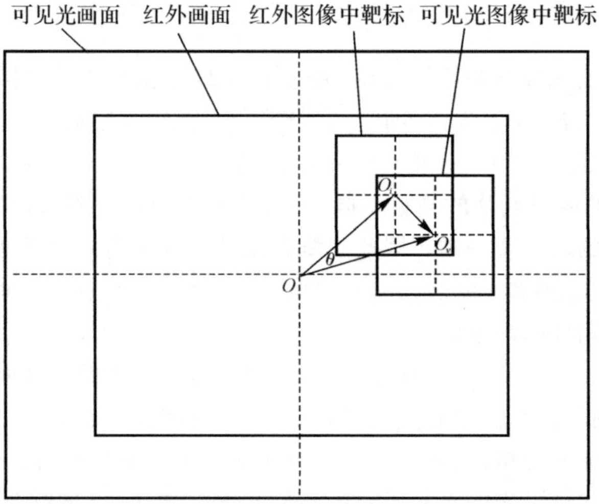

可见光画面　红外画面　红外图像中靶标　可见光图像中靶标

图 2-16　由于装配误差导致画面中心偏移的示意图

通过下式可以求出旋转角：

$$\theta = \arccos\left(\frac{\overline{(\overline{OO_v})}^{2} + \overline{(\overline{OO_i})}^{2} - \overline{(\overline{O_iO_v})}^{2}}{2\overline{OO_i} \times \overline{OO_v}}\right) \quad (2-13)$$

由于固定的是可见光图像，用红外图像去匹配可见光图像，因此旋转角度的方向是顺时针。求出旋转角后即可得到旋转矩阵 $\boldsymbol{H}_1$，即

$$\boldsymbol{H}_1 = \begin{bmatrix} \cos\theta & \sin\theta & 0 \\ -\sin\theta & \cos\theta & 0 \\ 0 & 0 & 1 \end{bmatrix} \quad (2-14)$$

现在解决由可见光相机和红外相机的成像设备本身存在的差异导致的实际成像物体有大小差异的问题。缩放矩阵的形式为

$$\boldsymbol{H}_2 = \begin{bmatrix} w & 0 & 0 \\ 0 & h & 0 \\ 0 & 0 & 1 \end{bmatrix} \quad (2-15)$$

其中，w 是沿着图像行方向的缩放系数，h 是沿着图像列方向的缩放系数。考虑到红外图像的霍夫圆检测存在误差，因此求取平均放缩尺度以减小误差。计算方法如下：

$$w = \frac{\sum_{i=1}^{5}\sum_{j=1}^{5} |x_{ij} - x_{33}|}{25}, \quad h = \frac{\sum_{i=1}^{5}\sum_{j=1}^{5} |y_{ij} - y_{33}|}{25} \quad (2-16)$$

缩放过程中，考虑到可见光图像对目标跟踪的重要性，此处选择线性插值方法对红外图像进行放大。

设红外图像为 $\boldsymbol{B}$，则变换后的红外图像 $\boldsymbol{B}'$ 为

$$\boldsymbol{B}' = \boldsymbol{H}_2\boldsymbol{H}_1\boldsymbol{B} \quad (2-17)$$

最后完成细节处理：①红外图像在缩放和旋转中，如果超出可见光图像的范围，可以取两者的交点处作为配准图像的顶点；②当红外图像在旋转中出现黑色的边缘时，可以进行随机像素或 0 像素填补，防止后续图像融合和目标跟踪网络产生影响。

综上所述，本节的红外图像与可见光图像的配准流程如图 2-18 所示。

通过上述方法和步骤实现了基于目标物的图像快速配准，通过提前对单应性矩阵 $\boldsymbol{H}$ 进行求取，可以在融合图像之前对图像进行变换，最终实现快速的图像配准。实际的配准效果如图 2-17 所示，其中图(a)是可见光图像，图(b)是红外图像，图(c)是以红外图像为掩膜的可见光叠加图像。

(a)　　　　　　　　　　　　　　(b)

图 2-17　同轴光学结构拍摄的配准效果

(a)可见光相机拍摄的图片；(b)红外相机拍摄的图片；

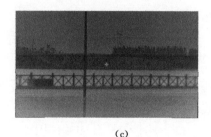

(c)

续图 2-17　同轴光学结构拍摄的配准效果

(c)本节算法的图像配准结果

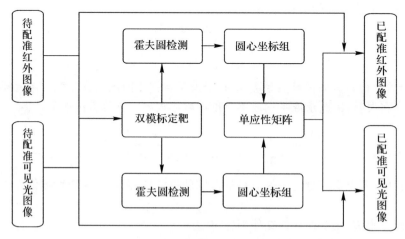

图 2-18　基于同轴光学结构的快速图像配准方法流程图

为验证本算法的性能,利用双模标定靶分别对基于特征点和基于目标靶图的配准矩阵计算算法进行评估。其中,主要是对算法的运行速度、配准精度和配准成功率进行评判。运行速度的统计方法是对连续帧进行处理,将每帧图像的平均配准时间作为处理速度。配准精度是统计在连续帧上,红外图像和可见光图像上多个相同特征点的坐标误差的绝对值。配准成功率是统计得到的配准误差小于 10 个像素的帧数占总帧数的比例。测量结果见表 2-1。

表 2-1　配准算法的性能比较

算法	处理帧率/fps	平均配准误差像素数/个	配准成功率/(%)
基于特征点的配准方法	2.37	>5.18	45.3
本节方法	29.9	<3.22	99.7

测试数据来自通过同轴光学机构的实拍视频,测试的硬件平台是 NVIDIA Jetson XAVIER AGX。最终选取本节方法作为红外和可见光图像的配准方法。从表 2-1 中可以看出,本节方法配准成功率高、配准误差小、配准速度快,具有较高的实用性,为后续的融合算法和跟踪算法节约了计算机资源。

2.2.4　小结

首先,本节介绍了所设计的光学分光同轴光学结构,并对其功能和基本原理进行了介绍。

其次，对目前主流的基于特征点提取的图像配准算法进行了介绍，主要介绍了 SIFT 算法的主要原理和基于 RANSAC 的单应性变换矩阵的求取。此外，从使用的角度对其优缺点进行了分析。最后，介绍了本节设计的双模图像标定靶，以及据此提出的基于目标物的快速图像配准方法。通过该方法实现了在标定环节进行单应性矩阵的预求取，优化了特征点提取、特征点过滤和特征点匹配这三个环节，大大节省了图像配准的时间消耗，提升了配准精度，为后续图像融合和目标跟踪打下了基础。

2.3 红外和可见光图像的融合

可见光图像能够反映目标的纹理、轮廓和形态等特征，与红外图像相比，其包含的信息更丰富。丰富的目标信息使得在目标跟踪算法中能够获取更多的区别于背景的信息，从而能更加稳定地跟踪目标。但是可见光图像的成像机理的固有缺陷导致可见光相机难以应对烟雾和光照等环境变化。如图 2-19 所示，其中图(a)和图(b)分别是正常状态下的红外图像和可见光图像，图(c)和图(d)分别是烟雾干扰下的红外图像和可见光图像，图(e)和图(f)分别是环境亮度较暗的情况下的红外图像和可见光图像。图 2-19 中图(a)和图(b)是本节实验时拍摄的实际场景，图(e)和图(f)选取自 TNO 数据集。

（a） （b）

（c） （d）

（e） （f）

图 2-19 因光照和烟雾干扰导致可见光图像成像质量不如红外成像的情形

可见光图像的成像一般使用 CMOS 或 CCD 等作为感光元件,经过长期的技术迭代,相关的技术发展非常迅速,成像速度和像元间距的参数能满足军事和民用的大部分需求。红外图像的成像原理与可见光图像的成像原理不同,欧洲国家多采用红外图像的成像方式是以多晶硅芯片作为成像底片,美国等国家研发出了以氧化钒作为成像底片的技术。近些年随着我国科学技术的发展,红外成像技术也有了较大进步,例如艾睿光电等企业研发出了像元间距为 $10~\mu m$ 的氧化钒成像底片,可以将红外图像的像素数提升至 $1k \times 1k (1k = 1~000)$。但是种种限制使得红外图像的成像质量仍远不如可见光图像,尤其是当目标热辐射特征不够明显时更是如此,例如目标被水雾干扰,或者目标释放强烈的红外干扰时,红外图像成像就会被严重影响。如图 2-20 所示,其中图(a)和图(b)分别是正常状态下的红外图像和可见光图像,图(c)和图(d)分别是水雾干扰下的红外图像和可见光图像,图(e)和图(f)分别是目标自身热辐射特征不明显情况下的红外图像和可见光图像。图 2-20 中图(a)和图(b)是本节实验时拍摄的实际场景,图(e)和图(f)选取于 TNO 数据集。由于水雾干扰导致目标红外辐射在传播过程中有所衰减,红外成像分辨力下降。

图 2-20 因水雾等干扰导致红外图像成像质量不如可见光图像成像的情形

综上所述,红外图像和可见光图像在面对复杂场景时均不能很好地独自完成对目标的识别和跟踪。因此若能通过合理有效的红外图像和可见光图像的融合算法将二者融合,综合两者的特征与优点,则可以很好地辅助目标跟踪算法实现对目标的捕捉。

考虑到需要将融合算法与目标跟踪算法结合,最终进行嵌入式 GPU 实现,本节在图像融合部分只研究处理速度较快的传统图像融合方法，以节约计算机资源。目前被广泛应用的在各项融合指标上比较突出的传统图像融合算法是基于非下采样剪切波变换（Non-Subsampled Shearlet Transform，NSST）的算法。

虽然 NSST 算法性能不错，各项融合指标均属同类中的领先水平，但是其计算复杂，运行速度慢，难以在跟踪系统中进行实际的应用，而且难以与跟踪网络形成端到端的融合网络，不便于跟踪系统自行选择融合权重以应对不同干扰和环境变化。本节所研究的基于深度学习的可见光与红外图像融合的目标跟踪算法，是一种更加快速的图像融合方法，同时该融合方法要尽可能地帮助基于深度学习的目标跟踪算法更好地捕捉目标。

本节所采用的基于深度学习的目标跟踪算法是以孪生网络为基础的目标跟踪算法，该算法的开山之作是 SiamFC。该算法的原理是通过两支相同的骨干网络分支分别提取目标和待搜索图的特征，生成特征图。对目标和待搜索图的特征图进行互相关操作获取响应图，其中响应图代表目标出现的位置的可能性。其网络结构图如图 2-21 所示。

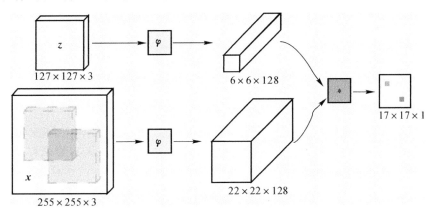

图 2-21　SiamFC 目标跟踪网络结构图

以孪生网络为核心的其他网络的原理也与此类似。因此，能够让特征提取网络获取更加突出的图像融合算法将会更加有效地辅助图像跟踪。本节借鉴多尺度分解的图像融合思路，设计自适应滤波器的方法分离前景和背景，获取可见光图像和红外图像的高频分量和低频分量，通过图像预处理前馈网络与孪生网络结合，实现端到端的快速融合跟踪网络。

2.3.1　融合算法评价指标

设计图像融合算法是为了获取图像信息更加丰富的图像。对图像融合算法的优劣的评判主要有两种方法，即主观方法和客观方法。对本节的目标跟踪算法来说，主观评价方法不具备准确性，从人的视角觉得融合质量高的指标，并不一定适合计算机。因此本节算法研究内容的评价方式全部采用客观评价指标。客观评价指标不受主观判断的影响，更具可信度。常用于图像融合的客观评价标准有互信息（Mutual Information，MI）、平均梯度（Average Gradleat，AG）、结构相似度（Skructural Similarity，SSIM）、相关系数（Correlation Coefficient，CC）、空间频率（Spatial Freguency，SF）等。下面对上述指标进行说明。

2.3.1.1　互信息（MI）

互信息是信息论中的概念，指的是一个随机变量由于已知另一个随机变量而减少的不肯定性，度量的是一个随机变量中包含另一个随机变量的信息量。互信息量的定义如下：设两个随机变量 (X, Y) 的联合分布为 $p(x, y)$，边缘分布分别为 $p(x)$ 和 $p(y)$，则互信息 $I(X; Y)$ 是

联合分布 $p(x,y)$ 与边缘分布 $p(x)$、$p(y)$ 的相对熵。其计算公式为

$$I(X;Y) = \sum_{x \in X} \sum_{y \in Y} p(x,y) \log \frac{p(x,y)}{p(x)p(y)} \tag{2-18}$$

因此互信息的概念也通常用于度量融合图像和两个源图像之间的信息相关度。对于融合图像来说,其互信息量 MI 是融合图像与两个源图像的相对熵之和。其计算公式如下:

$$\mathrm{MI} = \mathrm{MI}_{AF} + \mathrm{MI}_{BF} \tag{2-19}$$

$$\mathrm{MI}_{AF} = \sum_{a,f} P_{AF}(a,f) \log \frac{P_{AF}(a,f)}{P_A(a)P_F(f)} \tag{2-20}$$

$$\mathrm{MI}_{BF} = \sum_{b,f} P_{BF}(b,f) \log \frac{P_{BF}(b,f)}{P_B(b)P_F(f)} \tag{2-21}$$

其中,MI 是融合图像的总体互信息量,MI_{AF} 和 MI_{BF} 分别表示源图像 A 和 B 与融合图像的互信息量,P_{AF} 和 P_{BF} 为源图像 A 和 B 与融合图像的联合概率密度,P_A 和 P_B 分别是两幅源图像的边缘概率密度,P_F 是融合图像的边缘概率密度。通过图像直方图具体计算上述各种概率。互信息量越高,就说明融合图像中包含的两幅源图像中的有关信息越多。本节的最终目的是进行可见光和红外的图像融合,并在融合图像的基础上实现稳定的目标跟踪。其中互信息量指标可以帮助衡量图像融合算法的性能,保证足够的信息被保留下来。

2.3.1.2 平均梯度(AG)

图像的梯度指图像中物体的边缘和阴影等两侧附近的灰度变化率,这种变化率反映了图像细节变化的速率,即图像多维方向上密度变化的速率,表征图像的相对清晰程度。

图像的平均梯度的定义如下:

$$AG = \frac{1}{M \times N} \sum_{i=1}^{M} \sum_{j=1}^{M} \sqrt{\frac{\nabla F_x^2(i,j) + \nabla F_y^2(i,j)}{2}} \tag{2-22}$$

$$\nabla F_x(i,j) = F(i,j) - F(i-1,j) \tag{2-23}$$

$$\nabla F_y(i,j) = F(i,j) - F(i,j-1) \tag{2-24}$$

其中,∇F_x 和 ∇F_y 分别代表图像的 x 轴和 y 轴的两个方向的梯度。

平均梯度反映了图像的清晰度和纹理变化,平均梯度越大说明图像层次越多,图像也就越清晰。当光照等条件良好时,通过可见光图像获取的目标信息充足,图像的平均梯度较高,但是当光照等条件不好,或者目标受到烟雾等干扰时,图像的平均梯度通常较低。对于红外图像来说,由于目标物体自身的热辐射、热传导和热对流的存在,物体的周围都会有红外线辐射,因而图像的边缘不够清晰,图像的平均梯度通常较低。但是,在夜间或者寒冷背景下或者无阳光干扰的环境下,红外图像的边缘清晰,图像的平均梯度通常较高。

2.3.1.3 结构相似度(SSIM)

结构相似度可以表征图像结构性相似的程度。从图像融合算法的验证角度来说,结构相似度可以用来度量红外图像和可见光图像与融合图像之间的相似程度。该指标由三个部分组成,分别是图像的亮度对比函数、对比度对比函数和结构对比函数。其算法的结构图如图 2-22 所示。

结构相似性的定义如下:

$$\mathrm{SSIM}(X,F) = \frac{2\mu_x \mu_f + C_1}{\mu_x^2 + \mu_y^2 + C_1} \cdot \frac{2\sigma_x \sigma_f + C_2}{\sigma_x^2 + \sigma_y^2 + C_2} \cdot \frac{\sigma_{xf} + C_3}{\sigma_x \sigma_f + C_3} \tag{2-25}$$

$$\mathrm{SSIM}(\boldsymbol{A},\boldsymbol{B},\boldsymbol{F})=\frac{\mathrm{SSIM}(\boldsymbol{A},\boldsymbol{F})+\mathrm{SSIM}(\boldsymbol{B},\boldsymbol{F})}{2} \qquad (2-26)$$

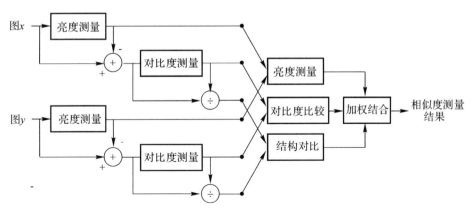

图 2 - 22　结构相似度计算原理图

融合图像与两幅源图像之间的结构相似度越高,表征融合图像与源图像之间越相似,即融合图像从源图像中获取的场景结构信息越多,说明融合算法效果越好。

2.3.1.4　相关系数(CC)

相关系数指的是皮尔逊积差系数。其定义如下:

$$\mathrm{CC}(\boldsymbol{X},\boldsymbol{F})=\frac{\sum_{m=1}^{M}\sum_{n=1}^{N}\left[\boldsymbol{F}(m,n)-\mu F\right]\left[\boldsymbol{X}(m,n)-\mu x\right]}{\sqrt{\sum_{m=1}^{M}\sum_{n=1}^{N}\left[\boldsymbol{F}(m,n)-\mu F\right]^{2}\left[\boldsymbol{X}(m,n)-\mu x\right]^{2}}} \qquad (2-27)$$

$$\mathrm{CC}(\boldsymbol{X},\boldsymbol{Y},\boldsymbol{F})=\frac{\mathrm{CC}(\boldsymbol{X},\boldsymbol{F})+\mathrm{CC}(\boldsymbol{Y},\boldsymbol{F})}{2} \qquad (2-28)$$

相关系数指标主要表征了源图像和融合图像的光谱特征的相似程度。红外图像和可见光图像本质上都是目标反射或者辐射出的不同光谱波段的信息。通过比较融合图像和红外图像与可见光图像的相关系数,可以考察融合算法对源图像和融合图像相关性的影响。

2.3.1.5　空间频率(SF)

空间频率主要评测的是图像梯度信息的丰富程度,主要体现图像的边缘纹理信息是否丰富。空间频率越高,表明图像的纹理信息越充足。如前文所述,可见光图像和红外图像由于自身的成像机理,在一定的复杂环境下,都会出现成像质量不佳、难以实现对目标的跟踪的情形。其中表现之一就是空间频率低。通过合适的融合算法可以提升图像质量,保留或者增强信息。

空间频率的定义如下:

$$\mathrm{SF}=\sqrt{\mathrm{RF}^{2}+\mathrm{CF}^{2}} \qquad (2-29)$$

$$\mathrm{RF}=\sqrt{\frac{1}{M\times N}\sum_{i=1}^{M}\sum_{j=2}^{N}\left[\boldsymbol{F}(i,j)-\boldsymbol{F}(i,j-1)\right]^{2}} \qquad (2-30)$$

$$\mathrm{CF}=\sqrt{\frac{1}{M\times N}\sum_{i=2}^{M}\sum_{j=1}^{N}\left[\boldsymbol{F}(i,j)-\boldsymbol{F}(i-1,j)\right]^{2}} \qquad (2-31)$$

其中,CF 和 RF 分别是融合图像的列频率和行频率。

2.3.2 基于 NSST 变换的图像融合算法

在目前众多的多尺度分析方法(Multi-scale Geometric Analysis，MGA)中，非下采样剪切波变换(Non-Subsampled Shearlet Transform，NSST)方法最为有效。NSST 继承了曲线波(Curvelet)和轮廓小波(Contourlet)的优点，通过对基本函数缩放、剪切和偏移等仿射变换生成具有最优逼近特征的剪切波函数。基于 NSST 图像融合算法主要是通过 NSST 变换对可见光图像和红外图像进行分解，在不同层次上进行对应关系的融合，最后通过反变换获取融合图像。

剪切波变换(Shearlet Transform)由 Easley 等提出，能够表达多维数组，具有各向异性特征。作为一种特殊的合成小波变换，其算法不但拥有小波变换的时频局部特性，还使用了剪切滤波器。剪切滤波器无方向约束，使得其可以实现图像的多方向分解。此外，剪切波变换可以在更多方向上充分提取图像的细节信息。

剪切波可以通过仿射变换系统将几何和多尺度结合起来构造得到。当维数 $n=2$ 时，具有合成膨胀的仿射系统的表达式为

$$M_{AB}(\psi)=\{\psi_{i,j,k}(x)=| \det A |^{i/2}\psi(B^{j}A^{i}x-k)；\quad i,j \in \mathbf{Z}, k \in \mathbf{Z}^{2}\} \qquad (2-32)$$

其中，$M_{AB}(\psi)$ 是剪切波函数簇，$\psi \in L_{2}(\mathbf{R}^{2})$，$i$、$j$ 和 k 分别是平移参数、尺度参数和剪切参数。$\mathbf{A}$ 和 $\mathbf{B}$ 均为 2×2 可逆矩阵，且 $|\det B|$。矩阵 $\mathbf{A}$ 和矩阵 $\mathbf{B}$ 的定义如下：

$$\mathbf{A}\begin{bmatrix} a & 0 \\ 0 & a^{\frac{1}{2}} \end{bmatrix}, \quad \mathbf{B}=\begin{bmatrix} 1 & b \\ 0 & 1 \end{bmatrix} \qquad (2-32)$$

其中，a、b 通常取值为 $a=4$，$b=1$。$\mathbf{A}$ 称为各向异性膨胀矩阵，$\mathbf{A}^{i}$ 与尺度变换有关；$\mathbf{B}$ 称为剪切矩阵，$\mathbf{B}^{j}$ 与保持面积不变的几何变化有关。若 $M_{AB}(\psi)$ 满足帕斯维尔框架，即对于任意的 $f \in L^{2}(\mathbf{R}^{2})$，满足下式：

$$\sum_{i,j,k} |<f,\psi_{i,j,k}>|^{2} = \| f \|^{2} \qquad (2-34)$$

则 $M_{AB}(\psi)$ 的元素被称为合成小波。

NSST 变换主要通过两个步骤实现：非下采样金字塔(Non-Subasmpled Pyramid，NSP)分解和剪切波局部方向滤波(Shearlet Filter，SF)。非下采样金字塔分解是源图像经第一层 NSP 分解后得到低频子带图像的系数和高频子带图像，之后每层的 NSP 分解都在上层分解得到的低频子图上进行迭代以获得图像的奇异点。在 NSST 变换中不进行下采样，每一级都对上一级按照矩阵 $\mathbf{D}$ 进行上采样。矩阵 $\mathbf{D}$ 为

$$\mathbf{D}=\begin{bmatrix} 2 & 0 \\ 0 & 2 \end{bmatrix} \qquad (2-35)$$

源图像经 k 层 NSP 分解后，最终可得到 $k+1$ 个与源图像大小相同的子带图像，其中包括大小相同的 1 个低通图像和 k 个带通子带图像。

通过剪切波局部方向滤波器对高频图像进行方向局部化，具体步骤如下：

(1)在伪极化坐标系统上生成剪切波滤波器窗口；

(2)将剪切波滤波器窗口从伪极化坐标转换到笛卡儿坐标；

(3)利用"Meyer"小波构造窗函数，生成新的剪切波滤波器；

(4)计算高频子图的离散傅里叶变换系数，得到矩阵 **FD**；

(5)将新的剪切波滤波器作用于矩阵 **FD**,获得方向子带图像。

NSST 多尺度多方向分解过程如图 2-23 所示。

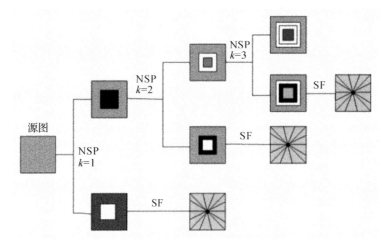

图 2-23　NSST 多尺度多方向分解过程

完成 NSST 的图像分解后即可利用各个频带分解图像的特点,根据需要进行图像融合。融合方式主要有两种类型:一种是传统算法,一种是基于神经网络的算法。传统算法主要依赖手工分别设计高频和低频的融合规则,根据具体需求选择性地突出所需信息,以实现融合图像的信息增强。具体实现思路如图 2-24 所示。

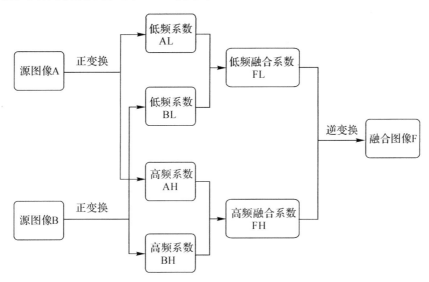

图 2-24　传统方法的图像融合规则

目前有着广泛研究基础的是基于神经网络的算法,主要通过应用脉冲耦合神经网络(Pulse Coupled Neural Network,PCNN)进行参数选取。在实际应用过程中,该算法图像融合质量优异。算法的运行环境是:处理器 AMD3700X,显卡 NVIDIA GeForce 2080Ti,内存32G,操作系统 Ubuntu18.04。由于该算法的计算复杂,处理帧率为 0.005 6 fps,无法用于图像跟踪领域,故不对此算法展开详细研究。

2.3.3 基于自适应滤波器的图像融合算法

2.3.3.1 红外图像预处理增强

本节的主要研究内容是 RGBT 跟踪算法,融合图像的意义是更好地进行目标跟踪。通过对上述算法的研究,本节提出了自适应加权融合算法。

在可见光图像和红外图像的融合图像上进行目标跟踪的主要目的之一是通过融合图像获取更加丰富的信息源,以抵抗一定程度的干扰而增强跟踪系统的稳定性。在实验过程中发现,如果目标与背景的热辐射强度差异较小,那么红外成像画面对目标的区分度并不高。为解决此类问题,可以对红外图像进行直方图均衡化预处理。

直方图均衡化是图像处理中常用的一种手段,可以增强图像的全局对比度。其原理是首先统计图像灰度信息,然后根据灰度直方图计算累加灰度直方图,最后根据灰度图和累加灰度直方图的映射关系关联输入图像与输出图像。其数学表达为

$$O = \frac{\sum_{k=0}^{p} \text{hist}_I(k)}{h\,w} \times 256 - 1 \tag{2-36}$$

其中,h 和 w 是图像的行数和列数,O 表示输出元像素,$\text{hist}_I(k)$ 表示灰度图像中灰度为 k 的像素个数。图 2-25 是灰度直方图均衡化前、后的对比图。

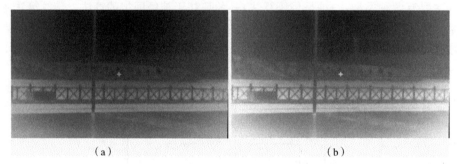

(a)   (b)

图 2-25 灰度直方图均衡化前、后对比图
(a)原始红外图像;(b)灰度直方图均衡化的红外图像

其灰度直方图如图 2-26 所示。其中黑色部分是灰度直方图均衡化之前的灰度直方图,灰色部分是灰度直方图均衡化之后的灰度直方图。

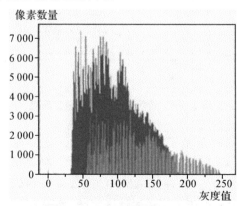

图 2-26 灰度直方图对比图

经过灰度直方图均衡化后,图像指标见表 2-2。

表 2-2　灰度直方图均衡化前、后指标

图　像	平均梯度 AG	空间频率 SF
原始红外图像	1.28	4.09
灰度直方图均衡化后的红外图像	1.63	5.21

从表 2-2 中的数据可以看出,经直方图均衡化之后,红外图像的平均梯度和空间频率均有提升。从主观感受上来说,图像的纹理信息明显增多。

但是在实际情况下,如果目标没有明显的红外反应,那么红外图像的辅助意义并不明显,不需要增强在灰度图像中亮度不高的像素点。因此需要对传统的灰度直方图均衡化进行改进时,只对灰度图像中较亮的部分进行均衡化即可。

设图像灰度分布函数为 $H = h(x)$,x 为灰度值,H 为对应灰度值的像素点的个数。可知图像总体灰度值为

$$H_{\text{sun}} = \int_0^{d_{\max}} h(x)\mathrm{d}x \tag{2-37}$$

对应的离散形式为

$$H_{\text{sum}} = \sum_{i=1}^{d_{\max}} h(d) \times i \tag{2-38}$$

由式(2-37)可知,图像总灰度增加函数 $g(x)$ 的表达式为

$$g(x) = H_{\text{sum}}(x) = \int_0^x h(t)\mathrm{d}t, \quad x \in (0,255) \tag{2-39}$$

设所需的局部直方图均衡化是通过单调非线性映射 $f:A \to B$ 实现的,即将每个原始红外图像 A 中的像素施加 f 变换得到均衡化图像 B。为了增强红外图像较亮的部分,局部直方图均衡化变换区域即为函数 $g(x)$ 的一阶导数等于 0 的点至右侧最大值。单调非线性映射函数为

$$f \begin{cases} A \to B, & x \geqslant x_0 \\ A \to A, & x < x_0 \end{cases} \tag{2-40}$$

其中,x_0 满足 $g'(x_0)=0$。由于实际中难以求出函数 $g(x)$ 的解析式,按照 $H_{\max}=h(x_1)$ 中的 x_1 来近似得到 x_0。

直方图均衡化的思路是使变换前、后对应区间内的总像素数不变,即

$$\int_0^{X_A} h_A(x)\mathrm{d}x = \int_0^{X_B} h_B(x)\mathrm{d}x \tag{2-41}$$

对应的离散形式为

$$\sum_{i=x}^{x+X_A} h_A(i) \times i - \sum_{j=x}^{x+X_B} h_A(j) \times j \tag{2-42}$$

设灰度值大于 x_0 的像素点个数为 t,灰度等级深度为 l,则变换函数 f 计算方法为

$$\int_{Ax0}^x h_A(x)\mathrm{d}x = t\frac{X_B}{l} = \frac{tf(X_A)}{l} \tag{2-43}$$

其对应离散形式为

$$f = \frac{l}{t} \sum_{i=x_0}^{d_{max}} h(\mathrm{d}) \qquad (2-44)$$

实际的算法中采用每 5 级灰度等级为一个区间,以提升算法运行速度,实际效果如图 2-27 所示,其灰度直方图如图 2-28 所示。其中,黑色部分是局部灰度直方图均衡化之前的灰度直方图。灰色是局部灰度直方图均衡化之后的灰度直方图。

（a）　　　　　　　　　　　　　　　（b）

图 2-27　局部灰度直方图均衡化前、后对比图
（a）原始红外图像；（b）局部灰度直方图均衡化的红外图像

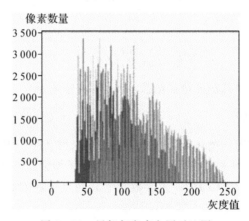

图 2-28　局部灰度直方图对比图

经过局部灰度直方图均衡化后图像指标见表 2-3。

表 2-3　灰度直方图均衡化前、后指标

图　　像	平均梯度 AG	空间频率 SF
原始红外图像	1.28	4.09
灰度直方图均衡化后的红外图像	1.63	5.21
局部灰度直方图均衡化后的红外图像	1.82	5.81

从表 2-3 中的数据可以看出,经局部灰度直方图均衡化后,红外图像的平均梯度和空间频率均有进一步提升,图像质量得到进一步改善。

2.3.3.2　基于傅里叶变换的 Butterworth 滤波器

对于在光照条件良好、无烟雾遮挡等干扰环境下的可见光图像,目前主流的各种目标跟踪算法已经达到非常好的效果。本节将红外图像与可见光进行融合,解决在光照条件差、有烟雾干扰的条件下,依靠可见光单模图像的对目标跟踪不稳定、不准确的问题。前文中对基于孪生网络的目标跟踪算法进行了简单的分析。孪生网络是指在待搜索图和目标图中利用相同 Backbone 提取图像中的特征并加以跟踪。全卷积网络提取的特征主要是图像的纹理,因此补充图像在受到干扰时的纹理信息会有效地加强跟踪算法的抗干扰性能。

借鉴 NSST 变换思路,此处也将图像变换至频域空间,对图像进行不同频段的分频处理,从频域维度对图像的纹理特征进行提取,选择合适的频段进行融合。具体方法是对红外图像和可见光图像分别进行分频,利用神经网络选取合适的融合参数,通过使用包含干扰和不同光照环境的大量样本对网络进行训练,使网络具有适应不同光照和干扰的性能。进行训练时,冻结跟踪部分权重,只训练融合部分权重(具体内容见 2.4 节)。此处介绍基于自适应滤波器的融合算法的设计。

基于 NSST 算法的多尺度分析方法计算量很大,不适用于跟踪算法这样对帧率要求严格的场景。因此,本节提出自适应滤波器的图像分解方法,对灰度增强红外图像和可见光图像进行自适应滤波,获取两幅图像的高频子带和低频子带,共 4 幅图像。为了加快预处理阶段的融合速度,在分频过程中选择成熟的傅里叶变换(Fourier Transform ,FT)方法。

设图像大小为 $M \times N$,则二维离散傅里叶变换为

$$F(u ,v) = \sum_{x=0}^{M-1} \sum_{y=0}^{N-1} f(x ,y) \mathrm{e}^{-\mathrm{j}2\pi\left(\frac{ux}{M} + \frac{vy}{N}\right)} \qquad (2-45)$$

通过傅里叶变换可以得到图像的频谱图。对图像进行频谱中心化操作,便于实现后续的高通滤波器和低通滤波器。经频谱中心化后的频谱图,从图像中心到图像边缘表征的是图像的高频分量到低频分量。使用掩膜去掉中心低频分量得到高通滤波器,使用掩膜去掉外围高频分量得到低通滤波器。常规掩膜,即理想高通滤波器和理想低通滤波器的表达式分别为

$$H(u ,v) = \begin{cases} 0, & D(u ,v) \leqslant D_0 \\ 1, & D(u ,v) > D_0 \end{cases} \qquad (2-46)$$

$$H(u ,v) = \begin{cases} 1, & D(u ,v) \leqslant D_0 \\ 0, & D(u ,v) > D_0 \end{cases} \qquad (2-47)$$

其中,D_0 为截止频率,$D(u ,v)$ 为距离函数,$D(u ,v) = \sqrt{u^2 + v^2}$。理想低通滤波器示意图如图 2-29 所示。

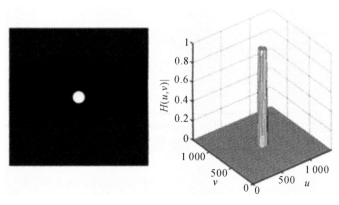

图 2-29 理想低通滤波器示意图

理想滤波器的过渡特性过于急峻,容易造成较严重的信息丢失,对于高通滤波器,完全丢失低频的部分纹理信息;对于低通滤波器,完全丢失高频的部分纹理信息;这对融合图像的结构相似性、相关系数和互信息量等指标影响严重,可能会导致跟踪不稳定,因此采用 Butterworth 滤波器代替。

Butterworth 高通滤波器和低通滤波器的表达式分别为

$$H(u,v) = \frac{1}{1 + \left[\dfrac{D_0}{D(u,v)}\right]^{2n}} \tag{2-48}$$

$$H(u,v) = \frac{1}{1 + \left[\dfrac{D(u,v)}{D_0}\right]^{2n}} \tag{2-49}$$

其中,$D(u,v)$ 为距离函数,$D(u,v) = \sqrt{u^2 + v^2}$,$n$ 为阶数,D_0 为截止频率,考虑计算速度要求,此处取 $n=1$。Butterworth 低通滤波器的示意图如图 2-30 所示。

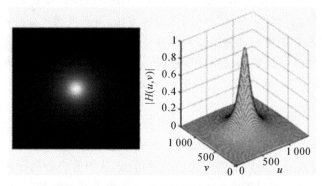

图 2-30 Butterworth 低通滤波器示意图

使用 Butterworth 滤波器可以削减一部分带宽内的分量,突出目标跟踪算法中需要跟踪的目标。使用 Butterwortth 滤波器对傅里叶变换后的频谱图进行处理,再进行傅里叶逆变换:

$$f(x,y) = \sum_{x=0}^{M-1} \sum_{y=0}^{N-1} F(u,v) \mathrm{e}^{\mathrm{j}2\pi\left(\frac{ux}{M} + \frac{vy}{N}\right)} \tag{2-50}$$

可以得到经过滤波的图像。

本节以 TNO 数据集中的图片为样本,分别对红外图像和可见光图像进行了不同截止频率的 Butterworth 高通滤波和 Butterworth 低通滤波,结果如图 2-31 所示(从左到右截止频率 D_0 依次增大)。

（a）　　　　　　　　　　　　（b）

图 2-31 可见光和红外图像在不同截止频率下的滤波结果
(a)可见光原始图像;(b)红外原始图像;

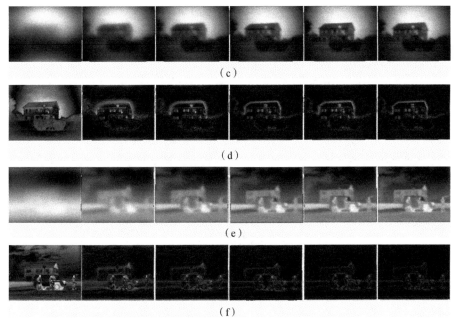

续图 2-31　可见光和红外图像在不同截止频率下的滤波结果

(c)可见光图像低通滤波结果;(d)可见光图像高通滤波结果;

(e)红外图像低通滤波结果;(f)红外图像高通滤波结果

2.3.3.3　基于自适应滤波器的图像融合方法

通过图 2-31 可以看出,经过不同截止频率 D_0 的高通滤波器和低通滤波器处理之后,分频的图像体现了图像不同频率的信息:低频子带图像主要表征背景的信息,高频反映轮廓信息。红外图像反映图像中热辐射的特征,可见光图像反映图像中的纹理特征。根据这些特征信息,本小节借鉴 NSST 算法的融合规则,设计基于自适应滤波器的图像融合规则。

设红外图像的高频子图和低频子图分别为 **IH** 和 **IL**,可见光图像的高频子图和低频子图分别为 **VH** 和 **VL**。令 **IH** 与 **VH** 融合,获取融合图像的轮廓和纹理。令 **IL** 和 **VL** 融合,保留背景特征。其中高频分量的融合是取对应位置元素的较大值作为融合图像的元素,即

$$\mathbf{FH}(x,y) = \max\left[\mathbf{VH}(x,y), \mathbf{IH}(x,y)\right] \qquad (2-51)$$

低频分量的融合是取对应位置元素的较小值作为融合图像的元素,即

$$\mathbf{FL}(x,y) = \min\left[\mathbf{VL}(x,y), \mathbf{IH}(x,y)\right] \qquad (2-52)$$

将低频融合图像和高频融合图像进行加权融合,即

$$\boldsymbol{F}(x,y) = \mathrm{fh} \times \mathbf{FH}(x,y) + \mathrm{fl} \times \mathbf{FL}(x,y) \qquad (2-52)$$

其中,fl 和 fh 满足 fl+fh=1。

此处取 $D_{ih} = D_{vh} = 1$,$D_{il} = D_{vl} - 10$,fl=0.3,fh=0.7 对部分图像进行融合,实验结果如图 2-32 所示。其中 D_{ih} 和 D_{vh} 分别是红外和可见光图像的 Butterworth 高通滤波的截止频率,D_{il} 和 D_{vl} 分别是红外和可见光图像的 Butterworth 低通滤波的截止频率。

使用同一组图片并基于 NSST 方法对比各项融合图像指标,结果如表 2-4 所示,表中的参数按照"NSST 算法/本小节方法"的格式表示。

可见光图像   红外图像   本小节图像   NSST

图 2 - 32　本节的自适应滤波器与基于 NSST 算法的融合结果

表 2 - 4　NSST 图像融合算法和本小节算法的指标对比

图像序号	相关系数	互信息量	结构相似度	平均梯度	空间频率
1	**0. 53/0. 53**	**2. 913/2. 925**	0. 736/0. 309	**6. 043/6. 378**	**20. 785/22. 336**
2	**0. 336/0. 591**	2. 1/1. 629	0. 638/0. 412	**3. 114/5. 314**	11. 309/10. 508
3	0. 893/0. 187	2. 737/1. 62	0. 557/0. 221	14. 958/11. 714	33. 234/25. 839
4	0. 865/0. 231	2. 109/1. 345	0. 606/0. 38	**2. 517/2. 693**	**5. 992/6. 43**
5	0. 918/0. 416	4. 604/1. 867	0. 642/0. 318	9. 486/6. 86	22. 56/16. 695
6	0. 776/0. 236	1. 921/1. 432	0. 506/0. 246	7. 051/5. 226	12. 749/10. 17
7	0. 819/0. 401	2. 021/1. 692	0. 692/0. 322	**1. 883/2. 562**	**4. 466/6. 15**

本章另取 $D_{ih} = D_{vh} = 5$，$D_{il} = D_{vl} = 15$，$fl = 0.1$，$fh = 0.9$ 对部分图像进行融合实验，按照相同的图像顺序对比各项融合图像指标。结果如表 2-5 所示，表中的参数按照"NSST 算法/本小节算法"的格式表示。

表 2-5　NSST 图像融合算法和本小节算法的指标对比

图像序号	相关系数	互信息量	结构相似度	平均梯度	空间频率
1	**0.53/0.993**	**2.913/5.468**	**0.736/0.741**	6.043/4.017	20.785/14.361
2	**0.336/0.985**	**2.1/3.307**	0.638/0.573	3.114/2.18	11.309/7.95
3	**0.893/0.973**	**2.737/2.941**	0.557/0.271	14.958/14.517	33.234/32.822
4	**0.865/0.952**	**2.109/3.515**	**0.606/0.604**	2.517/1.786	5.992/4.019
5	**0.918/1.0**	4.604/4.419	**0.642/0.662**	9.486/6.512	22.56/15.584
6	**0.776/0.978**	**1.921/3.519**	**0.506/0.548**	7.051/5.08	12.749/9.241
7	**0.819/0.922**	**2.021/2.075**	0.692/0.675	1.883/1.337	4.466/2.995

表 2-4 和表 2-5 中加粗字体表示与 NSST 算法相比，本小节算法指标超过或者与之相近的指标。通过对两种融合方法进行对比发现，本小节算法通过对参数的调节，可以在某些指标上接近或优于目前性能优异的基于 NSST 的算法。但是基于 NSST 算法计算速度极慢，在处理器 AMD3700X、显卡 NVIDIA GeForce 2080Ti、内存 32G、操作系统 Ubuntu18.04 的环境下，处理帧率仅为 0.005 6 fps。本章算法在 Jetson TX2 上，在未使用 CUDA 辅助的情况下，处理帧率达到 35.2 fps。

综上所述，融合图像需要确定 6 个参数，分别是红外图像和可见光图像的高频滤波器截止频率 D_{ih} 和 D_{vh}、红外图像和可见光图像的低频滤波器截止频率和 D_{il} 和 D_{vl} 以及低频融合图像和高频融合图像的融合权重系数 fl 和 fh。

通过实验可以得知，使用不同的融合参数可以获取不同的融合效果。但是纵使这些融合结果各项指标可能出现比较高的情况，也不一定能够辅助系统实现更好的目标跟踪，例如在本节第一种参数下，融合图像更加凸显红外特性，在夜间对目标的跟踪将会取得更好的结果。2.4 节将根据本节所设计的自适应滤波器融合算法，设计融合预处理前馈网络，为后续的目标跟踪算法提供图像预处理，以实现自适应的动态的图像融合。

2.3.4　小结

本节首先介绍了图像融合的 5 种常用指标，对 5 种指标的意义和计算方法进行了说明。其次对多尺度分解方法的 NSST 变换进行了说明，并利用公开数据集和通过同轴光学机构拍摄的图片对基于 NSST 的图像融合算法进行了实验，分析了该方法得到的融合图像指标。接着从利于孪生网络跟踪算法的角度，提出了本节基于 Butterworth 的自适应滤波器图像融合方法。最后选取了两组不同的参数对同组图片进行了实验，与基于 NSST 变换的算法进行了对比。通过调节融合参数，部分指标接近或优于基于 NSST 变换的算法，但在运算速度上远超基于 NSST 变换的算法。

2.4 基于孪生网络的融合跟踪算法

基于孪生网络的目标跟踪算法是目前深度学习类的目标跟踪算法中研究得最为广泛的一种。该算法的主要思想是通过两支相同的骨干网络分支分别提取目标和待搜索图的特征,生成特征图。对目标和待搜索图的特征图进行相关操作获取响应图,其中响应图代表目标出现的位置的可能性。该类型的深度学习跟踪网络的快速性和准确性都领先其他算法。

深度学习算法是由数据驱动的,数据集对于深度学习的算法有着很重要的意义,充分的数据集可以帮助网络实现更好的泛化性,提升网络的处理精度。跟踪算法的训练需要的是逐帧标注的视频序列。应用于可见光图像目标跟踪算法的数据集比较丰富,如 OTB、VOT、GOT-10k 等。但是对于本章所研究的 RGBT 跟踪算法,需要的是在时间和空间上配准的红外和可见光视频序列,相关数据集并不多,为研究增添了不少难度。本节结合同轴光学机构和目前性能优异的 SiamFC++ 跟踪算法,使用半人工的方式制作数据集。

考虑到整体算法的实际应用效果,并结合嵌入式的 GPU 的算力限制,本节在跟踪网络部分选择计算量较小的 SiamRPN 网络作为跟踪网络。相比于第一代孪生网络,SiamRPN 增加了 RPN 网络来回归目标候选框,使目标框更加准确。

结合前文的自适应滤波器和 SiamRPN,本节设计融合预处理网络,实现融合跟踪的端到端的网络。

2.4.1 相关数据集介绍及数据集扩充

本章所研究的是 RGBT 跟踪,在数据集方面,与传统的可见光图像的目标跟踪一样,不但需要逐帧标注的视频序列,而且需要在时间和空间上精准配准的红外和可见光视频序列。这大大加大了 RGBT 跟踪的研究难度。目前,相关的数据集只有 RGBT234、RGBT210、GTOT 等。

RGBT234 数据集包含 234 个视频集,共约 233 800 帧,每个视频集包括该视频的 RGB 和热红外视频序列,序列中的目标位置分别手工标注,标注形式为 $[x,y,w,h]$,即左上角点和宽、高。该数据集引入无遮挡(No Occlusion,NO)、部分遮挡(Partial Occlusion,PO)、严重遮挡(Heavy Occlusion,HO)、低照度(Low Illumination,LI)、低分辨率(Low Resolution,LR)、热度图交叠(Thermal Crossover,TC)、形变(Deformation,DEF)、快速移动(Fast Motion,FM)、尺度变化(Scale Variation,SV)、运动模糊(Motion Blur,MB)、相机移动(Camera Moving,CM)、背景杂乱(Background Clutter,BC)共 12 种属性。整体评测方法采用最大准确率(Maximum Precision Rate,MPR)、最大成功率(Maximum Success Rate,MSR)、准确性(Accuracy,A)、稳健性(Robustness,R)、预期平均重叠(Expected Average Overlap,EAO)属性,每个属性也用上述指标衡量。

GTOT 数据集包含 50 个视频集,共计约 15 800 帧,每个视频集包括该视频的灰度和热红外视频序列,序列中的目标位置分别手工标注,标注形式为 $[x_1,y_1,x_2,y_2]$,即左上角点和右下角点。标注的被跟踪目标种类有 4 类,分别为车辆、人头、人和天鹅。该数据集引入遮挡(Occlusion,OCC)、大尺度变化(Large Scale Variation,LSV)、快速移动(Fast Motion,FM)、低照度(Low Illumination,LI)、热度图交叠(Thermal Crossover,TC)、小目标(Small Object,

SO)、形变(Deformation,DEF)共 7 种属性。整体评测方法采用准确率(Precision Rate,PR)和成功率(Success Rate,SR)属性,每个属性也用此两种指标衡量。

RGBT210 数据集包含 210 个视频集,RGBT234 为此数据集的扩充版,共计约 210 000 帧,每个视频集包括该视频的 RGB 和热红外视频序列,序列中的目标位置统一手工标注,标注形式为 $[x,y,w,h]$。该数据集引入同 RGBT234 的 12 种属性。整体评测方法同 GTOT 采用准确率(Precision Rate,PR)和成功率(Success Rate,SR),每个属性也用此两种指标衡量。

但是上述数据集对于本节的 RGBT 跟踪算法仍不充足,因为本节在训练过程中不仅需要训练目标跟踪网络,还需要训练自适应融合网络。因此还需要补充数据集。考虑到目标跟踪网络的训练需要标注过的视频序列,如果对图像逐帧标注将会耗费大量时间。因此本节使用 SiamFC++算法在不同的场景下进行跟踪实验,以跟踪结果作为 Ground Truth。SiamFC++算法于 2020 年的 AAAI 会议被提出,其网络结构简单,准确率高,跟踪帧率高,在多个指标上能够达到当前最优(Stage-of-The-Art,SOTA)。其网络结构和各项指标的测试结构分别如图 2-33 和表 2-6 所示。本节使用基于可见光图像的预训练权重参数进行神经网络的推理,通过使用该网络并结合同轴光学机构可以帮助我们进行快速的数据集制作。

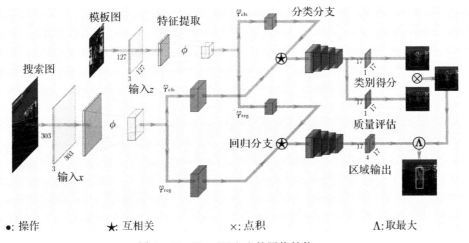

● :操作　　★ :互相关　　× :点积　　Λ:取最大

图 2-33　SiamFC++的网络结构

表 2-6　SiamFC++的性能对比

跟踪器		SiamFC (2016)	ECO (2017)	MDNet (2016)	SiamRPN++ (2019)	ATOM (2019)	SiamFC++- AlexNet	SiamFC++ GoogLeNet
OTB-15	Success	58.2	70.0	67.8	69.6	66.9	65.6	68.3
VOT-18	A	0.503	0.484	—	0.600	0.590	0.556	0.587
	R	0.585	0.276	—	0.234	0.204	0.183	0.183
	EAO	0.188	0.280	—	0.414	0.401	0.400	0.426
LaSOT	Success	33.6	32.4	39.7	49.6	51.5	50.1	54.4

续表

跟踪器		SiamFC (2016)	ECO (2017)	MDNet (2016)	SiamRPN++ (2019)	ATOM (2019)	SiamFC++— AlexNet	SiamFC++ GoogLeNet
GOT	SR₅	35.3	30.9	30.3	61.8	63.4	57.7	69.5
	SR₇₅	9.8	11.1	9.9	32.5	40.2	32.3	47.9
	AO	34.8	31.6	29.9	51.8	55.6	49.3	59.5
T-Net	Prec.	51.8	49.2	56.5	69.4	64.8	64.6	70.5
	Norm. Prec.	65.2	61.8	70.5	80.0	77.1	75.8	80.0
	Succ.	55.9	55.4	60.6	73.3	70.3	71.2	75.4
频率(fps)		86	8	1	35	30	160	90

由于使用了前文所设计的光学同轴机构,获取的红外图像和可见光图像已经是在空间上进行配准的。关于时间上的配准将在 2.5 节的实验部分展开叙述,此处直接使用配准结果。综上所述,利用大样本可见光数据集训练的 SiamFC++网络,对真实世界中一些类型的目标进行跟踪拍摄,将得到的目标跟踪结果作为数据集的 Ground Truth,同时也可以将其作为红外图像的 Ground Truth。但是,针对一些特殊场景,SiamFC++网络推理出的 Bounding Box 的不准确或框的大小不合适,甚至是框选了错误的目标。对于这类问题,本节以人工的形式进行复检,调整不合适的 Bounding Box,通过 LabelImg 软件,重新进行手动调整,完成数据集的制作。图 2-34 是一组由光学同轴机构跟踪拍摄的行人和车辆的数据集部分画面。

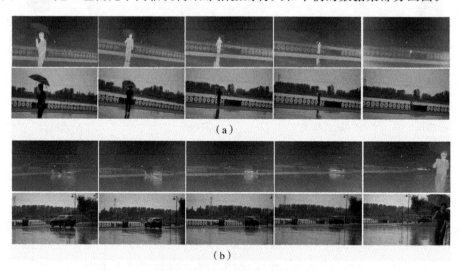

图 2-34 光学同轴机构跟踪拍摄的数据集部分画面
(a)行人;(b)车辆

本章所研究的基于深度学习的红外和可见光融合的目标跟踪算法的一个目的是利用多模信息实现应对烟雾、水雾、光照变化等干扰,实现稳定跟踪。本节在制作数据集时,刻意制作了含有干扰的烟雾、水雾、光照等变换的数据集,部分场景如图 2-35 所示。

这一类数据仅依靠 SiamFC++网络很难获得合适的 Bounding Box,需要进行手动标注。通过上述方法,完成了红外和可见光在时间和空间上精准配准的可以用于训练跟踪网络连续帧数据集。

（a）　　　　　（b）　　　　　（c）　　　　　（d）

图 2-35　含有干扰的视频序列
(a)小目标;(b)水雾干扰;(c)强光干扰;(d)烟雾干扰

2.4.2　孪生网络跟踪算法

SiamFC++算法跟踪准确率高、处理帧率快,在主机平台上有充足的算力应用该算法。考虑到算法的实际应用需求,嵌入式 GPU 的算力水平有限,本节选择 SiamRPN 网络作为跟踪网络。在介绍 SiamRPN 之前首先介绍其原型 SiamFC。

SiamFC 是被首次提出的基于孪生网络的跟踪算法,2.3 节对该算法的大致流程已经进行了说明。总的来说,SiamFC 方法的核心思想很简单,就是将跟踪过程规划为一个相似性学习问题,即学习一个函数 $f(x,y)$ 来比较样本图像 $\mathbf{Z}$ 和搜索图像 $\mathbf{X}$ 的相似性,如果两个图像相似度越高,则得分越高。

$$f(x,y)=F[\mathbf{X}(x,y),\mathbf{Z}(x,y)] \tag{2-54}$$

为了找到在下一帧图像中目标的位置,可以测试所有目标可能出现的位置,将相似度最大的位置作为目标的预测位置。

在网络训练方面,使用的是判别方法,即在正负样本对中训练网络。采用的是 Logistic loss,如下式所示:

$$l(y,v)=\log(1+\mathrm{e}^{yv}) \tag{2-55}$$

在训练时使用的图像对由一个模板图像和一个尺寸更大的搜索图像组成。这将会得到一个 score map。这里定义 score map 的损失为所有点损失的均值。

其中 v 为 score map 中每个点的真值,同时 $y\in\{+1,-1\}$ 为相应标签,其中标签按下式生成:

$$y[u]=\begin{cases} +1, & k\parallel u-c\parallel\leqslant R \\ -1, & 其他 \end{cases} \tag{2-56}$$

由上面训练样本对以及标签可以看到,搜索图像中仅有少部分正样本,而大部分为负样本,这就存在一个样本不均衡的问题。所以最终 SiamFC 中采用的损失函数为 score map 上每个点损失的加权平均,从而解决了不均衡问题。

SiamFC 方法只能估计目标的中心位置,而要想对目标的尺寸进行估计,只有通过多尺度测试来预测尺度的变化,这种方式不仅增加了计算量,同时也不够精确。SiamRPN 作为对 SimFC 的改进,主要通过引入区域候选网络(Region Proposal Networks,RPN)来对 Bounding Box 进行回归,提高跟踪定位的精度。

图 2 - 36 是 SiamRPN 的网络结构示意图。Siamese Network 部分与 SiamFC 类似,孪生网络分为上、下两支,上、下两支路的网络结构和参数完全相同,该网络的作用是分别提取模板图和检测图的图像特征。孪生网络的两个分支可以用一个卷积网络实现,值得注意的是这个卷积网络必须为全卷积网络,满足平移不变性,即先对图像进行有比例因子的转换操作,再进行全卷积操作,等同于先对图像进行全卷积操作再进行转换操作。

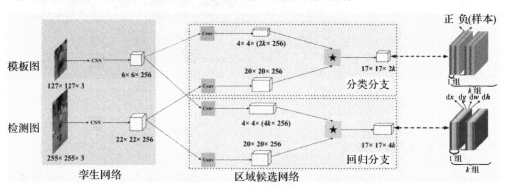

图 2 - 36　SiamRPN 网络结构示意图

候选区域推荐网络(Region Proposal Network,RPN),该子网络的作用是对 Bounding Box 进行回归,得到精确的位置估计。RPN 网络由两部分组成:一部分是分类分支,用于区分目标和背景;另一部分是回归分支,它将候选区域进行微调。从网络架构可以看出,模板图像和搜索图像经过 Siamese 网络分别得到 $6\times6\times256$,$22\times22\times256$ 的特征,模板图像特征通过 3×3 的卷积核分别产生了 $4\times4\times(2k\times256)$ 以及 $4\times4\times(4k\times256)$ 的特征。特征通道从 256 上升到了 $2k\times256$ 以及 $4k\times256$,之所以通道数上升了 $2k$ 倍,是因为在特征图的每个点生成 $1k$ 个 anchor(锚框),每个 anchor 可以被分类到前景或背景,分类分支上升了 $2k$ 倍,同理每个 anchor 可以用 4 个参数进行描述,所以回归分支上升了 $4k$ 倍。同时搜索图像也通过 3×3 的卷积核分别得到两个特征,这里特征通道数保持不变。

对于分类分支,将 $2k$ 个模板图像 anchor 的 $4\times4\times256$ 特征作为卷积核与搜索图像特征进行卷积操作,从而产生分类分支响应图;对于回归分支与此类似,产生的响应图为 $17\times17\times4k$,其中每个点表示一个尺寸为 $4k$ 的向量,为 dx、dy、dw、dh,衡量着 anchor 与 Groundtuth 的偏差。响应图计算如下:

$$A_{w\times h\times 2k}^{\mathrm{cls}}=[\boldsymbol{\varphi}(\boldsymbol{x})]_{\mathrm{cls}}*[\boldsymbol{\varphi}(\boldsymbol{z})]_{\mathrm{cls}} \tag{2-57}$$

$$A_{w\times h\times 4k}^{\mathrm{ren}}=[\boldsymbol{\varphi}(\boldsymbol{x})]_{\mathrm{reg}}*[\boldsymbol{\varphi}(\boldsymbol{z})]_{\mathrm{reg}} \tag{2-58}$$

在训练过程中使用 Faster R-CNN 的 loss 函数,将交叉熵损失(cross-entropy loss)作为分类分支的损失函数,用 smooth L_1 loss 作为回归分支的损失函数。交叉熵损失与 SiamFC 类似。对于回归分支的损失函数,首先将 anchor 的坐标标准化,即

$$\delta[0]=\frac{T_x-A_x}{A_w},\quad \delta[1]=\frac{T_y-A_y}{A_y},\quad \delta[2]=\ln\frac{T_w}{A_w},\quad \delta[3]=\ln\frac{T_h}{A_h} \tag{2-59}$$

smooth L_1 loss 函数为

$$\mathrm{smooth}_{L_1}(x,\sigma)=\begin{cases}0.5\sigma^2 x^2, & |x|<\dfrac{1}{\sigma^2}\\[2mm] |x|-\dfrac{1}{2\sigma^2}, & |x|\geqslant\dfrac{1}{\sigma^2}\end{cases} \tag{2-60}$$

总损失函数 loss 为

$$\text{loss} = L_{\text{cls}} + \lambda L_{\text{reg}} \tag{2-61}$$

其中，L_{cls} 是分类分支的损失，L_{reg} 是回归分支损失。L_{reg} 的表达式为

$$L_{\text{reg}} = \sum_{i=0}^{3} \text{smooth}_{\text{L}_1}(\delta[i], \sigma) \tag{2-62}$$

smooth L$_1$ 损失相比于 L$_1$ 损失函数，可以收敛得更快；相比于 L$_2$ 损失函数，对离群点、异常值不敏感，梯度变化相对更小，训练时容易收敛。训练过程中 anchor 数量一共 5 个，每个尺度有 5 个比例，分别是 0.33、0.5、1、2、3。

在跟踪阶段，将跟踪任务规划为一个 one-shot detection 任务，即首先学习一个 learner net，对应于相似性函数式（2-54）。学习完成后，通过在线的方式动态生成一个 pupil net 的参数，learner net 只需要一张样本就可以生成 pupil net 的网络参数。然后在后续帧对目标进行跟踪。跟踪框架如图 2-37 所示。

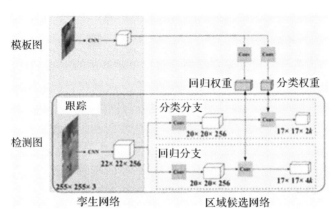

图 2-37　SiamRPN 网络跟踪框架示意图

在推理阶段，检测帧在对每一帧目标进行检测时就是对 proposals 进行分类，即相当于一个分类器。该分类器进行分类时需要一个响应得分图，该响应图是由检测帧特征图用模板帧特征图作为卷积核进行卷积得到的。图 2-37 中 weight for regression 和 weight for classification 即为模板帧特征图，它用第一帧图像信息进行训练，只用第一帧图像信息训练出一层网络的参数，然后将训练好的参数作为卷积核应用到检测支中，对检测帧特征进行卷积，得到响应图。定义分类特征图和回归特征图分别为

$$\boldsymbol{A}_{w \times h \times 2k}^{\text{cls}} = [(\boldsymbol{x}_i^{\text{cls}}, \boldsymbol{y}_j^{\text{cls}}, \boldsymbol{c}_l^{\text{cls}}), i \in (0, w), \quad j \in (0, h), l \in (0, 2k) \tag{2-63}$$

$$\boldsymbol{A}_{w \times h \times 2k}^{\text{req}} = [(\boldsymbol{x}_i^{\text{req}}, \boldsymbol{y}_j^{\text{req}}, \mathrm{d}\boldsymbol{x}_p^{\text{req}}, \mathrm{d}\boldsymbol{y}_p^{\text{req}}, \mathrm{d}\boldsymbol{w}_p^{\text{req}}, \mathrm{d}\boldsymbol{h}_p^{\text{req}})], \quad i \in (0, w), j \in (0, h), l \in (0, 2k) \tag{2-64}$$

在得到每一个候选区域 anchor 的修正参数之后，就可以计算出精确的 anchor 了，然后按照物体的区域得分从大到小对得到的 anchor 进行排序，这里 l 为奇数对应于正样本；剔除出一些宽或者高很小的 anchor，再经过非极大值抑制（Non-Maximum Suppression，NMS），取前 Top-K 的 anchor，然后得到与之对应的回归响应图中的 K 个坐标偏移，最后通过 anchor 和这些偏移值得到预测值。计算公式为

$$\left.\begin{aligned} x_i^{\mathrm{pro}} &= x_i^{\mathrm{an}} + \mathrm{d}x_1^{\mathrm{reg}} * w_1^{\mathrm{an}} \\ y_l^{\mathrm{pro}} &= y_i^{\mathrm{an}} + \mathrm{d}y_l^{\mathrm{reg}} * h_l^{\mathrm{an}} \\ w_l^{\mathrm{pro}} &= w_l^{\mathrm{an}} + \mathrm{e}^{dw_i} \\ h_l^{\mathrm{pro}} &= h_l^{\mathrm{an}} + \mathrm{e}^{dh_i} \end{aligned}\right\} \tag{2-65}$$

由此得到 K 个候选框(proposal)。考虑到跟踪算法中,目标应该存在一定的帧间连续性,因此可以选取分类特征图中心区域的点,最后通过 NMS 得到最终 Bounding Box。

综上所述,完成了 SiamRPN 网络的基本流程。与 SiamFC 相比,SiamRPN 使用 RPN 网络,大大改善了 SiamFC 算法中只能估计目标的中心位置,而要想对目标的尺寸进行估计,只能通过多尺度测试来预测尺度变化的弊端。SiamRPN 作为对其的改进,提高了跟踪定位的精度,在网络整体运算量没有增加的情况下,实现了精度和速度的提升,非常适合于在嵌入式 GPU 上运行。

2.4.3 融合-跟踪网络

2.4.3.1 图像融合预处理网络

本节基于深度学习的红外可见光多模融合目标跟踪算法的主要实现方法是通过融合图像获取更多的图像信息,从而使目标跟踪系统能够更稳定地跟踪目标。结合 2.3 节所设计的基于自适应滤波器的图像融合方法,设计图像融合预处理网络。

2.3 节设计的基于自适应滤波器的图像融合方法使用的是传统算法,目的是减少运算量,加快网络推理时的运行速度。可以看出,2.3 节所设计的基于自适应滤波器的融合算法,在性能指标上与传统算法中性能较为突出的基于 NSST 类的算法相比,部分指标有一定程度提升。但是该算法也有明显的缺点,即部分融合参数需要手工选取。本节通过设计图像融合预处理网络,采用训练的方式,确定合适的权重。为使融合网络对不同光照的环境具有更强的适应性,增强网络的泛化能力,在数据集中加入一些由同轴光学设备拍摄的有干扰的数据集。同时本节对于 2.3.3.3 节提出的融合规则进行改进,增加可见光融合权重 W_v 和红外融合权重 W_i,以调节融合可见光和红外图像的比例。改进的融合参数如图 2-38 所示。

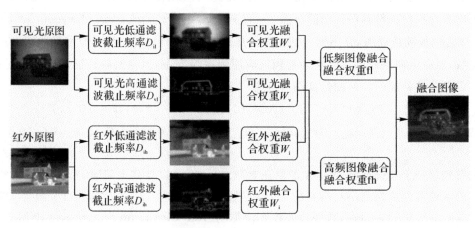

图 2-39　融合参数的改进

适应该新增参数的融合规则是在 2.3.3.3 节的基础上改进的新规则,具体融合方法如下:

(1)对红外图像和可见光图像进行傅里叶变换,进行频率中心化;

(2)分别使用截止频率为 D_{il}、D_{vl} 的 Butterworth 低通滤波器、截止频率为 D_{ih} 和 D_{vh} 的 Butterworth 高通滤波器进行滤波;

(3)进行傅里叶反变换,得到红外高频/低频子图和可见光高频/低频子图;

(4)对可见光低频子图与红外低频子图通过权重 W_v 和 W_i 进行相加操作,得到低频融合图像,对可见光高频子图与红外高频子图通过权重 W_v 和 W_i 进行相加操作,得到低频融合图像;

(5)通过权重 fl 和 fh 对低频融合图像与高频融合图像进行加权融合。

与 2.3.3.3 节的融合方法上述步骤相比,主要改动在第(4)步。之所以进行上述改进是因为在实际的实现过程中,图像融合预处理网络中的很多计算不是 PyTorch 中所设置的常规模型,需要依赖 PyTorch 的 torch. nn. Module 和 torch. nn. Functional 两个模块进行自行搭建。但是在原始的融合方法中有对应元素取最大值和最小值的操作,这样的操作在方向传播的求导过程中不容易收敛,因此改为加权操作。此外,本节融合方法增加了可见光图像和红外图像的融合权重 W_v 和 W_i,使系统可以调节红外图像和可见光图像的融合强度,以增强系统适应不同环境光照的能力。

综上所述,在图像融合预处理网络中,需要调节的参数共有 8 个,分别是红外图像和可见光图像的高频滤波器的截止频率 D_{ih} 和 D_{vh}、红外图像和可见光图像的低频滤波器的截止频率 D_{il} 和 D_{vl}、可见光图像和红外图像的融合权重 W_v 和 W_i 以及低频融合图像和高频融合图像的融合权重系数 fl 和 fh。这些参数是需要在网络的训练中进行更新的,相当于神经网络的权重。本节使用 PyTorch 框架搭建网络。在网络层的定义中,将这些参数设为 torch. nn. Parameter 类型,表示这些参数在训练过程中,即在反向传播的过程中是需要更新的。网络中的傅里叶变换、逆变换以及 Butterworth 滤波器的实现都要使用 torch 中的运算类型,这样 PyTorch 框架就可以辅助实现求偏导的过程,利用框架帮助实现反向传播参数更新。部分计算方式通过继承 torch. autograd. Function 类,自行定义 forward 和 backward 实现,依据链式法则进行求导。最终图像融合预处理网络作为一个网络层实现,输入的是相同尺寸的单通道红外图像和单通道可见光图像,输出的是同尺寸的单通道的融合图像。

2.4.3.2　融合-跟踪网络的结构设计

图像融合预处理网络的结构和实现如 2.4.3.1 节所述,本小节将图像融合预处理网络与目标跟踪网络 SiamRPN 结合起来。具体方式是将图像融合预处理网络的输出作为输入送入 SiamRPN 网络。以 SiamRPN 为主干完整的基于深度学习的融合跟踪网络的结构如图 2-39 所示。

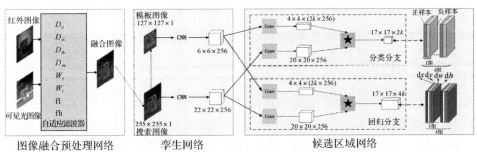

图 2-39　基于深度学习的融合-跟踪网络

由图 2-39 可以看出,整个融合-跟踪网络可分为三个主要部分:①图像融合预处理网络,负责对图像进行预处理,实现图像融合;②孪生网络,负责提取搜索图像和模板图像的特征;③候选区域网络,负责对前景背景进行分类,对回归框进行调节。其中孪生网络部分与原始的 SiamRPN 相比,在卷积网络部分有修改。这是因为通过预处理网络的图像是单通道的,原始 SiamRPN 网络的输入是三通道的彩色图像。孪生网络中使用的 Backbone 是 Alexnet,首层网络的输入通道是 3,输出通道是 96,卷积核尺寸为 11,步长为 2,其中输入通道需要改为 1。

损失函数是神经网络的重要组成部分,常规评价体系通过损失函数计算当前 epoch 训练的结果与 groundtruth 的差距,并将误差反向传播更新参数,使预测值更加接近真值。

融合预处理网络的融合目标有两个:①获取融合指标更加突出的融合图像;②辅助跟踪系统获得更好的跟踪效果。因此针对图像融合预处理网络,其损失函数的设计包含两部分,分别为图像融合质量的评价标准和跟踪评价标准。

损失函数包含了图像融合评价指标损失、RPN 网络的回归损失、RPN 网络分类损失和跟踪损失,具体的损失函数为

$$\text{loss}_{L2} = \frac{\| \boldsymbol{F}_f - \boldsymbol{F}_i \|^2 + \| \boldsymbol{F}_f - \boldsymbol{F}_v \|^2}{2}$$

$$\text{loss}_{SSIM} = [1 - \text{SSIM}(\boldsymbol{F}_f, \boldsymbol{F}_i)] + [1 - \text{SSIM}(\boldsymbol{F}_f, \boldsymbol{F}_v)]$$

$$\text{loss}_{fusion} = \frac{1}{HW}(\text{loss}_{L_2} + \lambda \, \text{loss}_{SSIM})$$

$$\text{loss} = \text{loss}_{fusion} + \sigma \, \text{loss}_{RPN} \tag{2-66}$$

其中,$\boldsymbol{F}_f$、$\boldsymbol{F}_v$ 和 $\boldsymbol{F}_i$ 为融合图像、可见光图像和红外图像;loss_{L_2} 损失分别是融合图像与可见光图像、融合图像和红外图像的 L_2 loss,用来约束融合结果的总体亮度;loss_{SSIM} 是结构相似性损失,用来约束图像的相关性,保留图像纹理、亮度信息和对比度信息等,结构相似性 SSIM 的计算如式(2-25)和式(2-26)所示;loss_{RPN} 是跟踪网络的损失函数,用来表示融合跟踪的结果,约束融合参数对跟踪的影响;H 和 W 是图像的高和宽;λ 和 σ 是参数,经实验,取 $\lambda = 0.5$,$\sigma = 0.7$ 较为合适。

在跟踪阶段,即神经网络的推理阶段,融合网络根据训练好的参数,直接输出已调至最优参数的融合图像。

2.4.3.3 融合跟踪网络的模型训练

对于融合跟踪网络的训练,首先需要使用部分 RGBT 数据集训练 SiamRPN 网络的权重,然后冻结该部分权重,训练图像融合网络,最后再进行端到端的训练,这样更加容易收敛。

在嵌入式平台上由于算力较低难以进行训练任务,需要在主机平台上先进行训练。完成训练后,将权重文件复制到嵌入式 GPU 平台,嵌入式 GPU 平台进行神经网络的推理工作。本节使用的训练环境为 Ubuntu18.04 操作系统,CPU 为 Intel i9-11900k,8 核处理器,3.5 GHz 主频,内存 32 GB,显卡为 NVIDAI GeForce RTX 3060,显存 12 GB,基于 PyTorch 深度学习框架,版本为 1.7.0,CUDA 版本为 11.0,cuDNN 版本为 8.0。

在训练过程中,先使用可见光数据集训练 SiamRPN 网络,然后冻结 SiamRPN 网络的权重,单独训练图像融合预处理网络,最后再进行端到端的训练。优化器选择 SGD,初始学习率

设置为 3×10^{-2}，分别训练 50 个 epoch。训练的损失函数变化如图 2-40 所示。图中虚线是冻结 SiamRPN 网络后，单独训练图像融合预处理网络时的损失变化，由于融合图像的评价体系没有 GroundTruth，因此很难收敛到较低的值，但总体趋势有所下降。图中实线部分是完成图像融合预处理网络的训练后，结合 SiamRPN 网络，实现整体网络的端到端训练的损失变化。可以看出，整体的损失快速地收敛到较低的值。

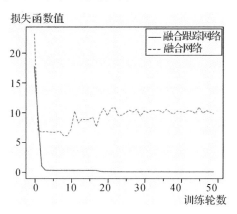

图 2-40　融合跟踪网络训练的损失变化

从图 2-40 中可以看出，损失由大变小，最后收敛。

训练后使用测试集对网络进行测试，针对 RGBT 数据集中的可见光数据，对原始的 Siam-RPN 网络和本节网络进行比较，比较的主要指标是 EAO、A、R。平均重叠期望（Expected Average Overlap，EAO）是对每个跟踪器在一个短时图像序列上的非重置重叠的期望值，是 VOT 评估跟踪算法精度的最重要指标。准确率（Accuracy，A）是指跟踪器在单个测试序列下的平均重叠率（两矩形框的相交部分面积除以两矩形框的相并部分的面积）。鲁棒性（Robustness，R）是指单个测试序列下的跟踪器失败次数，当重叠率为 0 时，即可判定为失败。对比结果如表 2-7 所示。

表 2-7　本节网络和单模 SiamRPN 网络性能比较

算　　法	EAO	A	R
SiamRPN 网络	0.244	0.49	0.46
本节网络	0.309	0.51	0.47

从表 2-7 可以看出，本节算法在一定程度上提升了跟踪的准确率和稳定性。

2.4.4　小结

本节首先介绍了 RGBT 跟踪的相关数据集。由于 RGBT 的数据集要有标注的红外与可见光精准配准的视频序列，本节利用所设计的同轴光学结构结合相关滤波算法拍摄目标跟踪场景，结合人工复检制作了数据集。其次，介绍了本节所使用的 SiamRPN 网络，阐述了其基本原理和网络结构。最后，结合本节所设计的基于自适应滤波器融合预处理网络，形成了融合跟踪的端到端的 RGBT 目标跟踪网络。通过训练实现网络自动选取自适应滤波器的权重，使系统可以综合可见光图像和红外图像的信息，提升了抗干扰能力。

2.5　在嵌入式 GPU 平台上的算法应用

嵌入式 GPU 是近年来发展起来的 AI 边缘设备，AI 边缘设备其实是相对于云计算而言的。不同于云计算的中心式服务，边缘服务是指在靠近物或数据源头的一侧，采用网络、计算、存储、应用核心能力为一体的开放平台，就近提供最近端服务。其应用程序在边缘侧发起，产生更快的网络服务响应，满足行业在实时业务、应用智能、安全与隐私保护等方面的基本需求。由于数据处理和分析是在传感器附近或设备产生数据的位置进行的，因此称之为边缘计算。目前此类设备在自动驾驶、机器人控制、5G 通信、大数据、安防监控等领域已经广泛使用。此类设备的主要特点之一是功耗低、算力强。本章提出的基于深度学习的可见光与红外多模融合目标跟踪算法的实际应用需要借助该类型的设备实现部署。

近年来随着 AI 边缘设备的需求不断增大，一些硬件厂商研制、生产了相关设备。经调研，目前主流产品如表 2-8 所示。除此之外，赛灵思、恩智浦和阿尔特拉等芯片公司也推出了自己的解决方案。

表 2-8　目前主流 AI 边缘设备

厂　商	产品名称	厂　商	产品名称
NVIDIA	Jetson	谷歌	TPU
华为	昇腾 Ascend	特斯拉	Dojo D1
英特尔	Movidius VPU	瑞芯微	RK3399
寒武纪	思元 MLU	比特大陆	算丰 Sophon

在这些产品中被广泛关注和应用的是以 NVIDIA Jetson 系列为代表的嵌入式 GPU 平台。各类产品的运行深度学习算法主要是执行神经网络的推理功能，在神经网络的训练过程中，目前主要是以 NVIDIA 的 GPU 为主。各个主流的深度学习框架，诸如 TensorFlow、PyTorch 等，通过 CUDA 和 cudnn 的支持，在 NVIDIA 平台上实现了快速、便捷的部署。NVIDIA 的 Jetson 系列还提供了 TensorRT 的推理模块，进一步加快了基于神经网络算法在嵌入式 GPU 平台上的运行速度，提升了该平台的实用性。

本节使用的嵌入式平台是 NVIDIA 的 Jetson TX2。该平台使用 ARM 架构的 CPU，通过 PCIE 连接的 Pascal 架构的 GPU 组成，可以运行基于 aarch 64 位架构的操作系统。其对目前的主要深度学习框架支持良好，对图像处理有关的函数库适配丰富。其主要参数如表 2-9 所示。

表 2-9　Jetson TX2 的主要性能参数

名称	性能参数
算力	1.33TFLOPS
GPU	NVIDIAPascal 架构 256 个 CUDA 核
CPU	双核 NVIDIA Denver 2 64 位 CPU 与四核 ARM Cortex-A57 MPCore 复合处理器
内存	8 GB 128-bit LPDDR4

续表

名称	性能参数
硬盘	32 GB eMMC 5.1
功耗	7.5 W /15 W 两级功耗模式

本节将以该平台为基础,完成相机的选型、硬件的连接调试以及在 ARM 架构上的 Ubuntu 系统的驱动安装。对 Jetson TX2 进行深度学习的环境配置、对前文所述的融合跟踪算法进行移植和部署,进行从图像输入到对目标跟踪的结果输出的完整算法实现。需要说明的是,在实际进行该工作时,由于 TX2 的算力和存储能力的限制,本节中所设计的改进基于孪生网络的深度学习跟踪算法的训练是在台式机上完成的,获取到最佳效果的权重文件后,在 TX2 平台上进行神经网络的推理,最终实现融合跟踪。

除硬件平台的选择外,还需要解决红外相机和可见光相机的帧率同步问题。本节所研究的基于深度学习的可见光与红外多模融合目标跟踪算法的落脚点是跟踪算法。跟踪算法本质上是在连续时间图像序列上获取目标的空间位置。因此本节所提出的算法在实际应用中必须具备的前提条件是,获取的红外和可见光图像必须在空间和时间上实现精准配准,以保证提供给跟踪系统的异源图像融合信息是正确而有效的。2.2 节通过同轴光学机构和基于双模标定靶的单应性变换矩阵实现了图像配准,即实现了图像在空间层次的配准,在图像数据层次还需要解决时间层次的配准。

2.5.1　相机数据通信与帧率同步

本节主要研究的是红外图像与可见光图像的融合跟踪算法,故需要获取可见光图像和红外图像。本节使用的可见光相机是 Veye-MIPI-327,其参数如表 2-10 所示。

表 2-10　可见光相机 Veye-MIPI-327 的主要性能参数

名　　称	性能指标
传感器	SONY IMX327LQR － C STARVIS
分辨率	1 920×1 080
帧率	1080P@30 fps
靶面	Diagonal 6.46 mm（Type 1/2.8）
输出格式	Bayer 原始数据
功耗	1.2 W

红外相机是艾睿光电的 MicroⅢ640 ,其参数如表 2-11 所示。

表 2－11　红外相机 MicroⅢ640 的主要性能参数

名　　称	性能参数
传感器类型	氧化钒非制冷红外焦平面探测器
分辨率	640×512
帧率	50 fps

续表

名　称	性能参数
像元间距	12 μm
响应波段	8~14 μm
功耗	1.2 W
传感器灵敏度	$\leqslant$50 mK

可见光相机采用 MIPI 接口,通过软排线与 Jetson TX2 对应接口连接。为获取可见光相机数据,需要在 Jetson TX2 上安装可见光相机驱动。首先使用厂家提供的设备树文件替换原始文件,在重新编译内核后烧写镜像,最后重启 Jetson TX2。使用命令"ls /dev/video ∗"查看可见光相机是否加载成功,若 Linux 的终端中能读取到"video ∗",则说明相机加载成功。其中"∗"代表 Jetson TX2 连接相机的序号,按顺序排序。如果通过 MIPI 接口只连接了一个相机,应显示"video0"。

红外相机提供多种接口,为了便于硬件系统的连接,本节采用支持 UVC 格式的 Type-C 接口的红外相机尾板。本节使用的 Jetson TX2 的 jetpack 版本是 4.4.0,包含了 UVC 驱动,可以通过 USB 数据线直接与 Jetson TX2 通信。连接红外相机后,使用"lsusb"查看红外相机是否连接成功,若在 Linux 的终端中能读到红外相机,则证明相机连接成功。

相机连接成功后,通过 OpenCV 的 VideoCapture 类调取相机的数据流。但是可见光相机和红外相机的输出视频帧率不一致,需要进行多传感器的时间戳对齐,以保证当目标出现快速运动时图像配准和图像融合的质量。多传感器的时间戳对齐的方法主要有两种,分别是插帧和抽帧,即通过增加或减少数据帧数弥补时间戳的不对应。考虑到跟踪算法对帧率的要求以及嵌入式平台的算力限制,本节采用抽帧的方式进行多传感器时间戳对齐,即对红外相机发送的数据流提取出其中与可见光近似的帧作为有效数据进行配准、融合和跟踪。

红外相机和可见光相机分别以 50 fps 和 30 fps 的速度通过数据总线向 Jetson TX2 发送视频帧。在程序内部是根据读取每个视频帧帧头的首地址按序读取图像内容,因此可以忽略读取视频大小导致的时间差。对发送时间间隔进行计算可知,红外相机每发送 15 帧图像和可见光相机每发送 10 帧图像的时间是一致的。在忽略成像时间差异的情况下,红外相机和可见光相机的第一帧画面是一致的,红外相机的第 15 帧和可见光相机的第 10 帧画面是一致。计算不同帧之间的时间差,以可见光相机发送 10 帧的时间为一个周期,按照总时间一个周期的平均误差时间最小的原则进行异源图像帧的对齐。选取的异源相机的图像帧序列对应关系如图 2-41 所示。

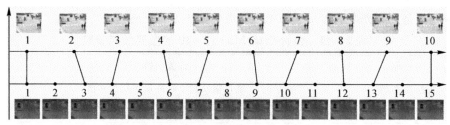

图 2-41　选取图像帧序列对应关系

帧率同步的最后步骤是对可见光进行逐帧读取,并按照可见光图像的发送周期确定新的时间戳。按照图 2 - 41 的对应关系,从红外相机发送的视频流中提取对应帧,并重新设定时间戳。

采用上述方法完成了异源相机的不同帧率的视频流的时间戳对齐。时间戳对齐后的红外图像和可见光图像中的目标与背景在图像空间位置上一致或接近,对于图像配准的精度和图像融合质量都有利。

2.5.2　融合-跟踪算法的部署及实验验证

完成上述的驱动安装、硬件连接和异源传感器的时间戳对齐后,利用同轴光学机构及单应性变换矩阵实现图像配准预处理,此时在算法层次上,输入至融合跟踪网络的图像数据在时间和空间上几乎是完全一致的。

本节实验的硬件环境是 NVIDIA Jetson TX2,其性能参数如表 2 - 9 所示。软件环境为 Ubuntu18.04 操作系统,基于 PyTorch 深度学习框架,版本为 1.7.0,CUDA 版本为 9.0,cuD-NN 版本为 7.0。以上软件均为 aarch64 版本。

在 NVIDIA Jetson TX2 上完成了软件的安装后,导入在主机平台上训练好的神经网络的权重。使用 OpenCV 编写控制脚本,设备开机后,使用 OpenCV 的鼠标事件框选目标,然后执行神经网络的推理实现融合跟踪,跟踪结果以跟踪框的形式显示在图像上。

将自研 NVIDIA Jetson TX2 板卡、红外相机、可见光相机和熔融石英介质膜反射镜等部件安装在 3D 打印的壳体中,实现样机的安装。样机实物如图 2 - 42 所示。

图 2 - 42　多模融合跟踪设备样机

完成软件编写和硬件安装后,在外场进行实验,对行人、车辆等目标进行跟踪,部分场景施加烟雾等干扰。实验中包含了夜间场景、部分遮挡和强光干扰等。在实验过程中保存了视频,并使用未增加融合预处理网络的原始 SiamRPN 网络进行了跟踪对比实验。对于常规场景来说,两种方法的跟踪效果差异不大,但是当施加对了干扰后,单模的 SiamRPN 方法的跟踪效果变差甚至完全丢失目标,其中部分对比结果如图 2 - 43 所示。本节的代码实现是将最后的跟踪结果呈现在可见光视频序列上。图中白色的框是本节算法的跟踪结果,黑色的框是单模的 SiamRPN 算法的跟踪结果。

从图 2 - 43 中可以看出,对于一些有烟雾干扰、强光干扰和夜间等场景,增加了图像融合预处理网络的系统能够综合更加丰富的信息,在干扰下仍然能够实现稳定跟踪。未增加图像融合预处理网络的系统由于未提取到足够的信息,目标跟踪效果不佳或跟踪失败。

图 2-43　本节改进网络与原始 SiamRPN 的对比实验

2.5.3　小结

通过使用 NVIDIA Jetson TX2 平台对本节的算法进行了部署和实现。对基于深度学习的融合-跟踪网络的嵌入式部署中遇到的实际问题进行了研究和解决；提出了异源传感器帧率同步的解决办法，完成了在操作系统层面的驱动安装调试和代码编写；进行了外场实验，与原始的 SiamRPN 网络在面对干扰时的跟踪性能进行了对比，验证了本节提出的基于深度学习的可见光与红外多模融合目标跟踪算法的性能和实际应用价值，取得了良好的效果。

2.6　本章小结和展望

2.6.1　内容总结

随着图像处理技术和硬件技术的发展，利用融合图像的导弹制导技术的发展日益迅速。通过使用图像融合算法可以克服单模跟踪的缺点，综合利用双模图像的优点，进一步增强导弹的目标识别和跟踪能力。本章从算法的应用角度出发，完成了红外和可见光图像的配准、融合和跟踪全流程的工作。通过光学结构的设计、硬件平台的调试及软件算法的编写，实现了基于深度学习的红外与可见光多模融合目标跟踪算法的研究和应用，并进行了实验，验证了本章算法和样机的有效性与实用性。

本章的主要工作内容总结如下：

(1)红外与可见光图像配准。本章设计了光学同轴的分光机构，通过该设备可以获得画面中心一致的红外图像和可见光图像。研究了目前传统算法中主流的基于特征点的图像配准方法。考虑到实际情况中由于红外图像特征点提取不准确导致配准不准确的问题，结合光学同轴分光结构，提出了基于双模标定靶图的快速标定方法，实现了精准快速的图像配准，为后续的图像融合提供了基础。

(2)红外与可见光图像的融合。首先介绍了图像融合的相关指标以及其含义。其次介绍了在传统图像融合算法中性能突出的 NSST 变换的原理，并结合 PCNN 网络进行了复现。尽管其融合指标较高，但是考虑到对跟踪算法帧率的影响，本章提出了基于 Butterworth 的自适应滤波器,通过动态调节参数,实现了对不同场景的针对性融合,发现本章算法在部分指标上优于基于 NSST 的算法,在处理帧率上远超基于 NSST 的算法。

(3)融合-跟踪网络的构建。首先介绍了红外与可见光图像融合-跟踪的相关数据集,并针对相关数据集不充分的问题,结合目前跟踪效果突出的 SiamFC＋＋网络、光学同轴分光结构以及人工复检的方式,扩充了数据集。其次考虑到嵌入式的算力限制问题,介绍了本章作为跟踪主网络的 SiamRPN 网络的基本原理。最后结合 2.3 节的自适应融合算法,设计了自适应融合预处理网络,形成了融合跟踪的端到端的网络。

(4)嵌入式硬件实现及实验。在 NVIDIA Jetson 平台上进行了算法部署。首先,完成了硬件驱动的安装和调试,并对可见光相机和红外相机进行了时间上的配准,实现了帧率同步。其次,将代码从 x86 平台移植到 aarch64 平台,并对部分代码进行优化,提升了运行速度。最后,进行了外场实验。在一定程度的光照和烟雾等干扰下,本章算法可以实现稳定跟踪。

2.6.2　后续发展展望

本章通过对基于深度学习的可见光与红外多模融合目标跟踪算法的研究,虽然取得了一定的成果,并进行了实际应用,但仍存在一些不足。

(1)本章所使用的红外相机和可见光相机均是定焦相机,本章的基于双模标定靶的快速配准方法也依据于此,影响了其在实际中的应用效果。当相机焦距变化时,其配准的单应性矩阵与焦距之间的关系以及由此带来的图像畸变如何消除,值得深入研究。

(2)本章的融合算法中部分参数的选取依据的是图像融合的评价指标,但是在这种方法下选取的参数不一定能很好地获取利于目标跟踪的融合图像。后续可以增加神经网络可视化研究,探究最有利于孪生网络类跟踪算法的融合方法,并设计指标进行评判。

(3)本章的融合网络参数是在训练中得出的,其泛化性取决于预先训练的数据集。如果设计成动态选取,将进一步增强网络的适应性。

(4)本章的跟踪网络和自适应融合预处理网络的连接结构导致网络训练时较难收敛,对训练技巧要求较高。后续可以研究完全摒弃人工参与的融合算法设计,实现传统模型的深度学习求解。

(5)本章考虑在嵌入式上的实现问题,没有使用更多的深层网络 Backbone 进行测试,后续可以尝试 ResNet 等更深的网络为 Backbone 的测试性能。基于同样的原因,本章所使用的 SiamRPN 网络结构简单,没有进行模板更新,对于长时跟踪效果必定不好,除了尝试使用更深的 Backbone 以外,还可以尝试其他网络结构,提升融合跟踪的稳定性和准确性。

第 3 章　复杂气象条件下的目标检测算法

目前基于深度学习的目标检测算法在各种良好视觉环境的场景下具备可观的检测性能,但真实场景中常常出现雾天等恶劣天气,水分子颗粒对光线的吸收和散射损害了图像数据中目标的特征信息,致使目标检测算法在这些实际场景中性能受损或难以预测正确结果。因此研究复杂气象干扰条件,特别是雾天干扰时的目标检测技术就显得十分必要。

为解决雾天场景下目标检测性能退化的问题,本章针对雾天场景数据,结合前沿相关理论展开研究:首先基于大气散射模型对真实无雾场景进行加雾算法处理,得到不同浓度的雾天图像集合,随后针对不同浓度的雾天场景开展实验,选取不同的检测策略进行处理,最终确定不同浓度雾气干扰下的目标检测策略。本章主要内容如下:

(1)基于大气散射理论、暗通道先验等思想,对 Cityscapes 数据集进行加雾仿真处理,使仿真数据逼近真实有雾场景,并生成不同程度雾干扰场景,为后续相关实验提供数据支撑。

(2)以基于生成对抗网络的 EPDN 算法为基础,在其多分辨率生成器中引入卷积注意力机制模块(Convolutional Block Attention Module,CBAM)并设计密集残差块,缓解去雾后图像中产生的伪影,相较于原始算法取得了更为理想的去雾效果。

(3)以 YOLOv4 网络为基础,对网络架构进行改进,通过引入注意力机制及非极大值抑制损失,并针对路径聚合网络(Path Aggregation Network,PANet 或 PAN)模块参数量过大问题进行模型轻量化改进,提升目标检测精度的同时增强了实时性。

(4)针对非浓雾干扰场景,本章基于改进的 EPDN 网络首先进行去雾,得到去雾后的清晰场景图,随后与改进的 YOLOv4 网络进行串联,并使用非浓雾数据对算法进行验证。实验表明,本章改进的去雾后检测的串联策略在非浓雾场景下与直接检测和原始算法串联相比,mAP 分别提升了 14.7% 和 2.8%。

(5)浓雾干扰场景下,针对现存去雾算法难以较好地实现去雾且串联方案精度较差的问题,提出一种级联式的去雾+检测联合训练网络,将 EPDN 的生成器模块与 YOLOv4 浅层骨干网络并联,使检测器特征提取部分共享去雾模块得到的结构化清晰特征。实验表明,浓雾场景下级联网络与串联策略相比,mAP 提升了 2.8%。

3.1　复杂气象条件下的目标检测算法概述

3.1.1　研究背景及意义

随着卷积神经网络在图像领域应用的兴起,近年来基于深度学习的目标检测方法已完全取代传统算法,在检测精度上实现了质的飞跃。深度学习利用多层计算模型来学习抽象的数据表示,其能够发现大数据中的复杂结构,且不需要人为提取目标特征,网络可通过自己学习不断更新参数来进行目标类别和位置的预测与回归。2014 年,以 RCNN 算法为典型代表的深度学习检测算法在 Pascal VOC 2007 数据集上将目标检测的验证指标 mAP 提升到了 66.0%,这相对于之前最好的结果提升了整整 36.8%。自此以后各类优秀的检测算法层出不穷,不断刷新公开数据集检测精度的最高纪录。但在实际应用中,通常难以获取类似于公开数据集所提供的具有良好图像质量的海量训练样本,在数据获取阶段常常会受到图像或视频的景深、分辨率、天气、光照等条件和场景的干扰而使待检测目标信息丢失,降低目标检测性能。目标检测往往需要通过图像获取丰富的目标信息以支撑后续对目标位置及类别的预测,但实际环境,例如驾驶环境等常常充斥着大量雨雾,这些小颗粒在大气中漂浮,极大地吸收和散射光线,导致成像器件拍摄图像质量下降,目标特征严重丢失,检测算法无法通过图像获取足够的目标语义信息,常常导致目标的虚警与漏检。

　　众多复杂天气(如雨、雪、雾等)干扰条件对目标探测的影响具有相似之处,均体现在空气中不同状态、不同大小的水聚合物对光线不同程度且无规律的反射、折射与吸收;相比于雨雪天气影响,雾天时大气中充斥着密度极大且遍布极广的小颗粒水汽分子,具有更大程度的大气散射影响,常常会导致图像中整个目标区域的遮挡或模糊,这种干扰条件下目标的检测精度会大大降低。因此,研究雾天干扰下的目标检测问题就显得尤为重要。

　　图 3-1 所示为雾天干扰时驾驶场景的目标检测,可见雾天严重影响了目标的颜色、边缘、纹理等特征表征。

图 3-1　雾天场景下的目标检测

　　目前,目标检测与图像去雾的研究均是计算机视觉领域的热门方向,但这两个研究分支显得较为独立。目标检测领域的研究者们往往以算法在 COCO 数据集上的检测性能作为其评价指标,图像去雾领域主要关注算法在 NYUv2 及 RESIDE 等数据集上的去雾性能。两者的算法评价标准及数据领域并不相同。

　　综合上述背景,要研究雾天干扰下的目标检测任务,首先需要建立存在特定目标的雾天场景数据,而基于深度学习的图像去雾算法大多需要采用大量像素级配对的有雾-无雾图像进行训练,而实际情况下很难采集到大量配对的图像数据。因此,首先需要在真实无雾场景下进行雾天干扰仿真,且仿真的雾气应尽量与真实场景贴近;其次,不同雾气浓度干扰对目标检测算法的影响是不相同的,需要分情况进行检测策略的选取与验证,最终选定最佳方案。

3.1.2 国内外研究现状

3.1.2.1 单阶段目标检测算法研究现状

近年来,深度学习技术推动目标检测算法取得了突破式进展。基于深度学习的目标检测算法可分为两阶段检测算法和单阶段检测算法。相比两阶段检测算法,单阶段检测算法的结构简单、计算高效,同时具备不错的检测精度,在实时目标检测领域中具有较高的研究和应用价值。目前落地的搭载深度学习检测算法的工业产品中大多数采用单阶段目标检测算法,其具有更广阔的工业应用前景。

单阶段检测算法也被称为基于回归分析的目标检测算法,其将目标检测问题视为对目标位置和类别信息的回归分析问题,通过一个神经网络模型可直接输出检测结果。

MultiGrasp 是利用 AlexNet 构造的单阶段目标检测算法,可用于预测图像中物体的可握持区域。MultiGrasp 通过将图像分为 7×7 的网格,然后预测网格每个单元对应的图像区域内是否存在可握持物体,以及可握持区域的位置。

2016 年,YOLO 由 R. Joseph 等提出。它是第一个在检测精度、检测速度上都取得了不错效果的单阶段目标检测算法。YOLO 算法的核心思想与 MultiGrasp 相似,同样将输入图像划分为 7×7 的网格,若目标的中心落在某个网格中,则这个网格负责预测该目标的位置信息;它们的不同之处在于:YOLO 设计了适用于自身算法的特征提取网络满足算法对特征图(feature map)的维度要求。此外,YOLO 算法中增加了分类器,并重新设计了损失函数,使改进后的算法能够检测多种类别的目标。但一方面,该算法在预测目标位置时没有利用先验信息,需要直接预测目标的实际位置,导致其对目标的定位精度相对较差;另一方面,网络最终的输出深度为 30,包括两组位置预测信息和一组类别预测信息,这代表每一个网格最终只能预测一种类别及两个检测框,这对于密集型目标检测和小物体检测都不能很好地适用。

2016 年,Liu 等提出了 SSD 算法,该算法结合了 YOLO 的回归思想以及 Faster R-CNN 的 anchor 机制,在很大程度上平衡了单阶段目标检测算法的检测速度与检测精度。SSD 算法采用 VGG16 模型作为骨干特征提取网络,利用多个不同尺度的特征图进行目标边界框预测,提升了算法对不同尺度目标的检测能力。SSD 算法相比 YOLO 在精度与速度上都做出了改进,但 SSD 使用底层网络的特征信息预测小物体时,由于缺乏高层特征,对小物体的检测效果仍然存在缺陷。

针对 YOLO 准确率不高、容易漏检、对长宽比不常见物体及小目标检测效果差等问题,R. Joseph 等提出 YOLO9000 算法,YOLO9000 算法也被称为 YOLOv2 算法。YOLO9000 算法采用了新的全卷积特征提取网络 Darknet-19,相比于普遍采用的 VGG16 网络,在牺牲了少量精度的前提下极大地减少了浮点数运算次数,并且在每个卷积层后采用批处理归一化(Batch Normal lieation,BN)方法加速网络收敛;网络输出特征图由 7×7 更新为 13×13,并且使用两个不同尺度的特征进行检测,增强了小目标检测能力;引入 anchor 机制并改进,使用 K-means 聚类方法训练 Bounding 以自动找到更好的 Boxes 宽高维度,最终选取 5 种大小的 Box 维度来进行定位预测,提升了每个网格内目标检测数量上限;YOLOv$_2$ 算法在检测精度与速度的平衡上达到了最佳,但仍存在针对小目标检测效果较差的缺点。

基于单阶段的目标检测算法在检测速度方面优势明显,但在检测精度方面一直落后于同期的双阶段算法。针对这个问题,Tsung-Yi Lin 等于 2017 年声称发现了这个问题背后的原因并引入特征金字塔网络(Feature Pyramid Network,FPN),提出了 RetinaNet。他们认为在密集探测器训练过程中所遇到的极端的背景-前景阶层不平衡是主要原因,即负样本比例远远大于正样本而影响网络优化。为此,他们在 RetinaNet 中引入了一个新的损失函数——"焦损失"(focal loss),通过对标准交叉熵损失的重构,使检测器在训练过程中更加关注难分类的样本。焦损失使得单级检测器在一定程度上减弱了正负样本失衡带来的检测精度损失,具有一定参考价值。

为进一步提升检测算法性能,2018 年 R. Joseph 等在 YOLOv2 的基础上提出 YOLOv3 算法,主要有以下改进:①YOLOv3 中做特征图尺寸变化的池化(pooling)层全部由卷积层来替换,减少了模型的特征损失;②针对 YOLOv2 中直筒型网络结构层数太多所产生的梯度问题,引入了 ResNet 网络中的残差模块(Residul Blocks, RB),从而将网络提升到 53 层来提高检测精度;③边界框预测方面,YOLOv3 利用了三个不同尺度的特征图,通过 K - means 聚类方法生成 9 个尺度的 anchor 供不同尺度的特征图选取,大大提升了小目标的检测精度。由于骨干网络复杂度的增加,YOLOv3 相比 YOLOv2 检测速度有所降低,但检测精度有明显提升,尤其对小目标,检测效果得到了改善。

2020 年,Alexey 等总结了近年来各种新型检测器上能够提高检测精度的方法,并以 YOLOv3 为基础进行改进,提出了 YOLOv4 检测模型。相较于上一代检测器,YOLOv4 主要有以下创新点:①模型对训练输入端的创新,主要包括 Mosaic 数据增强等方法;②改进了骨干网络,将 YOLOv3 的 Darknet - 53 网络替换为引入跨阶段部分(Cross Stage Partial Network,CSP)模块的 CSPDarknet53 网络,将激活函数更新为新型激活函数 Mish;③在检测网络颈部引入 SPP 模块,增强上、下文特征的分离程度,结合 PAN 与 FPN 方法,进一步增强了特征提取能力;④在预测阶段,改进损失函数为 CompleteIOU_Loss,弃用传统的非极大值抑制(Non-Maximum Suppression,NMS)方法并替换为距离交并比非极大值抑制(Distance Intersection Over Onion NMS,DIOW_WMS)方法,YOLOv4 在保证检测速度的同时,大幅提高了模型的检测精度。

目前,单阶段目标检测算法仍在持续发展中:一方面仍有学者致力于在有监督前提下不断改进模型的检测精度与速度;另一方面,在标记数据缺乏时,研究弱监督或无监督条件下的单阶段算法,也成为研究的热门方向。

3.1.2.2　基于图像复原的去雾算法研究现状

图像去雾的研究工作始于 20 世纪 50 年代,主要是由美国学者针对地球资源卫星图像云雾退化问题而展开的。目前,针对有雾图像的处理方法主要分为两大类:基于图像增强的方法和基于图像复原的方法。基于图像增强的方法不考虑图像退化的原因,通过提高雾天图像对比度的方法改善图像的视觉效果,但可能造成部分信息丢失;基于图像复原的方法从图像退化的物理模型出发,通过分析求解图像降质过程的逆过程,获得各降质环节的相关参数,从而复原出尽可能逼真的清晰图像。后者针对性强,图像信息损失相对较少。图 3 - 2 为图像去雾方法的分类示意图。

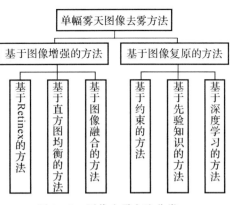

图 3 - 2　图像去雾方法分类

在深度学习技术在图像去雾领域应用之前,基于大气散射理论的图像复原去雾算法中应用最为广泛的当属 K. He 等于 2010 年提出的基于暗通道先验的去雾算法(Haze removal using dark channel prior)。K. He 等对大量无雾图像做了统计分析,发现在无雾图像中绝大多数非天空的局部区域里,某些像素总会有至少一个颜色通道具有很低的值,即该区域的光强度最小值是一个很小的数。这个规律被称为暗通道先验。基于暗通道先验的去雾算法复杂度低、去雾效果较好,在单幅图像去雾领域中得到了广泛的应用,但对于图像上存在大面积天空区域的图片去雾效果并不理想,会导致图像失真。针对这些问题,J. Xiao 等提出了一种基于天空分割的场景感知去雾算法,首先分割天空区域然后使用中值滤波器获取边缘信息,使用伽马矫正来增强图像的亮度,该算法可以消除暗通道先验算法导致的颜色失真问题,同时消除光晕效应。赵锦威等提出了一种基于大气光校验和光晕消除的算法。该方法通过支持向量机(Support Vector Machines,SVM)剔除掉图像上车灯、强光等高光的干扰,估算出更加准确的透射率,从而使光晕像素的数量减少,该算法对暗通道先验算法可能会出现对大气光误判的现象起到了一定的限制作用。

自深度学习在图像分类领域取得了巨大成就以后,学者们纷纷开始研究基于卷积神经网络的图像去雾方法。2016 年 Bolun Cai 等首次提出了 DehazeNet 图像去雾网络用于估计有雾图像的透射率。DehazeNet 将有雾的图像作为网络输入,网络输出为学习得到的透射率,随后基于大气散射模型理论恢复去雾后的图像。

2017 年,Zhao 等在 Bolun Cai 研究的基础上使用新型的基于室外场景的合成数据作为训练集,并设计出了学习雾图透射率的深度全卷积回归网络(DFCRN),该算法较 DehazeNet 在去雾效果上有了进一步改进,但由于网络所训练的参数较多,在处理尺寸较大图像时所占用的运行时间较长。

2017 年,B. Li 等提出了一种采用 CNN 卷积神经网络直接生成清晰图像的模型(AOD-Net),AOD-Net 将大气散射模型数学表达式中的两个透射率参数 t 和大气光值 A 统一为一个公式,使用卷积神经网络学习有雾图像与该公式内各参数的映射关系,该方法摒弃了以前单独估计雾图透射率的方法,直接通过有雾图像估计去雾后的图像。

2018 年,He Zhang 等提出了一种在网络中嵌入大气散射模型并在网络中学习透射图 t 以及大气光成分 A 的模型(DCPDN),DCPDN 严格遵循大气散射模型的物理驱动,通过提出一种具备多级金字塔池化结构的边缘保持密集连接解码器来估计透射图 t,同时使用 U-Net 结构进行 A 的估计,并且引入生成对抗网络(GAN)判别去雾图像与透射图的真假,以提高网络预测精度。与 AOD-Net 不同的是,该模型将透射图估计与大气光值的估计作为两个解耦的工作分别估计,这更符合物理退化模型约束,以达到更佳效果。

2019 年,D. Chen 等提出了一种采用生成式对抗网络实现端对端图像去雾的算法(GCA-Net),该算法采用平滑扩展卷积代替了扩展卷积,解决了出现网格伪影的问题。他们同时提出了用新的融合网络(Gate Fusion Network)对不同层次的特征进行融合,提高了图像的去雾效果。

2020 年,Sourya 等针对各类基于 CNN 的图像去雾算法在面对非均匀雾时失效的问题,提出了用于非均匀图像去雾的快速深度多 patch 分层网络 DMPHN,该方法通过聚合来自雾状图像不同空间部分的多个图像 patch 中的特征(具有较少的网络参数)来还原非均匀的雾状图像,针对 1 200×1 600 分辨率的图像去雾平均推理时间为 0.014 5 s,且模型大小仅 20 MB 左右。

2019 年,Yanyun Qu 等同样基于 GAN 直接去雾的思想进行端对端去雾,提出了 EPDN 算法。该网络包含一个多分辨率生成器、一个增强器以及一个多尺度判别器,其分别从粗细两个尺度对去雾图像进行生成与精细修正,即生成器先在粗尺度上生成去雾后真实图像,由判别器监督,之后增强器对生成器的结果进行进一步增强,与其他网络相比,增强器充当了提升图像质量的重要角色。其损失函数包含四个部分的损失判定,从多方面考虑去雾图像质量。

3.1.2.3　雾天干扰条件下目标检测研究现状

雾霾天气时,空气中悬浮的水滴或灰尘等微粒增多,这些微粒产生的光线折射与漫反射导致采集到的图像中噪声增加、目标特征信息减弱,从而使无雾霾情况下目标检测训练的模型不能很好地检测出雾天环境中的相同目标。因此需要将图像去雾算法与目标检测算法相结合。

针对雾天干扰下的目标检测问题,Y. P. Xiong 等于 2018 年提出了一种基于暗通道先验与 YOLOv2 算法结合的复杂气象条件下海上船只检测算法。首先通过基于图像显著性判别、图像相关系数等方式对清晰图像与模糊图像进行判别并分类,对于存在雾天干扰的模糊图像使用暗通道先验去雾算法复原优化后的图像,最终将无干扰图像与复原后的图像作为训练样本进行检测网络训练。相比于直接检测,船只检测精度有所提升。

Q. H. Chen 等针对大雾天气下的车辆和行人检测问题,提出了基于 AOD-Net 和 SSD 的检测方法。同样采用先复原后检测的方式,利用 AOD-Net 去雾处理后的图片和原始带雾图片分别进行目标检测模型训练,并在不同雾浓度等级的交通环境下进行车辆与行人检测,结果显示融合后的算法比直接检测的 mAP 提升了 4.1%。

F. Wang 等将暗通道先验去雾与 YOLOv3 算法相结合,在去除海雾之后实现了各类海面船只的较高精度识别;X. Zhu 等同样使用基于 YOLOv3 的检测算法框架,但考虑了图像中天空区域对大气投射率等参数的影响,提出了一种基于雾检测与天空分割的自适应去雾算法,对天空区域与非天空区域进行自适应分割,并采取不同的去雾方法对不同区域进行去雾操作,最后结合检测算法实现了目标的有效检测。

殷旭平等将雾天干扰条件下的无人机目标检测问题分为薄雾与浓雾两个子问题对待。薄雾时基于暗通道先验及图像小波特征先进行图像去雾,随后串联检测算法进行处理;针对浓雾场景,将图像的去雾看作一种风格迁移问题,认为图像中的雾气是一种风格表征,选取不同形状、颜色、纹理的风格特征对原始数据进行迁移,并测试了检测算法在不同风格迁移后数据集上的检测性能,敲定最终迁移方式。

解宇虹等认为单纯的去雾用在去雾图像上进行检测并不一定能够有效提升检测性能,因为去雾网络可能使图像产生颜色失真、伪影或雾气的残留,这对检测器判别是不利的。因此他们提出了 DONet 网络,即按顺序串联去雾网络 PFFNet 和双阶段目标检测器 Faster-RCNN,在网络结构中将去雾图像作为检测器的输入图,并进行联合训练,这样使得去雾网络的特征更新时更加关注网络如何提高检测器的性能,而不仅仅是更好的视觉感受。其算法在使用深度估计构建的有雾 COCO 数据集和 RTTS 数据集上取得了较为理想的结果。

Shih-Chia Huang 等同样认为雾天场景的目标检测应该将去雾与检测合并为同一任务,并且图像去雾应该尽可能使图像特征提取时提供给检测器的目标特征更多、更丰富,这是提升检测性能的关键。他们将去雾网络作为恢复子网,嵌入 RetinaNet 的 Conv2_X 特征层,通过联合训练由恢复子网影响检测器的特征图,使网络更加有效地提取到雾天下目标的边缘与纹理等信息,其算法性能优于一些单纯去雾后检测的串联方案。

在 CVPR2020 的第三届 UG2+PrizeChallenge 挑战赛上,深兰科技 DeepBlueAI 团队获得了"挑战雾天条件下的(半)监督目标检测任务"赛道冠军。在赛事提供的图像可视条件差、图像模糊、图片数量少、数据分布不均衡等条件下,他们将 FFA-Net 图像去雾网络处理后的数据集与原始数据集合并训练,并以 Cascadercnn 算法＋DCN＋FPN 框架作为检测架构,实现了验证数据集上 box AP50 条件下最高 84.2 的检测精度。

3.1.3 本章主要研究内容

现阶段针对雾天复杂气象干扰条件下的目标检测方法大多是基于上述两种思路实现的,即一种是先使用去雾算法得到复原图像,再将复原图像输入检测器,另一种是在网络设计层面将去雾与检测算法相结合组成多任务学习网络。但一方面由于去雾算法与检测算法的多样性,选择合适的两种算法组合方式仍在进一步研究中;另一方面,究竟哪种思路更适用于何种干扰程度的雾天场景,缺乏相应的研究。针对上述问题,本章以基于生成对抗网络的去雾算法与主流检测器 YOLOv4 为基础,探究该组合方式在雾天检测的性能表现,同时基于本章生成的不同浓度雾天干扰数据,将两种雾天检测思路的性能进行对比,评估两种思路在不同浓度干扰场景的适用性。这样有针对性地分情况进行研究,有助于在不同雾天干扰程度下选取最合适的策略达到更佳的检测性能。

本章以雾天干扰下的目标场景为研究对象,通过开展带标签有雾干扰数据集获取及建立、目标检测与去雾算法改进、不同去雾与检测算法联合方式的设计与验证,确定不同浓度雾天干扰条件下的去雾检测方法,并在雾天场景数据上证实算法的有效性,为后续相关领域研究提供参考。本章结构框图如图 3－3 所示。

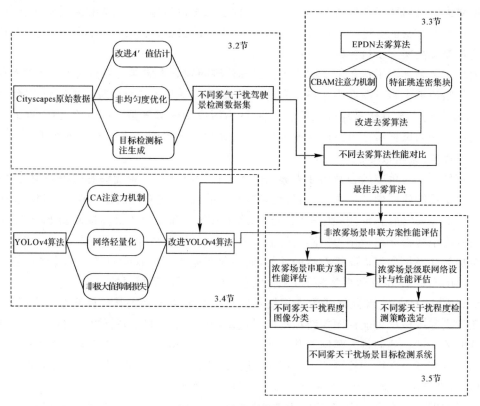

图 3－3　本章结构框图

本章后续主要研究内容如下：

3.2 节阐述雾天干扰数据的仿真原理及依据，并遵循这些原理进行数据集的获取与构建。通过深度图获取，利用大气散射模型理论、暗通道理论、导向滤波等知识，在 Cityscapes 数据集上进行雾天干扰仿真，并将其语义分割标注转化为目标检测标签，完成数据构建，为后续相关实验提供数据支撑。

3.3 节是图像去雾算法的选定及改进研究。该节基于生成对抗网络思想的 EPDN 算法增强多分辨率生成器的结构化信息恢复能力，通过引入 CBAM 注意机制及设计密集残差跳连块缓解网络去雾后图像中产生的伪影，增强算法图像去雾能力。

3.4 节是目标检测算法的选定及改进研究。目标检测算法基于 YOLOv4 网络，在特征融合阶段加入对位置敏感的注意力机制模块，并针对该节数据集密集遮挡场景问题引入非极大值抑制损失，同时对 PANet 模块进行轻量化改进。在驾驶场景测试集的性能验证表明该节的改进方法同时提升了目标检测精度及实时性。

3.5 节是针对不同程度雾干扰时的目标检测策略进行设计及验证。当雾气干扰程度较轻时，通过 3.3 节与 3.4 节改进算法串联组合的方式，验证串联策略在非浓雾场景的有效性；当雾气干扰程度较重时，该节设计级联式的去雾＋检测网络进行联合训练，使去雾模块更加关注有利于提升目标检测精度的关键特征的增强，通过对浓雾数据的验证证实该方案的可行性。

3.6 节为总结和展望部分，总结本章的主要研究内容及成果，并为下一步研究工作提出建议。

3.2　雾天干扰仿真方法及数据构建

为了支撑本章后续雾天干扰下目标检测方法的设计及验证，需要先构建带有目标检测标注的雾天干扰场景数据。为满足主流去雾算法的成对无干扰-雾天干扰数据对训练以及目标检测算法带标注训练的要求，本节采用在无干扰场景数据集 Cityscapes 上进行加雾的仿真方式进行数据构建。

3.2.1　基于大气散射模型的雾天干扰仿真方法

3.2.1.1　大气散射模型

雾霾天气时，空气中充斥着微小的水汽悬浮粒子，这些粒子对光线的吸收和散射作用是导致雾霾天气的主要原因。John Wiley 等通过研究认为，大气中粒子的吸收和散射作用造成成像时目标到相机之间光线在传输过程中的衰减，并且引入了大气光值 A。G. Srinivasa 和 Narasimhan 等通过数学模型建立与推导，提出了大气散射模型，该模型认为在强散射介质的干扰下，造成目标成像图像降质的原因主要有两个：一是光线照射到物体上反射到镜头的路程中受到悬浮粒子的吸收和散射作用，造成反射光能量衰减，这直接导致成像的图像亮度减弱，且对比度下降；二是悬浮粒子组成的散射介质对光线的散射作用会形成背景光，很多情况下背景光的强度大于目标成像光强，这会导致成像后图像模糊。在两方面因素的共同作用下，雾天成像在成像质量、对比度、清晰度等方面均受到强烈干扰。

图 3-4 直观地体现了雾天干扰时的器件成像模型。

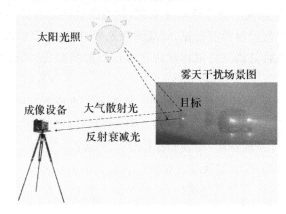

图 3-4 雾天成像模型

如图 3-4 所示,成像系统在雾天接收到的光源信息主要包含两部分:一部分是目标的反射光经过大气衰减后的剩余部分抵达成像设备的光强;另一部分是散射介质作用下形成的散射光。该模型由数学公式描述为

$$L(x,\lambda)=\mathrm{e}^{-\beta(\lambda)d(x)}R(x,\lambda)+L_\infty\left[1-\mathrm{e}^{-\beta(\lambda)d(x)}\right] \tag{3-1}$$

式中,$L(x,\lambda)$ 是成像设备获取的雾天干扰图像;$R(x,\lambda)$ 是理想情况下的清晰无雾干扰图像;在数字图像中,色彩由多个通道的像素点值共同决定,x 表示图像中各个像素点位置,λ 代表光的波长;$\mathrm{e}^{-\beta(\lambda)d(x)}$ 是传输函数,一般用 $t(x)$ 表示,它代表光在传输过程中经过衰减最终到达成像设备的强度,其受两个因素影响,即 $\beta(\lambda)$(大气散射系数)和 $d(x)$(各个像素处物体的景深);$L(\infty)$ 表示无穷远处的大气光值,一般也由标量 A 表示,$L_\infty\left[1-\mathrm{e}^{-\beta(\lambda)d(x)}\right]$ 即代表散射介质作用下的散射光。上述两部分共同组成雾天干扰图像。

1. 能量衰减模型

照射到物体表面的光线经过反射作用并在传输过程中由悬浮的水滴粒子反射和散射,导致成像时图像整体亮度降低,对比度减弱,在物理上体现为光线传输过程中能量的衰减。图 3-5 为能量衰减模型。

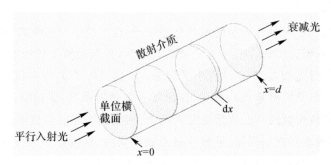

图 3-5 大气介质作用下的光强衰减

根据大气衰减模型,假定入射光具备单位横截面积,当平行光束照射时,从 $x=0$ 处开始,

每走过一个微分单元 $\mathrm{d}x$，其光强变化量 $\mathrm{d}E$ 可由下式获得：

$$\frac{\mathrm{d}E(x,\lambda)}{E(x,\lambda)}=-\beta(\lambda)\mathrm{d}x \tag{3-2}$$

设入射处光强为 $E_0(\lambda)$，平行光束从 $x=0$ 处走向 $x=d$ 处时，对式（3-2）微分方程进行积分，即可得到 $x=d$ 时的辐照度：

$$E(d,\lambda)=E_0(\lambda)\mathrm{e}^{-\beta(\lambda)d} \tag{3-3}$$

上述模型适用于光线为平行光束，当输入为点光源时的光强衰减公式有所不同，但实际拍摄场景的光源可近似为平行光束，因此上述模型可以适用。

2. 大气光干扰模型

除了平行光束穿透介质时的光强衰减效应，太阳光造成的反射光、粒子产生的散射光等都会给图像带来噪声，导致颜色失真与图像模糊，这一干扰也称大气光或背景光。图 3-6 为大气光干扰模型。

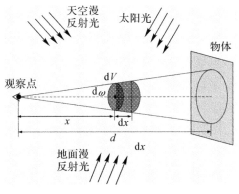

图 3-6　大气光干扰模型

大气光干扰模型认为，目标反射的光在传输至探测器件的空间内充斥着大量密集的水分子介质，可将其视为点光源，则该点光源的体积为

$$\mathrm{d}V=\mathrm{d}\omega x^2\mathrm{d}x \tag{3-4}$$

点光源从 $x=0$ 到达 $x=d$ 处时的辐照度为

$$E(d,\lambda)=\frac{I_0(\lambda)\mathrm{e}^{-\beta(\lambda)d}}{d^2} \tag{3-5}$$

式中，$I_0(\lambda)$ 为电源的辐射强度。点光源的总辐射强度为

$$\mathrm{d}I(x,\lambda)=\mathrm{d}V\cdot k\beta(\lambda)=\mathrm{d}\omega x^2\mathrm{d}xk\beta(\lambda) \tag{3-6}$$

其中，k 为与大气光强值有关的常数，联立式（3-5）及式（3-6）可得点光源自 x 处照射到观测点处的辐照度为

$$\mathrm{d}E(x,\lambda)=\frac{\mathrm{d}I(x,\lambda)\mathrm{e}^{-\beta(\lambda)x}}{x^2} \tag{3-7}$$

进而可得辐亮度为

$$\mathrm{d}L(x,\lambda)=\frac{\mathrm{d}E(x,\lambda)}{\mathrm{d}\omega}=\frac{\mathrm{d}I(x,\lambda)\mathrm{e}^{-\beta(\lambda)x}}{\mathrm{d}\omega x^2} \tag{3-8}$$

联立式（3-7）及式（3-5），可得

$$dL(x,\lambda) = \frac{dI(x,\lambda)e^{-\beta(\lambda)x}}{d\omega x^2} = \frac{d\omega x^2 dxk\beta(\lambda)e^{-\beta(\lambda)x}}{d\omega x^2} = ke^{-\beta(\lambda)x}\beta(\lambda)dx \qquad (3-9)$$

此为 $x=d$ 处的点光源照射到观测点处产生的辐亮度,因为视场中充斥着密集的水汽分子,则从物体到观测处的总辐亮度可由式(3-9)从 $x=0$ 至 $x=d$ 处积分得到,即

$$L(d,\lambda) = \int_0^d dL(x,\lambda) = k\int_0^d \beta(\lambda)e^{-\beta(\lambda)x}dx = k[1-e^{-\beta(\lambda)d}] \qquad (3-10)$$

由于照射光源来源于无穷远处的天空,k 可表示为 $L_\infty(\lambda)$,因此大气光干扰模型可最终表示为

$$L(d,\lambda) = L_\infty(\lambda)[1-e^{-\beta(\lambda)d}] \qquad (3-11)$$

综上所述,最终到达成像器件的所有能量即可表示为式(3-11),一般也将 $e^{-\beta d(x)}$ 定义为 $t(x)$,即大气透射率,$L_\infty(\lambda)$ 用 A 表示,为大气光值,受雾天干扰的图像用 $I(x)$ 表示,理想的清晰图像用 $J(x)$ 表示,则简化后的大气散射模型为

$$I(x) = J(x)t(x) + A[1-t(x)] \qquad (3-12)$$

基于物理模型的图像复原去雾方法大多遵循上述模型,无干扰图像的加雾仿真同样可以基于上述方法进行:通过估计或测量得到 $t(x)$ 与 A,即可产生像素级配对的干净-有雾干扰图像数据。

3.2.1.2 大气投射率的测量

由前文可知,要得到雾天干扰图像,大气投射率 $t(x)$ 的测量是其中的重要环节。大气投射率的数学表达为

$$t(x) = e^{-\beta d(x)} \qquad (3-13)$$

其由两个未知参数组成:大气散射系数 β 与场景深度 $d(x)$。大气散射系数是与光线波长特性有关的量,$d(x)$ 在数字图像中代表每个像素点对应的物体与成像器件之间的距离,因此大气投射率的测量需要分别获取成像景深与大气散射系数。

1. 图像深度获取

(1)单幅图像深度估计。单目深度估计是一个十分具有挑战性的问题。Asada 等根据光学成像原理,利用离焦信息获取图像深度,但是此类算法仅可用于室内景深较小的场景。在深度学习技术兴起之后,单目深度估计取得了长足发展。Silberman 等发布了 NYU depth v2 室内场景数据集,并且带有准确的深度信息;Saxena 等利用激光扫描仪,构建了 Make3D 数据集;美国丰田技术研究院和德国卡尔斯鲁厄理工学院联合,利用一辆配备多传感器的汽车获取了大量与自动驾驶相关的图像、点云、设备参数数据的数据集 KITTI。MiDaS 算法在单目图像深度估计任务方面表现优秀,其基于现有的多个公开数据集(DIMLIndoor、MegaDepth、ReDWeb、WSVD 等)和自己构建的 3DMovies 视频序列进行了大量且丰富场景的训练。本节选取对应最高深度估计质量的 VIT16 作为骨干网络,最终获得原图对应的深度估计图。以 Cityscapes 数据集无干扰场景图作为测试数据,得到了无干扰驾驶场景深度图,图 3-7 为部分结果。

由于 MiDaS 训练所采用的深度信息多为相对深度,因此其得到的推理图代表的意义为视场中物体相对于观测点的远近程度,而实际上视场中点的绝对深度即距离信息可以表示为

$$D(x) = P(x)K + S \qquad (3-14)$$

式中,$P(x)$ 表示预测的相对深度图,K 表示相对深度与绝对深度之间的比例转换系数,S 代表一个偏移量。至少需要图像中两个点对应的真实距离来解算这两个未知数。Cityscapes 数据集并不提供真实的某个物体或点的距离,无法测得准确的绝对深度信息。因此本节不采用

单图像深度估计与系数测量的方案,但对于一些具备稀疏绝对深度信息的数据,此方案可以为得到完整的深度图提供参考。

图 3-7　无雾驾驶场景及深度图估计

(2)双目距离测算与深度补全。双目测距属于立体视觉的一种,其原理是利用两架位置不同的相机对同一场景进行拍摄,场景重叠的部分在两幅图像中会产生视差,根据这一视差并结合相机参数可实现测距。

如图 3-8 所示,P 是视场中一点,O_L 与 O_R 分别代表两架相机的光心,P_1 和 P_2 为 P 在左、右相机中所成的像,两架相机中物体成像位置有所偏差。f 为相机焦距,一般选取具有同样内参的相机,因此它们的焦距可选为相同的,B 为基准线参数,这在 Cityscapes 数据集中已经给出,可以直接使用,D 即为要得到的物体距离相机的真实距离。

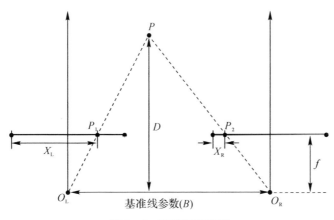

图 3-8　双目测距原理

设 P_1 与 P_2 之间的距离为 A，$2X$ 为图中相机成像总宽度，则有

$$A = B - \{(X - X_R) + [X - (2X - X_L)]\} \qquad (3-15)$$
$$= B - (X_L - X_R)$$

由相似三角形原理易得

$$\frac{B - (X_L - X_R)}{B} = \frac{D - f}{D} \qquad (3-16)$$

进而可得

$$D = \frac{fB}{X_L - X_R} \qquad (3-17)$$

因此只需测得双目成像中的视差 $X_L - X_R$，即可根据已知参数 f 和 B 解算出绝对深度信息。由于图像中部分无重叠区域无法采用上述原理直接测得距离，需要采用深度补全的方式完善整个深度信息。

对于左、右视图，所有非遮挡像素应该满足如下约束：

$$|I'_L(x,y) - I'_R[x - D'_L(x,y), y]| < \varepsilon$$
$$|I'_R(x,y) - I'_L[x - D'_R(x,y), y]| < \varepsilon \qquad (3-18)$$

在目前主流算法中，ε 被设置为 $12/255$。若不满足式（3-18）约束，则被判定为无效像素，归入不可靠像素集 M 中。将右视图根据文献中的 SLIC 方法分割为超像素，根据所包含的深度缺失或无效的像素数，将其基于下式分为可靠和不可靠的超像素：

$$\| T - M \| \geqslant \max(20, 0.6 \| T \|) \qquad (3-19)$$

对于每一个可靠的超像素，基于自适应 RANSAC 方法来拟合一个深度平面，根据在目前主流算法中常用的贪婪算法，将不可靠的超像素与可靠的超像素成对匹配，并将后者的拟合深度平面分配给前者。超像素对（s,t）之间的差异度量表示为

$$E(s,t) = \| C_s - C_t \|^2 + \alpha \| X_s - X_t \|^2 \qquad (3-20)$$

使用上述方法对所有超像素都分配了深度平面，再基于这些平面来填补不可靠像素缺失的深度值，就可以得到一个完整并且去噪的深度图 D_0。此后利用主点的坐标加上摄像机的焦距，即可计算每个像素 x 处的场景与摄像机的距离，并得到一个最终的绝对深度图 D。

2.大气散射系数选定

大气散射系数是与光线波长特性有关的量，一般在均匀介质即均匀雾中，假定大气散射系数 β 为一个常数。β 是影响雾浓度的一个重要参数，β 越大，在雾天时的能见度越低。能见度称为 Meteorological Optical Range（MOR），也被定义为满足 $t(x) \geqslant 0.05$ 的所有像素中与相机的最远距离，当能见度小于 1 km 时，天气被定义为雾天。雾天等级由能见度区间被划分为表 3-1 所示的几个等级。

表 3-1 雾天等级区分

雾天程度	薄雾	中雾	浓雾
能见度/m	500～1 000	200～500	<200

由上述信息可得 MOR 与 β 的数学表达式：

$$\mathrm{MOR} = 2.996/\beta \qquad (3-21)$$

$$\beta \geqslant 2.996 \times 10^{-3}\,\mathrm{m}^{-1} \qquad (3-22)$$

生成不同浓度雾干扰时,解算出相应的 β 值并将其代入大气散射模型中,即可实现对应能见度的雾天模拟。表 3-2 列出了常见的雾天能见度模拟及其对应的 β 值。

表 3-2　雾天能见度及对应 β 值

能见度/m	100	150	200	250	300	600
β/m^{-1}	0.03	0.02	0.015	0.012	0.01	0.005

结合本小节中场景绝对深度测算后得到的深度图 $D(x)$ 与本节针对不同雾天干扰程度选定的大气散射系数 β ,由式(3-13)即可解算场景的大气投射率。

3.2.1.3　大气光值估计

大气光值 A 在不同场景中对应不同的常值,因此需要对每幅图像进行 A 值估计,来支撑大气散射模型实现雾图模拟。K. He 等对大量无雾图像做了统计分析后发现在无雾图像中某些像素总会有至少一个颜色通道具有很低的值,即该区域的光强度最小值是一个很小的数。对于任意的输入图像 J ,其暗通道可以由下式表达：

$$J^{\mathrm{dark}}(x) = \min_{y \in \Omega(x)}\left[\min_{c \in \{r,g,b\}} J^c(y)\right] \qquad (3-23)$$

式中, J^c 表示彩色图像的每一个通道, $\Omega(x)$ 表示以像素 X 为中心的一个窗口,实际计算时首先求出每个像素 RGB 通道分量中的最小值,将其存入和原始图像尺寸相同的灰度图中,然后再对这幅灰度图进行最小值滤波即可得到对应的暗通道图。

目前主流的基于暗通道图像进行 A 值的测算,其方法如下：

(1)根据暗通道图 $J^{\mathrm{dark}}(x)$,在其中选取灰度值大小为前 0.1% 的所有像素；

(2)将这些像素对应到原始图像,从中选取具有最高亮度值的像素,将此亮度值作为 A 值的估计值。

通常进行 A 值估计的方法是不直接取最高亮度值,而是将 0.1% 像素对应的原图中亮度中位数作为 A 的估值,这在一定程度上缓解了仿真图中的噪声及亮度干扰影响。

基于 3.2.1.2 节的大气投射率测量及本小节大气光值 A 估计,再结合式(3-12),将原始图像代入,即可得到基于大气散射模型的仿真雾图。

3.2.2　雾天干扰目标检测数据集构建

3.2.2.1　改进的大气光值估计

大气光值 A 的物理意义为无穷远处的大气光成分,所以最终的 A 在存在天空区域的场景里很有可能出现在天空中。本节不采用 3.2.1.3 节大气光的估计方法,而是在 Jin-Hwan Kim 等的大气光估计方法的基础上做针对性的改进。

Jin-Hwan Kim 等提出了一个基于四叉树细分的分级搜索求取 A 的方法,该方法概括如下:

(1)将图片以中心点划分为四块等分区域;

(2)计算每个等分区域内像素的平均像素值与标准差,得出该区域的得分 S=平均像素值一标准差;

(3)选取得分最高的区域,并将该区域再次四等分;

(4)重复执行步骤(2)和(3),直到划分的区域尺寸小于一个预先设定好的阈值;

(5)选取可以使 $\|[I_r(x), I_g(x), I_b(x)]-(255,255,255)\|$ 达到最小的点的通道数值作为大气光值 A 的估计值。

这种方法由于重复划分可信区域并最终在小区域内查找 A 值,可以避免暗通道去雾算法中由于场景其他光源干扰而带来的 A 值估计不准确问题,具备更强的鲁棒性。

本节所用数据是基于驾驶视角拍摄的 Cityscapes 进行处理产生的,其场景中若存在天空区域,则均在图像上部,下部为驾驶区域,因此 A 估计值的区域很有可能在上部出现,如图 3-9 所示。

图 3-9　Cityscapes 场景上部的天空区域

针对数据集的特性,将分级求解 A 的方法做如下改进:

(1)将图片以中心点划分为四块等分区域,但只使用上部分的两块区域进行计算;

(2)计算等分区域内像素的平均像素值与标准差,得出该区域的得分 S=平均像素值一标准差;

(3)选取得分最高的区域,并对该区域进行左、右两等分;

(4)重复步骤(2);

(5)选取得分最高的区域,并将该区域进行四等分;

(6)重复执行步骤(4)和(5),直到划分的区域尺寸小于一个预先设定好的阈值;

(7)选取可以使 $\|[I_r(x), I_g(x), I_b(x)]-(255,255,255)\|$ 达到最小的点的通道数值作为大气光 A 的估计值。

改进后的大气光估计方法针对驾驶场景天空的分布特性,利用先验设定快速筛选出可能存在估计点的区域进行计算,在前两次划分步骤里节省了 1/2 的计算量。本节后续的雾天干扰仿真模拟使用的大气光估计方法均基于本小节所提出的改进方法。

3.2.2.2 引导滤波及非均匀度优化

根据 3.2.1.2 小节的大气投射率测量方法,并结合 Cityscapes 提供的相机参数,可以得到较为准确的绝对深度图,进而实现雾天干扰场景生成。图 3-10 为部分原始大气投射率图及其对应的雾天仿真图。

图 3-10 透射率图及其仿真雾图($\beta = 0.01$)

图 3-10 中透射率图存在大量伪影与噪声,导致基于原始的透射率图生成的雾图存在伪影且图像失真。为缓解上述情况,利用无雾图像作为引导,并对原始透射率图进行引导滤波,使图像平滑且保持更多边缘与纹理特性。图 3-11 为进行引导滤波后的雾天仿真图。

(a)   (b)

图 3-11 引导滤波透射率图及其仿真雾图($\beta = 0.01$)

经过引导滤波后的透射率图和仿真雾图基本消除了伪影与图像失真,在保留原始图像细节的同时添加了满足大气散射物理模型的较为真实的雾,但由于基于双目测距与深度补全的方法仍然存在测距误差,一些具有同样深度的物体区域深度信息出现跳变,这导致仿真的雾图中出现多个块状不均匀雾,且相近的块状区域亮度不同,这在感官上与实际的雾天场景是不符的,如图 3-11(a)图所示。这种深度测算上的误差可以通过均值滤波缓解,因为相同物体或相近区域的深度并不可能发生一个明显的跳变,求取区域内的深度均值是一个简单且有效的方法。

在引导滤波的基础上进行区域均值化后的结果如图 3-12 所示。

图 3-12 非均匀优化后的透射率及仿真雾图($\beta = 0.01$)

经过区域均值化后的雾天仿真图由于在深度信息上取部分区域均值,并不会带来过多非真损失,并且可以极大地优化雾气不均匀的问题,使雾天场景更符合视觉感受,更加具备真实性。

基于上述大气散射模型、透射率测量、大气光值估计等方法,即可得到不同干扰程度的雾天驾驶场景数据。本节总体技术框图如图 3-13 所示。

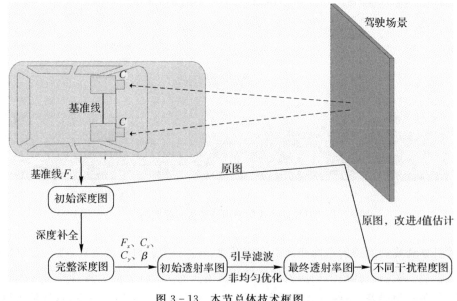

图 3-13 本节总体技术框图

3.2.2.3　目标检测标注生成

Cityscapes 数据集自带的数据集标注为语义分割标注,在进行目标检测任务研究时,大部分学者通过读取语义分割标注 json 文件里的多边形并计算外接矩形的方式实现检测标注生成,这对图像中单独出现且无遮挡的车辆是可行的。但图像中常有多个车辆分割图联结或被遮挡物遮挡的情况产生,同时行人检测也存在被物体遮挡而只展现部分分割区域的情况,如图 3-14 所示。

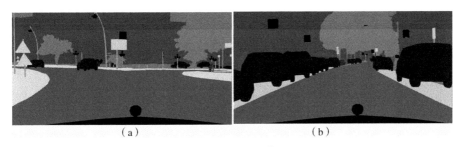

图 3-14　语义分割标注物体被遮挡情况

图 3-14(a)中车辆被栏杆遮挡且同一车辆被分割为多个连通域,而图 3-14(b)中人员存在部分被车身遮挡的情况,这导致检测标签数量多于实际物体数量或检测标签不完整,仅框选出物体的部分区域,不符合目标检测标注的约定。要进行目标检测任务研究,首先要得到完整且符合实际的目标检测标注。

本节基于 Shanshan Zhang 等的 2D 行人检测标注与 Nils Gählert 等的 3D 车辆检测标注生成最终的目标检测标注。2D 行人检测标注针对分割转换后人员检测框不完整的情况进行了改进,根据比例进行了检测框补全,如图 3-15 所示。

图 3-15　人员检测框补全

2D 车辆检测标注可从 3D 车辆检测标注 json 数据中进行解算得到。本节基于主流方法中的车辆统计,根据主观判断与大小将车辆粗略划分为 Bicycle、Motorbike、Car、Van、Bus 五类。结合本节改进透射率计算、大气光值估计以及目标检测标注生成方法,基于 Cityscapes 数据集实现了不同浓度雾天干扰仿真以及目标检测数据生成。

基于所有场景数据,选取 $\beta=0.01$、0.012、0.015、0.02、0.03 生成五种能见度下的仿真雾图,每种 β 值对应 19 997 幅成对数据用于图像去雾训练。

基于存在精细目标检测标注的场景,生成 3 475 幅同时具备洁净-雾干扰图像对和检测框标注的数据,支撑图像去雾与目标检测训练。

3.2.3　小结

本节结合图像去雾算法对洁净-有雾干扰数据对的要求以及目标检测任务的标注需求,首先在物理层面解释了大气散射退化模型,然后遵循此模型在原理上阐述了要生成接近真实的雾天数据所需要的数据,即透射率、大气散射系数以及大气光值,以 Cityscapes 数据集为仿真对象列举了这些数据的主流测量与估计方法,基于 3.2.1 小节的方法即可生成原始的雾天仿真数据。随后针对现有方法存在的大气光估计鲁棒性不强、深度估计误差带来的跳变噪声所导致的仿真图不符合感官的问题,提出了改进的四叉树细分 A 值估计方法,并对原始透射率图进行区域均值化,基于改进的方法生成了更加逼真的不同浓度仿真雾图,用于后续的图像去雾算法训练。最后针对现有检测框生成的多检与不完整问题,基于现有标注进行处理后生成了更符合标注规则的目标检测标签,以支撑后续的目标检测算法训练验证。

3.3　基于生成对抗网络的图像去雾方法

图像去雾属于图像处理中的预处理范畴。图像中的雾气可以看作一种影响图像对比度与色彩分布,导致图像模糊的噪声,对图像的去雾实际上是一类图像去噪工作。许多更高级别的计算机视觉任务依赖于输入一个噪声尽可能少的干净图像来达到更好的效果,而图像去雾作为一个前处理过程,它的效果好坏直接影响后续算法的性能。早期的图像去雾主要是对图像进行对比度增强等操作,随着研究的深入,基于图像复原思想的图像去雾算法成为主流。目前基于深度学习的方法被广泛应用于去雾处理中,一部分研究者基于大气散射模型利用神经网络强大的拟合能力来学习雾图中的透射率、大气光值等参数,并基于公式复原。近年来基于生成对抗网络的复原方法被越来越多地研究,其不参考大气散射模型直接通过网络编码与解码学习雾图到洁净图之间的映射,往往达到了更好的去雾效果。

本节基于生成对抗网络的 EPDN 图像去雾算法以及 3.2 节得到的配对洁净-有雾图像对实现图像去雾,并在 EPDN 的基础上进行注意力机制及密集残差块设计改进,改进后的网络与原始 EPDN 和其他主流深度学习去雾算法相比,在去雾效果上性能更佳,为基于去雾+检测串联式方法的雾天目标检测策略提供了较为理想的检测输入图。

3.3.1　生成对抗网络

生成对抗网络(Generative Adversarial Networks,GAN)在 2014 年由 Ian Goodfellow 等提出,其是深度学习最火热的研究方向之一,并在近年来广泛用于图像风格转换、图像复原、自然语言处理等领域。

一般的生成对抗网络包含两个子网络:生成网络(Generator,G)和判别网络(Discriminator,D)。两个网络各司其职:生成网络主要学习输入样本数据的真实分布,并根据学习到的分布生成接近真实数据的仿真数据;判别网络和普通的二分类网络功能类似,它接收来自真实样本的数据以及来自生成器生成的假数据,最终输出一个判别生成器输入数据真实性的真假判定。两个子网络共同参与训练并互相影响,不断优化。生成网络需要提高自己的拟合能力生成判别网络无法辨识的数据,判别网络需要提高自己的鉴别真伪能力。当生成网络和判别网络的能力不断提升并且判别网络无法识别数据为真实样本还是生成样本时,则认为生成网络已经学习到了真实数据分布。

以图像生成为例,生成对抗网络模型示意图如图 3 - 16 所示。

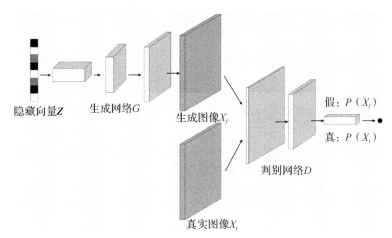

图 3 - 16　生成对抗网络原理图

生成对抗网络的博弈思想体现在它的训练方式上。由于生成网络和判别网络的优化方向与目标不同,因此不同于其他网络,生成器和判别器分别拥有各自的损失函数,两者共同组成生成对抗网络的目标函数:

$$\min_{G}\max_{D}V(D,G)=E_{x\sim p_{\text{data}}(x)}\big[\log D(x)\big]+E_{z\sim p_z(z)}(\log\{1-D[G(z)]\}) \quad (3-24)$$

式中,x 表示真实数据,$p_{\text{data}}(x)$ 为真实数据分布,z 为生成网络输入的随机噪声数据,$p_z(z)$ 为随机噪声分布;$D(x)$ 负责判断真实输入数据为真的概率,取值为 $0\sim1$,$\log D(x)$ 将取值扩展到 $(-\infty,0)$,且单调递增;$D[G(z)]$ 判断生成器生成数据为真的概率,取值为 $0\sim1$,$\log\{1-D[G(z)]\}$ 将取值扩展到 $(-\infty,0)$,且单调递减。生成器希望 $D[G(z)]$ 尽可能大,即使目标函数减小,判别器则希望 $D(x)$ 尽可能大而 $D[G(z)]$ 尽可能小,即使目标函数增大。

生成对抗网络在训练过程中是交替迭代训练的,在顺序上是先基于上一轮的生成器数据训练判别器,再进行本轮生成器的训练。在训练过程中固定一方,更新另一个网络的参数,交替迭代,使得对方的错误最大化。当训练判别器时,固定生成器的参数不变,其优化过程类似于 Sigmoid 中的二分类,使用交叉熵损失函数,而最大化 $\max V(D,G)$ 与 $\min[-V(D,G)]$ 等价,因此判别器的损失函数可以表示为

$$\text{Loss}_\text{D}=-E_{x\sim p_{\text{data}}(x)}\big[\log D(x)\big]-E_{z\sim p_z(z)}(\log\{1-D[G(z)]\}) \quad (3-25)$$

生成器仅关心生成的数据在判别器中的得分表现,其损失函数可表示为

$$\text{Loss}_\text{G}=E_{z\sim p_z(z)}\{1-\log[D(x)]\} \quad (3-26)$$

生成对抗网络为神经网络学习样本的真实特性提供了巨大帮助。得益于 GAN 的特性,我们可以通过这种方式学习雾图与成对的洁净图之间的映射关系,并以此实现有雾图到无雾图的转换。本节所采用的 EPDN 算法及其改进方法便是以生成对抗网络为主要思想的图像去雾算法。

3.3.2　EPDN 图像去雾算法

EPDN 网络是一种基于 pixel-to-pixel(像素匹配)思想的图像去雾网络,它将图像去雾问题简化为图像到图像之间的转换问题,并基于生成对抗思想进行网络设计与训练。与原始生成对抗网络不同,EPDN 由多分辨率生成器模块、多尺度鉴别器模块和增强器模块构成,设计增强器是为了在生成器的基础上进一步在精细尺度上产生逼真的去雾图像,以达到更好的去雾效果。

3.3.2.1　多分辨率生成器

不同于传统的生成对抗网络,EPDN 考虑了图像在原有尺度以及低分辨率下的结构特性,并参考 Ting-Chun Wang 等提出的 pix2pixHD 模型采用了双生成器结构。多分辨率生成器由全局子生成器 G_1 和局部子生成器 G_2 组成,以低分辨率图像为输入的全局生成器负责在粗尺度上生成图像,以原始尺寸图像为输入的局部生成器则负责在精细尺度上生成图像,这种多分辨率结构在图像向图像转换的工作中已被证明是有效的。

在 Yanyun Qu 等的工作中,G_1 的输入图像分辨率被下采样为原图的 $1/2$,G_2 以原始图像作为输入,同时 G_1 的输出与 G_2 的中间结点相连。多分辨率生成器网络结构如图 3-17 所示。

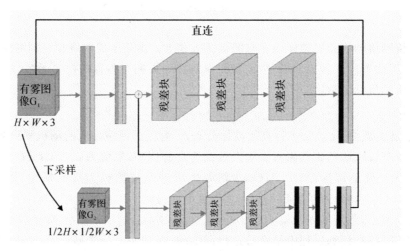

图 3-17　多分辨率生成器网络结构

两级生成器均以列差块作为基础特征提取结构。残差模块结构如图 3-18 所示。

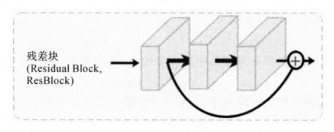

图 3-18　残差模块结构

在全局子生成器和局部子生成器的共同作用下,多分辨率生成器在粗尺度上创建伪真实图像,最终精细的去雾图像并不由生成器直接产生。由于视觉感知是全局优先的,因此判别器只需要指导生成器恢复全局结构信息,这为生成器减轻了压力。而后续在精细尺度上恢复无雾图像的任务则由增强模块来完成。

3.3.2.2　多尺度判别器

与多分辨率生成器对应,判别器也采用双判别器结构 D_1 与 D_2,在多尺度上评估生成器 G_2 模块最终产生的伪图像真假。

图 3-19 中 D_1 的输入为局部子生成器的输出和无雾干扰的训练样本,D_2 的输入为 D_2 输入各自下采样至 1/2 得到的图像。多尺度判别器可以引导生成器在全局和局部、粗尺度与细尺度上进行图像生成。一方面,D_2 引导 G_2 生成器在粗糙尺度上生成全局伪真实图像。另一方面,D_1 可以更加精细地引导 G_2 恢复图像的全局结构信息。

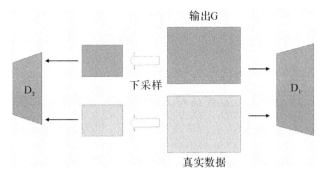

图 3-19　多尺度判别器

3.3.2.3　特征增强模块

pix2pixHD 基于上述多分辨率生成器与多尺度判别器实现最终的图像生成。但直接使用该结构的生成器得到的图像缺乏细节信息且存在着色过度的情况,单纯使用生成器无法完成恢复最终精细图像的任务,因此需要在多分辨率生成器得到的特征图基础上进行细节信息的修复。

增强块(见图 3-20)与多尺度生成器组成串联结构,其由两个增强块构成,第一个增强块接收 G_2 生成器的输入,第二个增强块同时接收第一个增强块与 G_2 生成器的跳连输入。每一个增强块的具体结构如图 3-21 所示。

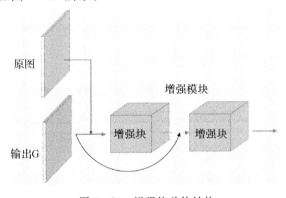

图 3-20　增强块总体结构

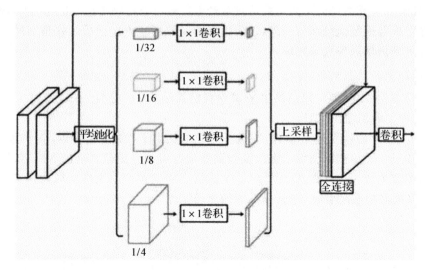

图 3-21　增强块结构

为保证增强器融合不同尺度的特征细节,增强模块在四个尺度上进行了输入特征图的平均池化,不同尺度上的特征图提供了不同大小的感受野,有助于重建不同尺度上的图像。随后通过 1×1 卷积与不同倍率的上采样使特征图恢复到原始尺寸大小并与初始输入进行通道叠加,重建了包含多尺度细节信息的特征图。

特征增强模块对生成器的结构化恢复特征进行了细节与色彩补全,使网络最终恢复出细节较为清晰且无色彩失真的复原图像。

3.3.2.4　损失函数

网络总体损失函数包括四部分,分别为对抗损失 L_{GD}、特征匹配损失 L_{FM}、感知损失 L_{VGG} 和逼真度损失 L_F。其中,对抗损失和特征匹配损失引导多尺度生成器和判别器组成的 GAN 模块学习全局信息,恢复原始图像结构性特征;感知损失和逼真度损失用于增强图像的细节特征,恢复原始图像的细节与颜色特性。总体损失函数表达式如下:

$$L = L_{GD} + \lambda L_{FM} + \lambda L_{VGG} + L_F \tag{3-28}$$

式中,λ 为人为设定的超参数,代表特征匹配损失和感知损失在总体损失中的重要程度。

1. 对抗损失

对抗损失的基本计算方法与原始生成对抗网络一致,由于分别存在两个生成器与判别器,将对抗损失表示为多任务学习损失:

$$L_{GD} = \min_{\widetilde{G}}\left[\max_{D_1,D_2}\sum_{k=1,2} t_A(\widetilde{G}, D_k)\right] \tag{3-28}$$

其中,$t_A(\widetilde{G}, D_k)$ 为第 k 个判别器的对抗损失,其计算公式与原始 GAN 对抗损失相同:

$$t_A(\widetilde{G}, D_k) = E_{(X)}[\log D_k(X)] + E_{(\widetilde{X})}\left(\log\{(1 - D_k[\widetilde{G}(\widetilde{X})]\}\right) \tag{3-29}$$

式中,X 和 $\widetilde{X}$ 分别表示无雾图像和对应的仿真雾图,$\widetilde{G}(\widetilde{X})$ 是多分辨率生成器 G_2 的输出。

2. 特征匹配损失

由于生成对抗网络需要学习到图像的结构化特征,单纯的对抗损失不足以完成此任务,引入特征匹配损失来匹配有雾图像和原始图像在每一层特征提取时的参数与算符。多尺度判别器特征提取层数不多,其提取的主要是图像的浅层前背景分离、边缘、轮廓等结构信息,使用特征匹配损失引导特征图,此类特征向原图靠拢十分有利于恢复结构特征。特征匹配损失表达式为

$$L_{\mathrm{FM}} = \min_{\widetilde{G}} \Big[\sum_{k=1,2} t_{\mathrm{FM}}(\widetilde{G}, D_k) \Big] \qquad (3-30)$$

同样地,在 D_1 与 D_2 两个判别器基础上分别计算不同尺度的损失,每一个判别器对应的损失 $t_{\mathrm{FM}}(\widetilde{G}, D_k)$ 为

$$t_{\mathrm{FM}}(\widetilde{G}, D_k) = E_{(X)} \sum_{i=1}^{T} \frac{1}{N_i} \{ \parallel D_k^i(X) - D_k^i[\widetilde{G}(\hat{X})] \parallel_1 \} \qquad (3-31)$$

式中,T 为多尺度判别器特征提取的总层数,N_i 表示每一层的参数总数,$D_k^i()$ 为经过第 i 层特征提取后的输出。

3. 感知损失

前述两项损失共同组成了双尺度 GAN 模块的训练损失函数,特征增强模块负责在精细尺度上恢复色彩与语义级别的细节,感知损失使用像素级距离来测量模糊图像和去模糊图像的感知特征之间的差异,其计算公式如下:

$$L_{\mathrm{VGG}}^{\varphi,i}(\hat{Y}, X) = \frac{1}{C_i H_i W_i} \parallel \varphi_i(\hat{Y}) - \varphi_i(X) \parallel_1 \qquad (3-32)$$

该损失利用预训练的 VGG 分类网络对原始图像 X 和增强模块 Y 的输出进行特征提取。式(3-32)中,i 表示 VGG 网络的第 i 特征提取层,C_i、H_i、W_i 分别表示第 i 层特征图的通道数、高度和宽度。

4. 逼真度损失

感知损失直接求取原始无雾图像与网络最终输出的欧氏距离,用矩阵二范数计算,其表达式为

$$L_{\mathrm{F}} = \parallel X - \hat{Y} \parallel_2 \qquad (3-33)$$

3.3.3　基于注意力机制及密集残差块的增强去雾网络

多分辨率生成器主要负责在粗尺度上生成图像,恢复全局结构信息,更加精细的风格特征由增强块实现。为使增强块更加专注于色彩风格特征的恢复,生成器应尽可能恢复准确的结构信息,本节基于分而治之思想,设计基于注意力机制及特征融合的生成器模块,并对损失函数进行改进,提升网络去雾性能。

3.3.3.1　基于通道及空间注意力的残差结构

在传统的卷积神经网络中,认为通过卷积得到的特征图是同等重要的,但实际上,不同通道对特征的表达不同,其重要程度也不相同。另外,由于图像中存在前景与背景,在恢复图像的结构化信息时,不同位置的重要程度也不相同。为使网络可以自适应学习到不同通道与位置的重要程度,此处引入通道注意力与空间注意力机制相结合的 CBAM 注意力模块,并将其与生成器特征提取模块融合。

CBAM 的通道注意力与空间注意力在计算上是相互独立的,二者在顺序上组成串联结构,保证其可以作为即插即用的模块嵌入到多数主流的特征提取网络中。对不同的消融实验进行对比,发现将通道注意力置于空间注意力前方组成串联结构可以获得最高的性能提升,图3-22 所示为 CBAM 通道注意力结构。

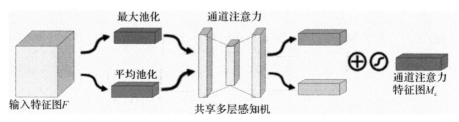

图 3-22 通道注意力机制

通道注意力首先通过全局平均池化和全局最大池化聚合特征图的空间信息,得到两组 $1 \times 1 \times C$ 的特征图;随后两组池化后的特征图被聚合到一个共享多层感知机(Shared Multi-layer Perception,Shared MLP)生成通道信息注意力图。共享网络模块由三层全连接层构成,两组特征图由共享网络描述后进行基于对应元素操作(element-wise)的加法计算,由 Sigmoid 函数激活后得到最终的通道注意力特征图,该特征图与后续空间注意力机制相连接。通道注意力公式如下:

$$M_c(F) = \sigma\{\text{MLP}[\text{AvgPool}(F)]\} + \text{MLP}[\text{MaxPool}(F)]$$
$$= \sigma\{W_1[W_0(F_{\text{avg}}^c)]\} + W_1[W_0(F_{\text{max}}^c)] \qquad (3-34)$$

式中,$W_0 \in \mathbf{R}^{C/r \times C}$,$W_1 \in \mathbf{R}^{C \times C/r}$,$r$ 为通道减少率。

经过通道注意力的特征图 $M_c(F)$ 尺度信息为 $1 \times 1 \times C$,将其与图 3-22 中输入的特征图(input feature)进行对应 element-wise 乘法操作得到 F':

$$F' = M_c(F) \otimes F \qquad (3-35)$$

F' 将作为输入进入空间注意力模块参与计算。图 3-23 为空间注意力结构。

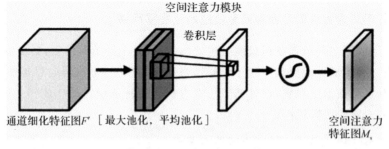

图 3-23 空间注意力机制

在通道数上空间注意力模块分别通过平均池化与最大池化将尺度为 $H \times W \times C$ 的特征图压缩为 $H \times W \times 1$,并基于通道进行通道堆叠(Concat)操作,得到 $H \times W \times 2$ 的特征图,随后使用 7×7 卷积将两组池化图融合降维至 $H \times W \times 1$,再由 Sigmoid 激活得到空间注意力的输

出 M_s，公式描述如下：

$$M_s(F) = \sigma\{f^{7\times7}[\text{AvgPool}(F); \text{MaxPool}(F)]\} = \sigma\{f^{7\times7}[(F_{\text{avg}}^s; F_{\text{max}}^s)]\} \quad (3-36)$$

M_s 实际上为通道注意力与空间注意力共同计算得到的结果，将其与输入 F' 进行 element-wise 相乘得到最终的特征输出 F''：

$$F'' = M_s(F') \otimes F' \quad (3-37)$$

综上所述，CBAM 的总体网络架构如图 3-24 所示。

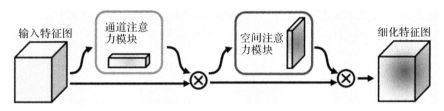

图 3-24　CBAM 总体结构

继续使用残差块作为特征提取的基本模块，并将 CBAM 注意力机制嵌入到每一个残差块中，使生成器具备自主学习重要的通道信息与空间信息的能力。CBAM 与残差块融合的网络结构如图 3-25 所示。

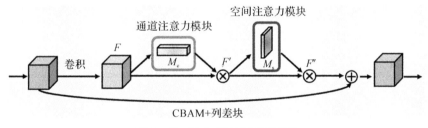

图 3-25　融合 CBAM 的残差块

为简化名称，以下将 CBAM＋残差块的结构命名为 CS-ResBlock。在本节的多分辨率生成器中，全局子生成器 G_1 采用 3 个 CS-ResBlock 模块，局部子生成器同样选取 3 个 CS-ResBlock 作为特征提取骨干。

3.3.3.2　特征跳连残差密集块

本节网络设计受杨爱萍等与 D. Chen 等的工作启发，在多分辨率生成器 G_1 与 G_2 不同的 CS-ResBlock 之间加入特征跳连结构。跳连部分将各层提取的特征连接起来，充分利用不同尺度的不同层次语义特征，更密集地聚合各个特征层之间的语义特征，网络中每一层都可以从其上一层的输入中最大化地利用其之前所有层中的特征信息。此外，跳连结构可以规避梯度消失问题，使网络更快地收敛。

本节设计的特征跳连残差密集块如图 3-26 所示。

在多尺度平均池化之前原始的增强块，使用一次卷积对图像做了特征提取，其输出特征图通道数为 16。一次卷积对图像细节信息的提取能力有限，为使增强块拥有更丰富的细节信息提取能力，此处将原始的一次卷积替换为类残差结构。不同于残差块中的元素相加，特征融合方式为通道堆叠,如图 3-27 所示。

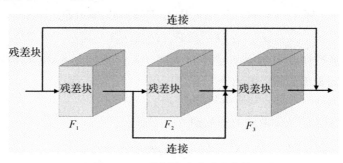

图 3-26　特征跳连残差密集块

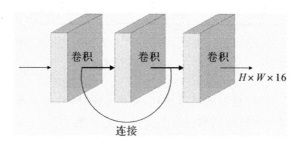

图 3-27　增强块特征提取层

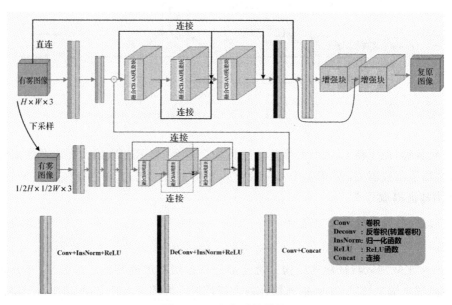

图 3-28　网络总体结构

3.3.3.3　网络总体结构

基于上述注意力机制及密集残差块设计,算法总体网络结构如图 3-28 所示,其中残差单元为基于本节设计的 CS-ResBlock 和残差密集块,并且在特征增强块前加入了图 3-27 的特征提取层。

3.3.4　实验结果与分析

3.3.4.1　评价指标

图像去雾效果的好坏通常由两类全参考的图像评价指标峰值信噪比(Peak Signal to Noise Ratio,PSNR)和结构相似性(Structural Similarity,SSIM)联合评估。

峰值信噪比是图像之间信噪比的峰值,它是应用最广泛的一种客观评价指标,基于两幅图像像素之间的误差进行计算。对图像去雾而言,输入一幅原始无雾图像 X 与去雾后的图像 Y,两者的均方误差可表示为

$$\text{MSE} = \frac{1}{H \times W} \sum_{i=1}^{H} \sum_{j=1}^{W} \left[Y(i,j) - X(i,j) \right]^2 \qquad (3-38)$$

基于两幅图像的均方误差,可以计算峰值信噪比为

$$\text{PSNR} = 10\log_{10} \frac{L^2}{\text{MSE}} \qquad (3-39)$$

式中, L 为图像可以取到的最大像素值,图像一般都以 uint8 格式编码,因此 L 一般取 255。式(3-39)可直接用于灰度图像之间的评估,对于三通道彩色图像,有以下两种常用的计算方式:

(1)分别计算 R、G、B 三个通道的 PSNR,然后取均值;

(2)直接计算三个通道共同的 MSE,除以 3 后代入 PSNR 计算公式。

通常峰值信噪比越大表示图像之间的差异越小,即去雾效果越好。但其本质为基于误差敏感的评价方式,会出现评价结果与人的主观感觉不一致的情况,因此需要和 SSIM 联合评估。

结构相似性评估两幅图像结构的相似程度,从亮度、对比度、结构相似程度度量相似性,三个层次的度量公式为

$$\left. \begin{aligned} l(X,Y) &= \frac{2\mu_X\mu_Y + C_1}{\mu_X^2 + \mu_Y^2 + C_1} \\ c(X,Y) &= \frac{2\sigma_X\sigma_Y + C_2}{\sigma_X^2 + \sigma_Y^2 + C_2} \\ s(X,Y) &= \frac{\sigma_{XY} + C_3}{\sigma_X\sigma_Y + C_3} \end{aligned} \right\} \qquad (3-40)$$

式中, $l(X,Y)$ 、 $c(X,Y)$ 、 $s(X,Y)$ 分别为亮度、对比度、结构相似程度, μ_X 、 μ_Y 为 X 与 Y 的均值, σ_X^2 、 σ_Y^2 为 X 与 Y 的方差, σ_{XY} 为两幅图像协方差, C_1 、 C_2 、 C_3 为避免出现公式分子为零现象的常数,一般取值为

$$\left. \begin{aligned} C_1 &= (k_1 L)^2 \\ C_2 &= (k_2 L)^2 \\ C_3 &= C2/2 \end{aligned} \right\} \qquad (3-41)$$

k_1 与 k_2 默认为 0.01 与 0.03, L 与峰值信噪比中 L 相同,基于式(3-41),SSIM 可计算为

$$\text{SSIM}(X,Y) = \left[l(X,Y)^\alpha \cdot c(X,Y)^\beta \cdot s(X,Y)^\gamma \right] \qquad (3-42)$$

将 α 、 β 、 γ 设为 1,则式(3-42)可化简为

$$\text{SSIM}(X,Y) = \frac{(2\mu_X\mu_Y + C_1)(2\sigma_{XY} + C_2)}{(\mu_X^2 + \mu_Y^2 + C_1)(\sigma_X^2 + \sigma_Y^2 + C_2)} \qquad (3-43)$$

结构相似性取值在 0~1 之间,其值越大表示两幅图结构越相似。

3.3.4.2 梯度更新策略

网络的多分辨率生成器和多尺度判别器由 GAN 进行训练,而特征增强模块需要独立于 GAN 进行梯度更新。对于每一批样本的训练,本节采用的前向传播与梯度更新方案如下:

(1)将原始有雾图像 X 输入多分辨率生成器进行前向传播,得到 $\tilde{G}(X)$;

(2)将 $\tilde{G}(X)$ 输入特征增强模块得到网络最终输出 Y;

(3)分别对 $\tilde{G}(X)$ 和 X 进行二倍下采样,并将下采样后的图像与原始两幅图像共同输入多尺度判别器,基于式(3-15)计算上升梯度并更新多尺度判别器;

(4)求取损失式(3-15)与式(3-7)之和,计算下降梯度并更新多分辨率生成器;

(5)求取损失(3-8)与(3-9)之和,计算下降梯度并再次更新多分辨率生成器。

基于上述方案对网络进行多批次迭代,得到网络最终权重。

3.3.4.3 实验数据与环境

3.2 节已根据大气散射模型及相关参数改进估计方法生成了 $\beta=0.01$、0.012、0.015、0.02、0.03 五种大气散射系数对应的仿真雾图,每种 β 值对应 19 997 幅成对数据,真实雾天场景并不由唯一的大气散射系数决定,为保证网络针对不同浓度雾天有更强的适应性,根据 3.2.1.2 节能见度与大气散射系数的关系,本节将上述五种雾图共同送入网络进行训练,并将数据分为两大类(见表 3-3)。

表 3-3 训练集雾天场景分类及其 β 值

场景分类	β 数值
非浓雾	0.01、0.012、0.015
浓雾	0.02、0.03

两类雾天场景对应的成对数据丰富,经验证明本章算法在 10 000~20 000 对数据之间可达到收敛;对非浓雾与浓雾场景共同随机选取 18 000 对作为训练集,5 000 对作为测试集,但保证非浓雾与浓雾场景对应的图像数量相等,即非浓雾场景共 9 000 对,每个 β 对应 3 000 对,浓雾场景 9 000 对,每个 β 对应 4 500 对;为与后续目标检测算法对应,图像尺寸设置为 640×320,与原始图像具有相同的宽高比。

本实验基于实验室工作站完成训练与测试。工作站硬件配置:CPU 为 AMD Ryzen 3700x 8-core processor×16,基准频率为 3.6 GHz,内存为 32 GB,显卡为 NVIDIA 2080Ti,显存为 11 GB;深度学习环境基于 Python3.6,PyTorch1.6 及 OpenCV4.5.2。

3.3.4.4 参数设定与网络训练

本节实验在训练过程中采用随机初始化权重训练,梯度更新策略采用 Adam,并针对非浓雾与浓雾场景分别训练 20 轮,详细训练超参数如表 3-4 所示。

表 3-4 网络训练超参数

超参数名称	取值	超参数意义
batch_size	4	每个迭代批次的图像数量
load_width	640	输入网络的图像宽度
load_height	320	输入网络的图像高度

续表

超参数名称	取　值	超参数意义
save_latest_freq	1	每隔 1 个 epoch 保存一次权重
β_1	0.6	Adam 优化器一阶矩估计的指数衰减率
β_2	0.999	Adam 优化器二阶矩估计的指数衰减率
lr	0.002	网络初始学习率
epoch	20	网络训练总轮数

网络训练过程中损失函数变化如图 3-29 所示。

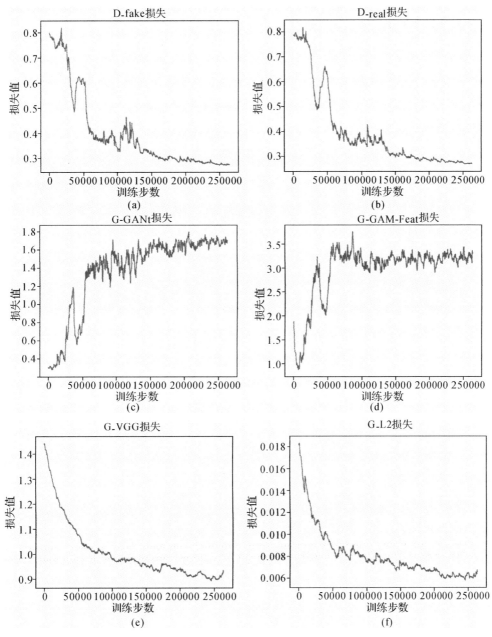

图 3-29　网络训练各项损失变化

图 3-29 为改进的 EPDN 算法各个损失函数的损失变化,由图可知,模型在训练至 250 000 组时达到最佳性能。

3.3.4.5 对比实验与结果分析

为评估本节算法的有效性及适用性,将对比实验分为两部分:

(1)对比主流去雾算法 AOD-Net、DCPDN、原始 EPDN 及本节的改进方法在雾天驾驶场景数据中的去雾效果;

(2)为验证适用性,针对不同浓度的雾天干扰场景进行测试对比,验证本节算法在非浓雾与浓雾场景的去雾效果。

1. 不同去雾算法效果对比

为进行多组对比实验,本节使用同样的训练数据,对基于大气散射模型参数估计的 AOD-Net 及基于生成对抗网络的 DCPDN 算法进行训练。图为 3-30~图 3-34 为 6 种算法在雾天驾驶场景测试的去雾结果。

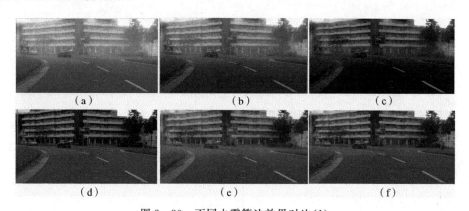

图 3-30 不同去雾算法效果对比(1)

(a)FogImage;(b)AOD-Net;(c)DCPDN;(d)GroundTruth;(e)EPDN;(f)本节算法

图 3-31 不同去雾算法效果对比(2)

(a)FogImage;(b)AOD-Net;(c)DCPDN;(d)GroundTruth;(e)EPDN;(f)本节算法

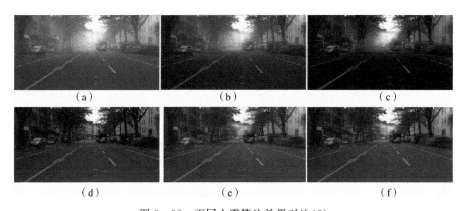

图 3 - 32　不同去雾算法效果对比(3)

(a) FogImage;(b) AOD-Net;(c) DCPDN;(d) GroundTruth;(e) EPDN;(f)本节算法

图 3 - 33　不同去雾算法效果对比(4)

(a)FogImage;(b)AOD-Net;(c) DCPDN;(d)GroundTruth;(e)EPDN;(f)本节算法

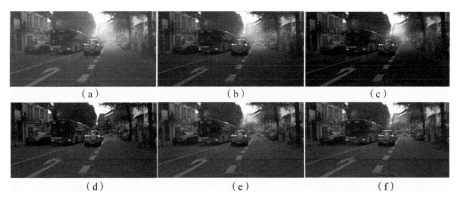

图 3 - 34　不同去雾算法效果对比(5)

(a)FogImage;(b)AOD-Net;(c)DCPDN;(d)GroundTruth;(e)EPDN;(f)本节算法

由图 3 - 30～图 3～34 的去雾效果对比可以看出,AOD-Net 虽十分轻量化,但受限于网络的特征提取能力,去雾效果相对较差,即距离较近的部分薄雾可以去除,但远处雾气重的区域仍存在成片的雾气残留,且存在图像颜色变深、亮度下降的现象;DCPDN 对远处雾气的去除效果优于 AOD-Net,但仍存在雾气残留区域,且存在更严重的颜色加深及亮度下降现象,使图像显得不自然;EPDN 算法的去雾效果优于上述两种算法,图像中残留的雾气明显减少,且复原后的图像与真实图像在色彩与亮度上比较逼近,但部分复原区域存在块状伪影,影响了图像中远处目标的原本特征;本节提出的改进算法增强了多分辨率生成器的结构化恢复能力及增强器的细节修补能力,因此在保证去雾效果的基础上减少了块状伪影的出现,使远处目标的特征可以更清晰、完整地复原。从整体上看,本节算法的整体去雾效果优于其他对比算法。

为量化去雾性能,分别计算了四种算法在 PSNR 及 SSIM 指标上的表现,见表 3-5。

表 3-5 不同算法在测试集上指标对比

算　法	PSNR	SSIM
AOD – Net	16.83	0.6959
DCPDN	19.26	0.7843
EPDN	**22.75**	0.8414
本节算法	22.59	**0.8628**

2.去雾算法适用性评估

前文对比实验验证了本节算法相较于其他算法在雾天驾驶场景去雾效果上的优越性,该对比实验在非浓雾场景下测试完成,证实了本节算法对非浓雾场景可以实现较为可靠的图像复原。为进一步评估算法在浓雾场景的性能,现在测试本节算法在浓雾场景($\beta=0.02, 0.03$)的去雾表现,部分去雾结果如图 3-35 所示。浓雾场景的去雾结果中,图像出现了不同程度的伪影与色彩失真,导致图像中目标轮廓被伪影遮挡或模糊,且部分局部浓雾区域存在去雾不充分现象,会严重影响目标的特征表达。为量化性能,计算了改进算法在浓雾场景的 PSNR 及 SSIM 指标(见表 3-6)。

表 3-6 本节算法在测试集上指标(浓雾)

算法	PSNR	SSIM
本节算法	13.51	0.528 3

由于去雾不完全及伪影的出现,算法的去雾指标较低。通过不同算法对比与适用性评估发现,本节算法在非浓雾的去雾效果优于主流算法,对雾气的去除比较完全,基本不存在伪影,且色彩对比度和亮度比较逼近原图像,但由于雾气浓度加深,本节算法在浓雾场景表现不佳,使目标模糊或被伪影遮挡,这有可能影响后续的目标检测性能。

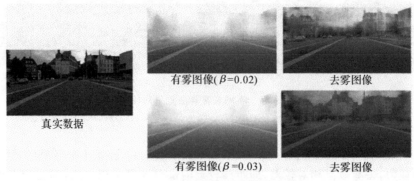

图 3-35 浓雾场景去雾效果测试

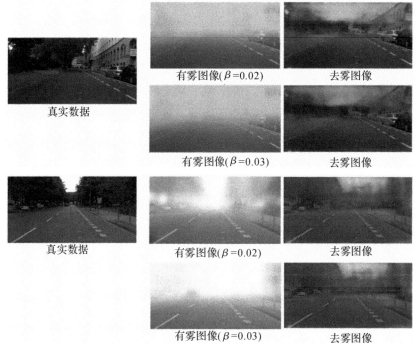

真实数据　　　有雾图像(β=0.02)　　　去雾图像

　　　　　　　有雾图像(β=0.03)　　　去雾图像

真实数据　　　有雾图像(β=0.02)　　　去雾图像

　　　　　　　有雾图像(β=0.03)　　　去雾图像

续图 3－35　浓雾场景去雾效果测试

3.3.5　小结

本节基于 EPDN 将图像去雾分为结构化恢复与细节恢复的思想,首先介绍了其算法原理与网络结构,并继续基于 GAN 和分而治之的思想在 EPDN 基础上提出了如下改进:

(1)将原始网络的残差特征提取模块替换为基于通道与空间注意力机制的残差结构,使网络具备自主区分特征图各通道及位置区域重要程度的能力。

(2)在原始串联结构基础上加入跳连结构,并设计了基于 CS-ResBolck 的特征跳连密集块,重用不同层级特征并提高了网络的特征聚合能力。

(3)在增强器前端加入特征提取模块,保证更多的局部特征输入增强器,有利于更好地恢复图像的细节特征。

经过实验对比分析,结果表明本节方法与不同的去雾方法相对比,在指标上具备更好的去雾效果,且还原后的图像在感官上更接近真实图像,图像中目标结构、色彩、纹理等信息恢复效果较好,这些特征的良好恢复有助于后续雾天干扰下目标检测工作的开展。但同时发现本节算法在更浓雾气干扰情况下,去雾结果存在伪影且去雾不完全,因此对浓雾场景下的检测策略有待进一步研究。

3.4　基于注意力机制的 CA-YOLOv4 检测算法

单阶段目标检测算法仅经过一个完整的 CNN 推理即可获得目标检测的输出,而双阶段检测方法通常将从第一级 CNN 获得的高分区域建议提供给第二级推理模块进行最终预测,推理时间与得分高于阈值的区域建议数有关,因此检测时间相对而言具有波动性,对网络部署灵活性及实时性要求较高的场景而言,单阶段算法更加适合。

本节基于 YOLOv4 算法进行自动驾驶场景目标检测研究,基于原始网络改进参数量较大的 PANet 特征聚合模块,有效减少参数量,同时在通道间加入对位置敏感的注意力机制模块,提升网络关注重要区域的能力,并针对 Cityscapes 场景的密集遮挡问题引入非极大值抑制损失,最终得到在该场景数据中同时提升检测精度与实时性的改进目标检测算法。

3.4.1 YOLOv4 目标检测算法

YOLOv4 目标检测算法相比于 YOLOv3 模型,其基本思路保持不变,但是在各个方面都进行了精心改进,包括数据处理、损失函数、特征提取网络、特征聚合模块等。相比于上一代算法,YOLOv4 在保证实时性的同时大幅提高了检测精度,具有很高的参考价值。

3.4.1.1 特征提取模块

YOLOv4 骨干特征提取模块使用 CSP-Darknet53,其实质是在早期的 Darknet53 基础上引入跨阶段局部网络 CSP-Net 结构,即将一个完整的残差模块进行了左、右两部分的拆分,主干部分继续进行原始的残差块堆叠,其余部分直接与最后相连,相当于引入了一个更大的残差边。该结构通过从网络阶段的开始和结束集成特征映射来注重梯度的可变性,一方面提升了 CNN 的学习能力,另一方面可以有效防止深层网络带来的退化问题。

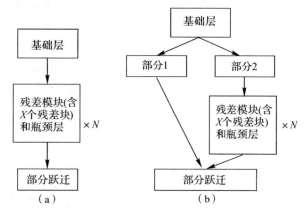

图 3-36 原始残差模块与 CSP-Resblook 模块

图 3-36(b)为引入 CSP 模块的大残差模块。此外,YOLOv4 将网络的激活函数由 LeakyReLU 修改为 Mish,在负区间内加入非线性且曲线相对平滑,有效增强了非线性拟合能力,如图 3-37 所示。

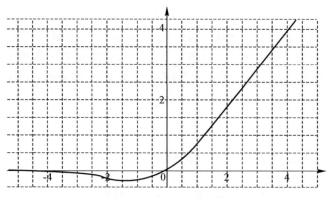

图 3-37 Mish 激活函数

其计算公式为

$$\text{Mish} = x \times \tanh[\ln(1 + e^x)] \qquad (3-44)$$

基于上述改进,骨干特征提取模块首先进行一次常规的卷积+批处理归一化+Mish 激活,之后堆叠五块大的残差模块,堆叠残差块数量分别为 1,2,8,8,4;每次大模块中都对网络尺寸进行二倍下采样,并加深特征图深度,实现对图像从浅到深的多层次特征提取。

3.4.1.2 空间金字塔池化与特征融合

YOLOv4 参考 SPPNet,在特征提取模块的最后部分引入修改的 SPP 结构,首先对 backbone 输出使用卷积进行特征整合,再将其输入 SPP 模块进行不同尺寸的最大池化处理,池化核分比为 1×1、5×5、9×9、13×13。该结构能够极大地增加感受野,分离出最显著的上下文特征,如图 3-38 所示。

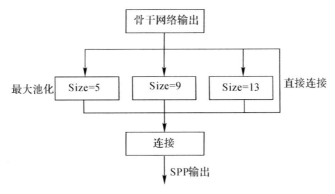

图 3-38 空间金字塔池化

早期的特征融合模块基于特征金字塔结构,仅仅将高层次特征图进行卷积,与上采样及底层次特征图堆叠后进行处理。YOLOv4 基于 PANet 思想,在保留上采样特征堆叠的同时加入低层级特征图的下采样,由于低等级的语义信息有利于定位,这种闭合回环结构可以更有效地融合不同层级的特征,提高网络定位精度,如图 3-39 所示。

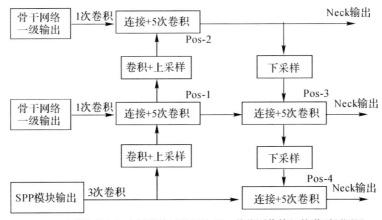

Neck:一系列混合和组合图像特征的网络层,并将图像特征传递到预测层

图 3-39 PANet 特征融合模块

3.4.1.3　数据增强与学习率优化

数据增强是目标检测训练中一种常用的训练技巧,常使用的方法有对图像进行随机翻转、裁剪、平移、覆盖等。数据增强不仅可以扩充训练样本数量,还可以增强网络训练的鲁棒性,提升泛化能力。Mosaic 增强是参考 CutMix 数据增强设计的增强方法,CutMix 使用两幅图像进行拼接,Mosaic 将四幅图片进行裁剪后拼接为一张图像参与网络训练(见图 3 - 40)所示,这可以丰富检测物体的背景,使网络更加关注于目标的特征,并且由于聚合了多幅图片的分布信息,对于 GPU 显存受限导致每次训练所用样本数量较小的训练场景,使用批量归一化时可以使均值与方差分布更接近整个数据的分布,加速网络收敛。

图 3 - 40　Mosaic 数据增强

神经网络层数越深,越容易产生网络难以收敛的问题,这是因为学习过程中训练损失容易陷入局部极小值,并且停留在该点难以更新。余弦退火方法基于余弦函数的周期性更新特点,在每个批次迭代之后逐步缩小学习率,当学习率缩小到下界时马上恢复到最大值,并周期性循环该过程,如图 3 - 41 所示。这种优化策略可以防止网络陷入局部极小值,在长期训练后使模型更容易找到全局最优解。

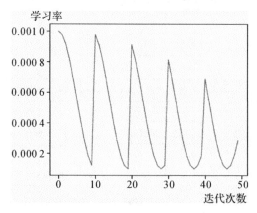

图 3 - 41　余弦退火学习率变化过程

3.4.1.4　损失函数

目标检测的两个主要任务是判断目标类别并给出目标位置,其损失函数一般包括分类损失与定位损失。YOLO 系列算法额外引入一项置信度损失,总体损失函数如下:

$$L_{\text{object}} = \lambda_1 L_{\text{class}} + \lambda_2 L_{\text{conf}} + \lambda_3 L_{\text{loc}} \tag{3-45}$$

其中,L_{class} 为类别损失,L_{conf} 为置信度损失,L_{loc} 为定位损失,λ_1、λ_2、λ_3 为平衡系数。

1. 类别损失

类别损失表示检测器预测的所有目标类别所带来的误差,其表达式如下:

$$L_{\text{class}} = -\frac{\sum_{i \in \text{pos}} \sum_{j \in \text{class}} \left[O_{ij} \log(\hat{C}_{ij}) + (1 - O_{ij}) \log(1 - \hat{C}_{ij}) \right]}{N_{\text{pos}}} \tag{3-46}$$

其中

$$\hat{C}_{ij} = \text{Sigmoid}(C_{ij}) \tag{3-47}$$

类别损失实际上是基于交叉熵损失实现的。式(3-47)中 $O_{ij} \in \{0,1\}$,表示预测的目标边界框中是否存在第 j 类目标,C_{ij} 为网络预测值,$\hat{C}_{ij}$ 为经过 Sigmoid 后得到的目标概率,N_{pos} 为正样本个数。由于 O_{ij} 的存在,类别损失只会由预测框内确实存在 j 类目标的部分贡献。

2. 置信度损失

置信度表示网络自信检测框内包含真实目标的概率,表达式如下:

$$\left. \begin{aligned} L_{\text{conf}} &= \frac{\sum_i \left[o_i \ln(\hat{c}_i) + (1 - o_i) \ln(1 - \hat{c}_i) \right]}{N} \\ \hat{c}_i &= \text{Sigmoid}(c_i) \end{aligned} \right\} \tag{3-48}$$

其中,$o_i \in [0,1]$,表示预测的目标边界框与真实目标框的交并比(Intersection-OverI-Union,IOU),c 为网络预测值,$\hat{c}_i$ 表示 c 经过 Sigmoid 后得到的置信度,N 为正负样本个数。

3. 定位损失

原始的定位损失基于网络预测的检测框的 x_c、y_c、w、h 进行均方误差计算,而物体的中心坐标点与宽、高是独立预测的,这并没有考虑物体本身的完整性。改进后的定位损失以 IOU 为主要参考准则,并综合考虑了预测框与真实框的重合度、中心距离、宽高比信息,计算公式如下:

$$L_{\text{loc}} = L_{\text{ciou}} = 1 - \text{IOU} + \left(\frac{d^2}{c^2} + \alpha v \right) \tag{3-49}$$

其中,d 表示预测框与真实框的欧氏距离,c 为涵盖两框的最小包围框对角线距离,α 和 v 共同组成长宽比的惩罚项,有

$$\left. \begin{aligned} v &= \frac{4}{\pi^2} \left(\arctan \frac{w_{\text{gt}}}{h_{\text{gt}}} - \arctan \frac{w}{h} \right)2 \\ \alpha &= \frac{v}{(1 - \text{IOU}) + v} \end{aligned} \right\} \tag{3-50}$$

式中，v 用于衡量长宽比一致性，由式(3-50)可知 α 为小于 1 的正数。基于 IOU 等结构信息的定位损失考虑了目标结构完整性等多重因素，有利于预测框更快且更好地收敛于真实目标框。

3.4.2　位置相关注意力机制

近年来关于注意力机制的研究表明，在网络中嵌入注意力模块对提升模型性能具有显著效果。在图像分类与分类领域，SE 注意力模块已被证明可以提升性能。这种基于通道注意力的方法通常会忽略位置信息，CA 注意力机制通过将位置信息嵌入通道注意力中，使网络以花费较小计算开销的同时关注区域信息。为了缓解二维全局池化造成的位置信息损失，CA 模块将信道注意分解为两个并行的一维特征编码过程，以有效地在注意力特征图中整合空间协同信息。CA 模块结构如图 3-42 所示。

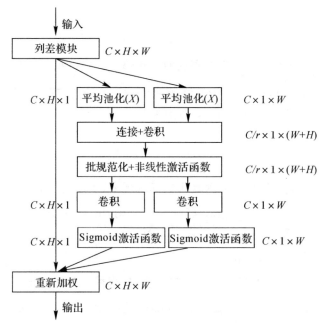

图 3-42　CA 注意力模块

全局池化通常将全局空间信息压缩到通道描述符中，但通常难以保留位置信息，CA 注意力将精确的位置信息编码为通道关系和长期依赖关系。首先将输入特征图沿水平与垂直方向池化为两个空间维度的特征图，其通道数方向的维度不变，随后将两个嵌入特定方向信息的特征图分别编码为两个注意力图，即每个通道进行编码，则高度为 H 与宽度为 W 的通道编码输出分别为

$$\left.\begin{aligned} z_c^H(H) &= \frac{1}{W}\sum_{0\leqslant i\leqslant W} x_c(h,i) \\ z_c^W(W) &= \frac{1}{H}\sum_{0\leqslant j\leqslant H} x_c(j,W) \end{aligned}\right\} \qquad (3-52)$$

这使注意力模块捕捉到沿着一个方向的长程依赖。由于具有两个方向，因此各个空间方向的精确信息均被保留，这有助于网络定位感兴趣目标；随后将两组特征图拼接后使用 1×1 卷积进行特征整合，生成维度为 $C/r\times1\times(W+H)$ 的融合特征，再将其沿空间维度切分为两

组张量,使用 1×1 卷积将其变换至与输入特征图相同的通道数并与输入特征相乘得到最终结果。由于此机制具有捕捉感兴趣位置的能力,因此十分适合将其加入目标检测网络中。

对于 604×604 的图像输入尺寸,YOLOv4 骨干网络完成特征提取后分别在 $76\times76\times256$、$38\times38\times512$、$19\times19\times1\,024$ 的尺度上进行输出,并引入到特征融合部分。在送入 PANet 模块之前,$76\times76\times256$、$38\times38\times512$ 的特征图需要通过 1×1 卷积进行特征降维,而 $19\times19\times1\,024$ 的特征向量则先经过 1×1、3×3、1×1 卷积整合特征,再通过 SPP 模块聚合尺度信息,然后经由同样的卷积过程整合并降维。本节保留 CSP - Darknet53 的骨干特征网络,在其输出与 PANet 相连接的中间部分引入 CA 注意力机制。对于 76×76、38×38 的尺度,将其加入唯一的 1×1 卷积部分,对于 19×19 的尺度,在 SPP 之后的最后一个 1×1 卷积中加入该模块。原始的 1×1 卷积与引入 CA 注意力后的卷积如图 3 - 43 所示。

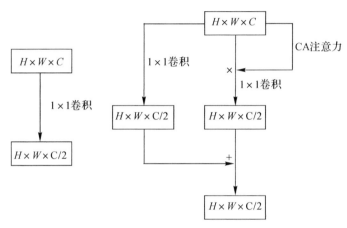

图 3 - 43　嵌入 CA 注意力的卷积块

经由注意力机制改进的 1×1 卷积块的输出将输入 PANet 特征融合结构,骨干网络已经在多尺度、多语义层次提取了图像特征,在其最后引入 CA 注意力,可以使完整的特征更加关注感兴趣目标的位置部分,由 PANet 进行不同层次语义融合后,有利于各个尺寸目标的位置预测。

3.4.3　网络结构轻量化与抗遮挡损失改进

3.4.3.1　卷积结构计算量化分析及轻量化改进

相较之前版本,原始的 YOLOv4 网络在检测精度方面进行了较大改进。以 608×608 输入尺寸为例,网络在 MS COCO 数据集达到了 43.5% 的 mAP 精度,是精度与实时性方面权衡较好的检测器,但其网络总参数量仍然达到了 6.4×10^{7}。该模型在专业级显卡如 Tesla V100 上可达到 65 fps 的检测速度,在算力稍逊一筹但仍属于高端显卡的 GTX TitanX 上实时性则下降到 23 fps。YOLOv4 算法在高端设备上确实实现了实时性检测,但由于其网络仍较为庞大,在算法较差的桌面显卡甚至是嵌入式 GPU 上难以实现实时检测。而 YOLOv4-tiny 虽然实时性强,但其在 MS COCO 上只能达到 22.0% 的 mAP 精度,且对相对密集且存在遮挡的场景检测效果较差,而本节采用的 Cityscapes 数据集中大量存在物体遮挡情况。为了在两者之间寻求精度与实时性的更优策略,本节对网络结构与卷积策略方面进行分析,力求在保持原始网络整体结构的同时降低参数量,以取得更高的检测实时性。

CSPDarknet53 的骨干结构分别由 $k(k=1,2,8,8,4)$ 个残差模块组成,Chien-Yao Wang 等在对特征提取网络的骨干结构计算量进行分析后得出,对于 Darknet53 与 CSPDarknet53 而言,其每个残差模块的计算量见表 3-7。

表 3-7 Darknet53 与 CSPDarknet53 基础模块计算量

名 称	Darknet53-resblock 模块	CSPDarknet53-resblock 模块
计算量	$5whkb^2$	$whb^2[9/4+(3/4+5k/2)]$

由表 3-7 可知,只有当 $k>1$ 时,CSPDarknet53 计算量才会比 Darknet53 计算量更少。因此对于骨干网络的第一个残差模块,可以将其替换为原始的 Darknet53 结构,由此可以节省 $1/2whb^2$ 的计算量。不同的残差模块结构如图 3-36 所示。

在 PANet 结构中,不同尺度的特征图在上采样或下采样后与其他尺度特征堆叠后进行了 4 次卷积块的特征整合,每个卷积块均由卷积核尺寸为 1、3、1、3、1 的卷积操作构成,其中 1×1 卷积负责特征降维整合,3×3 卷积负责特征提取并升维。参考表 3-7 可知,当卷积操作足够多时,CSP 结构可以有效降低参数量,因此 PANet 的 4 次卷积块特征整合均可以替换为 CSP 化的结构。原始特征整合结构 PA-Conv 块及改进后的 CSP_PA-Conv 如图 3-44 所示。

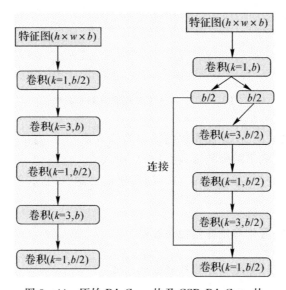

图 3-44 原始 PA-Conv 块及 CSP_PA-Conv 块

为了保证 SPP 模块准确学习到各个感受野下的信息,本节在 SPP 模块的多次卷积中不采用 CSP 化的操作。

对于 CSP_PA-Conv 块中存在 3×3 卷积的部分,本节将其部分替换为深度可分离卷积(depthwise separable convolutions)进行计算。深度可分离卷积将卷积操作分为逐通道卷积(depthwise)和逐点卷积(pointwise)两个部分,逐通道卷积即由一个卷积核负责一个通道,且一个通道只被一个卷积核卷积,因此 DW 卷积后的特征图通道数与输入层通道数相同;逐点卷积的运算与常规卷积运算相似,但其卷积核采用 $1\times1\times M$ 的尺寸(其中 M 为输入特征的通道数),逐点卷积会将逐通道卷积得到的深度图在深度方向上做加权组合,得到最终通道数为 N 的输出特征图。从维度上讲,逐通道卷积负责改变特征图宽、高,逐点卷积负责改变特征图的深度。深度可分离卷积运算方式如图 3-45 所示。

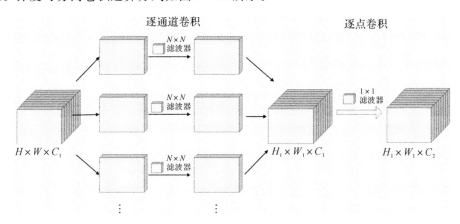

图 3-45　深度可分离卷积

设输入特征图维度为 $H \times W \times M$,需要得到的输出维度为 $H \times W \times N$,卷积采用 $K \times K$ 卷积方式,则普通卷积参数量与计算量分别为

$$\left. \begin{array}{l} \mathrm{Params} = K \times K \times M \times N \\ \mathrm{Calculation} = H \times W \times M \times N \times K \times K \end{array} \right\} \qquad (3-52)$$

使用深度可分离卷积时的参数量与计算量分别为

$$\left. \begin{array}{l} \mathrm{Params} = K \times K \times M + 1 \times 1 \times M \times N \\ \mathrm{Calculation} = H \times W \times M \times K \times K + H \times W \times M \times N \times 1 \times 1 \end{array} \right\} \qquad (3-53)$$

若 PANet 中的四个 CSP_PA-Conv 块中存在 8 个 3×3 卷积操作,为避免精度过多损失,本节将 Pos_1、Pos_2、Pos_3、Pos_4 处的第一个 3×3 卷积替换为深度可分离卷积,第二个 3×3 卷积不进行替换。替换前、后的总参数量与总计算量如表 3-8 所示,其中卷积位置 Pos_N 已由图 3-44 给出。

表 3-8　不同网络类型在 PA 模块中 3×3 卷积参数量及计算量对比

卷积位置	PA-Conv		CSP_PA-Conv		CSP_PA_DW-Conv	
	参数量	计算量	参数量	计算量	参数量	计算量
Pos_1_1	1 179 648	797 442 048	589 824	398 721 024	67 840	45 859 840
Pos_1_2	1179 648	797 442 048	589 824	398 721 024	589 824	398 721 024
Pos_2_1	294 912	797 442 048	147 456	398 721 024	17 536	47 417 344
Pos_2_2	294 912	797 442 048	147 456	398 721 024	147 456	398 721 024
Pos_3_1	1 179 648	797 442 048	589 824	398 721 024	67 840	45 859 840
Pos_3_2	1 179 648	797 442 048	589 824	398 721 024	589 824	398 721 024
Pos_4_1	4718 592	797 442 048	2 359 296	398 721 024	266 752	45 081 088
Pos_4_2	4 718 592	797 442 048	2 359 296	398 721 024	2 359 296	398 721 024
总计	14 745 600	6 379 536 384	7 372 800	3 189 768 192	4 106 368	1 779 102 208
归一化	1	1	0.50	0.50	0.278	0.279

由表 3-8 可知,卷积方式采用深度可分离卷积,为网络节省了大量参数量与计算量,使用 CSP_PA-Conv 网络相比 PA-Conv 网络节省了 7 372 800 的网络参数量,而 CSP_PA_DW-Conv 网络相比 PA-Conv 网络节省了 10 639 232 的网络参数量。同时由于本节保留 YOLOv4 网络的主干结构,力求在继承算法整体特征提取与特征融合能力的前提下在可优化部分进行轻量化设计,这保证算法仍然可以具备不同感受野特征提取与多层次语义特征的整合功能,避免在检测精度方面带来过多损失。

3.4.3.2 针对遮挡问题的非极大值抑制损失

非极大值抑制几乎是所有目标检测中均会用到的优化策略。目标检测的原始输出会在真实目标周围产生大量的候选框,这些候选框相互之间可能存在重叠,且一个真实目标可能对应多个预测候选框,这时需要使用非极大值抑制进行假阳性检测框的剔除,并锁定最佳边界框。YOLO 系列算法中基于预测框的置信度进行抑制,在 YOLOv4 中,非极大值抑制策略选用 DIOU-NMS,在抑制准则中不仅考虑重叠区域,而且加入了两个框的中心距离作为参考。对于一个置信度最高的预测框 M,其周围框的得分公式为

$$s_i = \begin{cases} s_i, & \mathrm{IOU} - R_{\mathrm{DIOU}}(M, B_i) < \varepsilon \\ 0, & \mathrm{IOU} - R_{\mathrm{DIOU}}(M, B_i) \geq \varepsilon \end{cases} \tag{3-55}$$

其中,$R_{\mathrm{DIOU}}(M, B_i)$ 是两个预测框的中心点距离,且有

$$R_{\mathrm{DIOU}} = \frac{\rho^2(b, b^{\mathrm{gt}})}{c^2} \tag{3-55}$$

当两预测框相距较远时,其 $R_{\mathrm{DIOU}}(M, B_i)$ 相对较大,则会避免 $\mathrm{IOU} - R_{\mathrm{DIOU}}(M, B_i) \geq \varepsilon$ 的情况出现。这时算法认为两个中心点距离较远的检测框可能用于预测不同的对象,因此不将其剔除,防止假阴性情况出现。

由上述 DIOU-NMS 可知,该非极大值优化策略在对防止网络剔除可能的优秀检测框方面有所改进,但该方式并没有将 NMS 纳入训练的参数优化过程中来调整检测框,这使参数学习目标与评价指标不一致。此外,在本节的 Cityscapes 场景中,密集的车辆与人员经常出现相互遮挡问题(见图 3-46),因此很容易出现不同目标的多个预测框相互交叠情况。为使网络的参数学习目标与评估指标之间具有强连接关系,将非极大值抑制问题引入网络整体损失函数对网络提高精度很有必要。

图 3-46 密集目标中的遮挡问题

网络初始的预测框中存在假阳性(Falsc Positive,FP)与假阴性(False,Negative,FN),本

章将非极大值抑制相关的 NMS-loss 引入网络总体损失函数中,使 NMS 过程可以被纳入网络端到端训练的参数优化过程中。NMS-loss 计算公式为

$$L_{\text{NMS}} = \lambda_{\text{pull}} L_{\text{pull}} + \lambda_{\text{push}} L_{\text{push}} \tag{3-56}$$

该损失由两部分组成,其中 L_{pull} 用于惩罚假阳性检测框,L_{push} 用于惩罚 NMS 错误删除的假阴性框,λ_{pull} 与 λ_{push} 为平衡系数。

L_{pull} 的目的为降低网络将假阳性预测为真实目标的概率,在每一次 NMS 循环迭代中检查当前最大置信度的检测框是否是其对应真实目标的最大得分。如果不是则说明此检测框 b_m 是一个尚未被抑制的假阳性,此时需要进行 L_{pull} 计算:

$$L_{\text{pull}} = -\ln[1 - N_t + \text{IOU}(b_{\max}, b_m)]s_m \tag{3-57}$$

式中,N_t 为 NMS 阈值,$b_{\max}$ 表示该真实目标对应的最高得分预测框,s_m 为预测框 b_m 的置信度得分。一方面 L_{pull} 会迫使 b_m 在位置上向 $b_{\max}$ 靠拢,另一方面由于 s_m 的存在,网络会学习降低 b_m 的置信度。这有利于网络更准确地甄别假阳性并将其及时剔除。

L_{push} 可以避免 NMS 错误地剔除假阴性框,其计算公式为

$$L_{\text{push}} = -\ln[1 - \text{IOU}(b_i, b_m)]s_i \tag{3-58}$$

式中,b_i 表示与真实目标对应的最高得分预测框 b_m 相交的所有预测框。当 b_i 靠近 b_m 时,其 $\text{IOU}(b_i, b_m)$ 会趋近于 1,L_{push} 增大,模型会将 b_i 推离 b_m。为避免这种推离导致本该属于该真实目标的正确框消失,在进行 L_{push} 计算时需要首先判断 $\text{IOU} - R_{\text{DIOU}}(M, B_i) \geqslant \varepsilon$ 是否满足,其次判断 b_i 与 b_m 是否对应不同的真实目标,只有满足上述两项条件才进行 L_{push} 计算。

对于密集且存在遮挡的目标检测场景,经常会出现不同真实目标的预测框相互交织的情况。从防止假阳性预测为真和防止假阴性被误删除两方面考虑,NMS-loss 可以大大提升密集遮挡场景的检测精度,同时还能加速网络找寻到最佳预测框,使网络易于学习和收敛。本节将 NMS-loss 作为惩罚项加入检测算法整体损失中,改进后的网络损失函数如下:

$$L_{\text{object}} = \lambda_1 L_{\text{class}} + \lambda_2 L_{\text{conf}} + \lambda_3 L_{\text{loc}} + \lambda_4 L_{\text{NMS}} \tag{3-59}$$

NMS-loss 中的非极大值抑制判断仍采用 DIOU-NMS 策略。

3.4.4　实验结果与分析

3.4.4.1　评价指标

判断一个目标检测算法的性能优劣有固定的评价指标,包括交并比(IOU)、准确率(Precision,P)、召回率(Recall,R)、平均精度(Average-Precision,AP)、平均精度均值(Mean Average Precision,mAP)、实时性(用 frame per second,fps 衡量)等。

目标检测算法中使用 IOU 衡量预测框接近真实框的程度,IOU 表示预测框和真实框的面积交集与两者面积并集的比值,如图 3 - 47 所示。

一般将 IOU ≥ 0.5 的预测框判定为检测正确,对于待检测目标,其可能出现的检测分类结果见表 3 - 9。

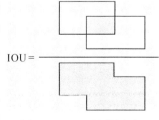

图 3 - 47 IOU 计算图示

表 3－9 预测结果分类

真实结果	Positive	Negative
Positive	True Positive(TP)	False Negative(FN)
Negative	False Positive(FP)	True Negative(TN)

表 3－9 中，TP 表示真实正样本，即 IOU≥0.5 且分类正确的检测框个数，同一个真实目标只计算一次；

FP 表示假正样本，即 IOU＜0.5 且分类错误的检测框个数，同一个真实目标对应的多余检测框也参与统计；

FN 表示未被检测到的真实目标的数量；

TN 在目标检测中不参与后续平均精度指标计算。

以上述样本判别为基础，准确率(Precision)的计算公式为

$$P = \frac{TP}{TP + FP} \tag{3-60}$$

准确率表示模型预测出的所有目标中，预测正确的检测框所占的比例，也称为查准率。召回率(Recall)计算公式为

$$R = \frac{TP}{TP + FN} \tag{3-61}$$

它表示模型预测正确的目标占所有真实目标的比例，也称为查全率。平均精度 AP 是以准确率为纵坐标、召回率为横坐标所绘制的 P-R 曲线下的面积，mAP 是待检测数据中所有类别 AP 的平均值。在精度评价方面，AP 与 mAP 是最重要的评价指标，一个检测器的性能越好，则其 AP 与 mAP 得分越高。

实时性(fps)是表征检测器推理速度的指标，它代表检测器一秒内可以处理的图片数量，在一些有实际应用需求或工业落地的场景，实时性的指标甚至比精度更为重要。

3.4.4.2　实验数据与环境

3.2 节已基于 2D 行人检测标注及 3D 车辆检测标注，并结合本章类别需求，重新生成了 Bicycle、Motorbike、Car、Van、Bus、person 六类 2D 目标检测标签，精细标注的标签共 3 475 幅。本节将数据划分为训练集、验证集及测试集，其中训练集 2 600 幅，验证集 408 幅，测试集 467 幅，图像尺寸设置为 640×320，并根据数据的标注框分布重新计算了锚点(anchor)，有利于网络更快收敛于更好的性能。图 3－48 为数据集中目标宽、高及坐标分布。

由图 3－48 可知，数据集中目标多分布于图像 y 轴中间区域，对应驾驶场景为景深较大区域，因此该区域雾气较浓，且由目标宽、高分布知，小目标占比较多。由上述信息可知，该数据集十分适合用于雾天场景目标检测任务，且具有较大的挑战性。

本实验基于实验室工作站完成训练与测试，工作站硬件配置：CPU 为 AMD Ryzen 3700x 8-core processor×16，基准频率为 3.6 GHz，内存为 32 GB，显卡为 NVIDIA 2080Ti，显存为 11 GB；深度学习环境基于 Python3.6，PyTorch1.6 及 OpenCV4.5.2 等包依赖，与 3.3 节实验环境相同。

3.4.4.3　参数设定与网络训练

由于本节对 YOLOv4 网络架构做出修改，所以无法直接完全使用预训练权重进行迁移学

习,但改动后的骨干特征提取网络与 Scaled-YOLOv4 骨干相同,因此模型训练时骨干网络使用 Scaled-YOLOv4 预训练权重的骨干部分,检测器颈部权重随机初始化进行训练。梯度更新策略采用余弦退火法,共迭代 200 轮,详细训练超参数见表 3-10。

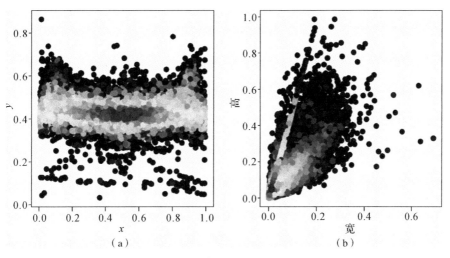

（a）　　　　　　　　　　（b）

图 3-48　数据集目标位置及大小分布

表 3-10 网络训练参数设定

超参数名称	取值	超参数意义
batch_size	2	每个迭代批次的图像数量
load_width	640	输入网络的图像宽度
load_height	320	输入网络的图像高度
lr	0.002 61	网络初始学习率
epoch(轮)	200	网络训练总轮数
use_mosic	True	使用 mosic 增强扩充数据
adam	False	不使用 adam,使用 SGD 优化器

网络训练过程中损失函数及验证集 mAP 变化如图 3-49～3-51 所示。

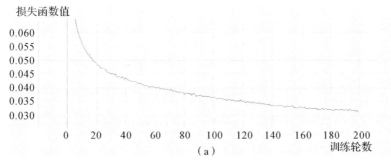

图 3-49　训练集损失变化

（a）train_box_loss;

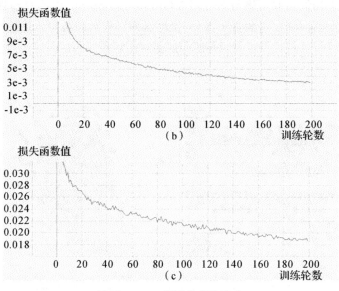

续图 3-49 训练集损失变化
(b) train_cls_loss;(c) train_obj_loss

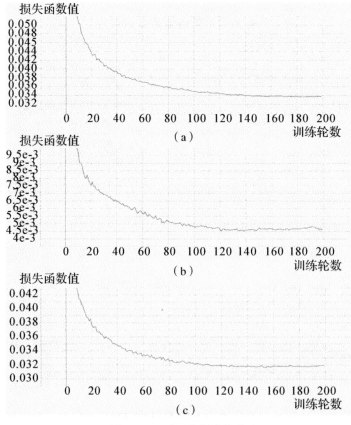

图 3-50 验证集损失变化
(a) val_box_loss;(b) val_cls_loss;(c) val_obj_loss

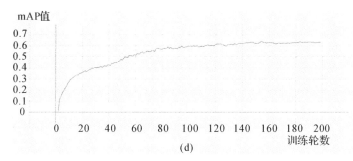

续图 3-51 验证集 mAP@0.5 变化曲线

(d)验证集损失变化

图 3-49～图 3-51 展示了训练过程中各项指标变化曲线,由图 3-51 可知,网络在训练 140 轮后 mAP 已趋于稳定,并最终收敛于 63% 左右,模型已达最佳性能。

3.4.4.4 对比实验与结果分析

为对比原始 YOLOv4 网络与本书改进网络的性能差异,本节基于原始算法使用同样的训练、验证与测试集,以同样的输入尺寸及优化策略训练 200 轮,得到原始网络可达到的最佳性能。图 3-52～图 3~58 为原始 YOLOv4 与本节算法在驾驶场景的细节场景检测情况对比。

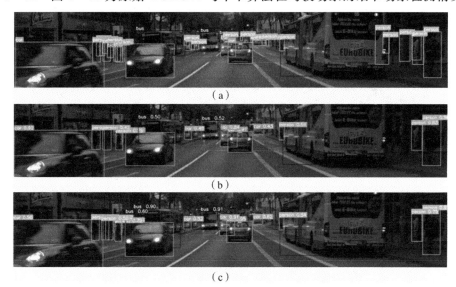

图 3-52 测试样例(1)

(a)真实目标(GroundTruth);(b) YOLOv4;(c) 本节算法

图 3-53 测试样例(2)

(a) 真实目标;

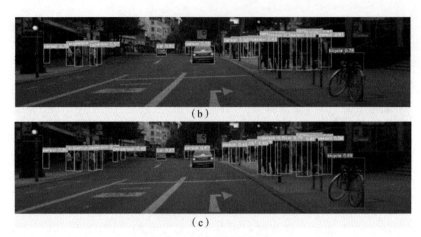

（b）

（c）

续图 3-53　测试样例（2）

（b）YOLOv4；（c）本节算法

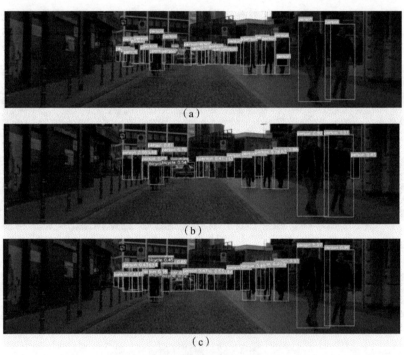

（a）

（b）

（c）

图 3-54　测试样例（3）

（a）真实目标；（b）YOLOv4；（c）本节算法

（a）

图 3-55　测试样例（4）

（a）真实目标；

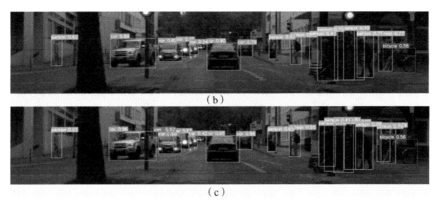

（b）

（c）

续图 3-55　测试样例（4）

（b）YOLOv4；（c）本节算法

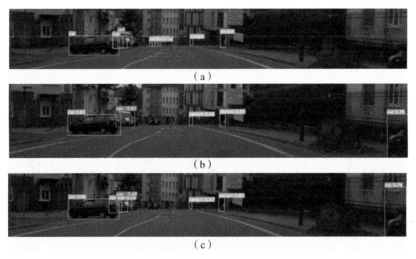

（a）

（b）

（c）

图 3-56　测试样例（5）

（a）真实目标；（b）YOLOv4；（c）本节算法

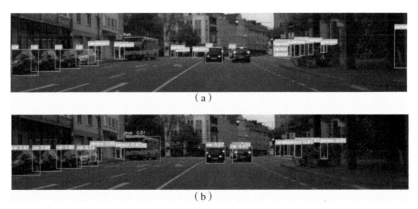

（a）

（b）

图 3-57　测试样例（6）

（a）真实目标；（b）YOLOv4；

（c）

续图 3-57　测试样例（6）

（c）本节算法

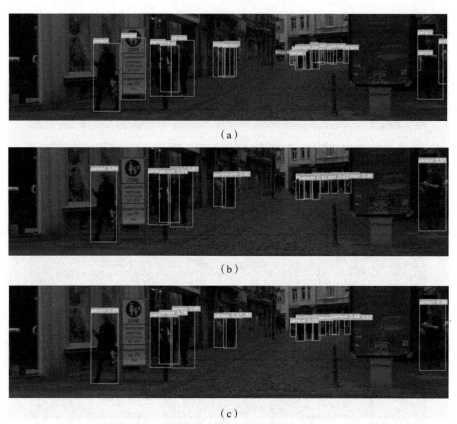

（a）

（b）

（c）

图 3-58　测试样例（7）

（a）真实目标；（b）YOLOv4；（c）本节算法

从图 3-52～图 3-58 中可以看出，数据集中存在十分密集的目标交错与遮挡情况，原始
YOLOv4 算法在密集场景中出现过多漏检，本节方法有效缓解了该问题，在测试样例（1）左侧
人员密集区域、测试样例（2）右侧人员密集区域、测试样例 3 左侧人员密集区域、测试样例（4）
右侧人员密集区域、测试样例（5）左侧车辆密集区域、测试样例（6）右侧人员密集区域、测试样
例（7）右侧人员密集区域等均较原始算法有更好的密集目标检测效果。直观的数据统计见表
3-11。

表 3-11　密集场景区域检测结果统计

测试场景	密集目标区域	真实目标	YOLOv4	本节算法
测试样例(1)	左侧	9 人	3 人	4 人
测试样例(2)	右侧	9 人	7 人	8 人
测试样例(3)	左侧	8 人	3 人	7 人
测试样例(4)	右侧	8 人	6 人(　　人)	7 人
测试样例(5)	左侧	2 汽车　1 货车	1 货车　1 货车	2 汽车　1 货车
测试样例(6)	右侧	9 人	5 人	7 人
测试样例(7)	右侧	13 人 1 车	7 人	8 人

经过 467 幅测试集测试,原始 YOLOv4 算法与本节算法的 mAP@0.5 指标如图 3-59 所示,测试置信度阈值与 IOU 阈值分别选取为 0.001 与 0.65。由统计结果知,本节算法相比于原始 YOLOv4 算法的 mAP@0.5 指标提升了 2.3%。

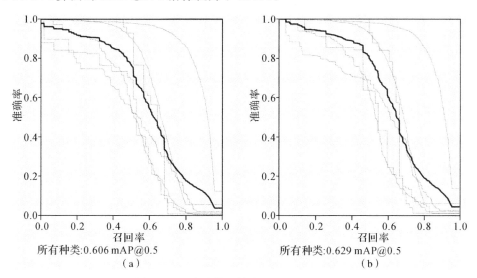

所有种类:0.606 mAP@0.5　　　　　　　　所有种类:0.629 mAP@0.5

(a)　　　　　　　　　　　　　　　(b)

图 3-59　改进前后算法 mAP@0.5 对比

(a) YOLOv4;(b)本节算法

上述实验结果证实了本节算法针对自动驾驶的检测效果优于原始 YOLOv4 算法,并且针对密集场景有较好的性能提升,同时由于本节基于原始网络结构进行了模型轻量化改进,使网络的参数规模下降,提升了检测实时性。表 3-12 统计了改进前、后网络的参数量与测试实时性。

表 3-12　模型轻量化前后指标对比(640×320)

算　法	参数量	实时性(fps)
YOLOv4	$6.44×10^7$	49.86
本节算法	$5.47×10^7$	57.31

综上所述,本节针对自动驾驶场景检测任务改进的 YOLOv4 算法相比于原始网络在 mAP@0.5 指标实现 2.3% 提升的同时缩小了网络规模,提升了 7.45.fps 的实时性,总体指标对比见表 3 - 13。

表 3 - 13   算法总体指标对比

算法	准确率	召回率	mAP@0.5	实时性(fps) (640×320)	参数量
YOLOv4	0.432	0.671	0.606	49.86	$6.44×10^7$
本节算法	0.442	0.686	0.629	57.31	$5.47×10^7$

3.4.5 小结

本节采用单阶段目标检测方法进行目标检测算法的改进与应用。首先介绍了 YOLOv4 检测器的算法原理与网络结构,然后基于该框架嵌入了注意力机制,实现了网络轻量化设计,并针对目标密集场景的遮挡问题引入了抗遮挡方法。主要工作总结如下:

(1)在骨干特征提取网络的三个尺度输出层引入位置敏感的注意力机制,并设计嵌入 CA 注意力的卷积块替代三个尺度的输出与 PANet 相连接的部分,使完整的特征更加关注感兴趣目标的位置信息。

(2)针对 YOLOv4 算法存在的参数量过大问题,分析了各个卷积块的参数量与计算量,将骨干网络第一个残差模块还原为 Darknet53 的残差卷积块,同时将 PANet 中 4 个不同尺度特征堆叠后的特征整合卷积块替换为引入 CSP 结构的 CSP_PA - Conv 块,并进一步将 CSP_PA - Conv 中的部分 3×3 卷积替换为深度可分离卷积,在保证网络结构完整性的同时有效减少了参数量。

(3)针对目标密集场景存在的互相遮挡问题,在 DIOU-NMS 的基础上引入 NMS - loss 损失函数,使 NMS 过程被纳入网络端到端训练的参数优化过程中,惩罚假阳性检测框与 NMS 误删除的假阴性框,改善网络对遮挡目标的检测效果。

经过实验对比分析,本节改进的目标检测方法在存在目标遮挡的 Cityscapes 场景中达到了更高精度,并且由于轻量化设计,检测器的实时性得到了提升。在 3.5 节,本节改进的检测算法将作为目标检测的基本方法与去雾方法相结合,实现雾天干扰下的目标检测。

3.5 不同干扰程度下的雾天驾驶场景目标检测

目前针对雾天干扰场景中的目标检测策略主要有两类。一类是先基于图像去雾算法得到去雾后较清晰的图像,再将复原图像输入检测器中得到检测结果。这种方法属于弱连接方法,对图像去雾的效果要求较高:一方面要保证算法能有效地去除雾气,另一方面需要不损害目标的特征信息,即目标边缘、轮廓、纹理等特征,能够得到较好的复原效果,且不出现伪影、对比度失真等情况。另一类方法是将图像去雾与目标检测算法在网络设计层面相结合,采用联合训练的方式同时训练一整套网络,属于强连接方法。该方法不要求网络有出色的去雾效果,但需要去雾网络能提供给检测器更有效的目标多层次语义特征,支撑检测器做出更准确的预测。

本节将基于上述两种方法分别在非浓雾干扰与浓雾干扰中进行算法设计与验证。对非浓雾干扰场景,使用去雾＋监测串联方式实现检测;对浓雾干扰场景,由于去雾算法难以得到十分理想的效果,所以在检测算法的网络基础上嵌入去雾模块,实现级联式训练与验证。

3.5.1　雾气干扰程度分类

由 3.3 节实验可知,改进的去雾算法在非浓雾干扰情况下对雾气去除效果较好,且恢复后的图像视觉效果较好,目标区域较为清晰,不存在对比度失真或图像伪影,因此可以考虑将其加入非浓雾干扰时去雾＋目标检测的处理过程中。而对于浓雾干扰图像,考虑采用网络级联方式实现检测。在实验阶段可以保证针对不同的算法输入其需要的不同雾气干扰程度图像,但实际测试时,需要由计算机主动判断场景的雾气干扰程度,从而决策选取需要采用何种方式来执行后续算法流程。

人眼可以通过主观判断方式或测量能见度方式对雾天干扰程度进行粗略分类,但计算机不具备人的主观判断能力,因此需要考虑多方面提取雾天干扰图像的特征,参考不同雾天图像的特征表达得出分类结果。本节参考殷旭平等的工作,采用归一化暗通道分布与归一化梯度分布组成混合特征,实现雾天图像分类。

3.5.1.1　归一化暗通道分布

K. He 等指出,绝大多数非天空的局部区域里,某一些像素总会有至少一个颜色通道具有很低的值,即该区域的光强度最小值是一个很小的数。由式(3－23)可以得到一幅图像的暗通道分布,并且该暗通道图像在无雾图像中灰度普遍偏低,而雾浓度越大,对应的暗通道图平均灰度越高,因此可以参考不同干扰图像的暗通道分布来进行雾浓度分类。图 3－60 为不同雾浓度下的暗通道图像。

(a)　　　　　　　　　(b)　　　　　　　　　(c)

图 3－60　不同雾浓度下的暗通道图像

(a)清晰画面;(b)$\beta=0.01$;(c)$\beta=0.02$

本节对暗通道图中灰度小于 210 的像素进行直方图统计,并进一步将其归类为 30 维的归一化暗通道直方图,如图 3－61 所示(纵坐标表示每一个直方图区间像素所占比例)。

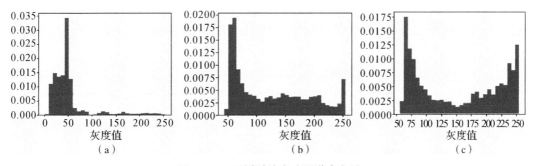

（a）　　　　　　　　　（b）　　　　　　　　　（c）

图 3－61　不同雾浓度暗通道直方图

(a)清晰画面;(b) $\beta=0.01$;(c)$\beta=0.02$

3.5.1.2 归一化梯度分布

雾天干扰时,图像中物体的边缘、轮廓、纹理等信息特征均会受到不同程度的干扰,且雾浓度越大,干扰越严重。由于提取纹理信息的 LBP 等算法运行速度较慢,因此本节选用可以表征物体边缘信息的梯度特征进行统计。

Cityscapes 自动驾驶场景图像中,图像上方通常是远离观测点的区域。由主观经验及大气散射模型可知,深度越大的区域雾气干扰越明显,而靠近观测者的区域由雾带来的干扰并不如远处那样显著,因此从计算量与准确性角度考虑,对整幅图像进行梯度统计是没有必要的。另外,天空区域灰度分布一般比较均匀,因此不管雾天干扰与否,其梯度特征不会有太大变化。综合上述因素,本节将图像由上到下进行四等分,只取其第二个 1/4 部分进行梯度统计,如图 3-62 所示。

图 3-62 图像部分处理区域

图 3-62 对应的梯度图像如图 3-63 所示。

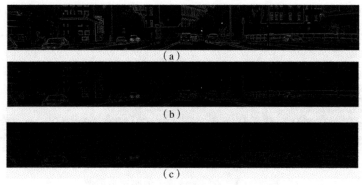

(a)

(b)

(c)

图 3-63 区域梯度图

(a) 无雾图像;(b)有雾图像($\beta=0.01$);(c)有雾图像($\beta=0.02$)

同样地,本节对局部灰度值小于 210 像素的部分进行梯度统计,并归类为 30 维的归一化梯度直方图,如图 3-64 所示。

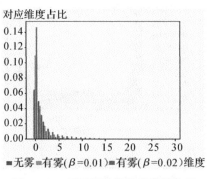

图 3-64 不同雾浓度梯度分布特征

3.5.1.3　基于全连接神经网络的雾天分类

基于上述归一化暗通道分布与归一化梯度分布,对每一幅图像均可得到共 60 个表征参数。考虑到算法实时性,本节基于简单的全连接神经网络对图像进行分类,输入层为 60 个归一化特征统计参数,网络共三层隐藏层,分别有 128、64、32 个网络节点,输出层共三类,分别对应无雾图像、非浓雾图像与浓雾图像。

在 Cityscapse 共 19 997 幅场景中随机选取无雾干扰图像 3 000 幅,$\beta=0.01$、0.012、0.015的非浓雾干扰图 3 000 幅,$\beta=0.02$、0.03 的浓雾干扰图 3 000 幅组成 9 000 幅分类数据集。对这些图像进行归一化特征提取并将其作为训练样本,其中 6 000 幅作为训练集,3 000 幅作为测试集。神经网络采用 ReLu 激活函数,采用 Adam 作为优化器,共迭代 20 轮,训练过程中准确率与损失率曲线如图 3-65 所示。

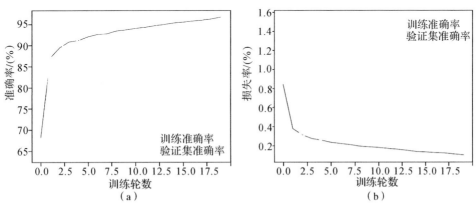

图 3-65　雾天图像分类训练精度与损失变化
(a)训练和验证集准确率;(b)训练和验证集损失

采用训练好的网络分别对无雾图像、非浓雾图像、浓雾图像进行测试,各类别对应的准确率见表 3-14。

表 3-14　雾天干扰图像分类统计结果

神经网络类型	不同雾干扰类别准确率/(%)			平均准确率/(%)
	无雾	非浓雾	浓雾	
全连接网络	94.3	91.3	96.7	94.1

以归一化的暗通道与梯度分布特征作为判别标准对雾天干扰图像进行分类,有较为准确的分类精度,且实时性较强,可用于系统的输入,首先对图像进行分类,再决策选取以何种方式进行雾天目标检测。

3.5.2　非浓雾干扰下的图像去雾检测

3.3 节基于生成对抗网络的双模块去雾算法在图像去雾的同时保证了良好的视觉效果,可以有效避免去雾带来的伪影、颜色失真与雾气残留问题,且其对非浓雾的去雾效果良好。因此在非浓雾条件下,图像去雾+检测的串联式雾天场景目标检测是一种直观且易于训练的方法。本节将用 3.3 节改进的图像去雾算法与 3.4 节引入注意力机制的轻量化检测算法组成串联式网络,首先对图像去雾得到复原图像,再将其直接送入检测算法得到推理结果。

为进行对比验证,本节采用五组检测方式对最终的检测性能进行测试,对比实验方案见表 3-15。

表 3-15 串联式去雾检测对比实验方案

实验名称	算法架构	测试数据集
实验一	CA-YOLOv4	
实验二	DCPDN+CA-YOLOv4	
实验三	EPDN+CA-YOLOv4	Fog-Cityscapes
实验四	CBAM-EPDN+CA-YOLOv4	
实验五	CBAM-EPDN+YOLOv4	
实验六	EPDN+YOLOv4	

表 3-15 中实验一采用改进检测算法直接检测的方式,与其他五组实验形成对比,验证串联式去雾检测方法的有效性;实验二至四和实验五、六分别组成对比实验,测试在检测网络统一的情况下,改进的前置去雾网络得到的恢复图像是否更有利于目标检测推理;实验四、五和实验三、六分别组成对比实验,测试在前置网络固定的情况下,改进的检测算法能否带来最终的性能提升。实验训练测试数据均基于 3.2 节改进的雾图仿真方法得到的雾天图像。

部分去雾检测结果如图 3-66~图 3-68 所示。

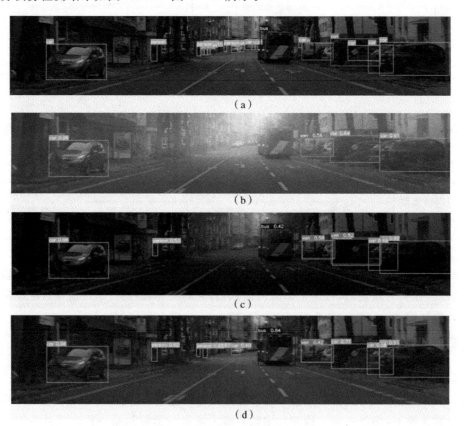

（a）

（b）

（c）

（d）

图 3-66 去雾+检测对比图($\beta=0.01$)

(a)真实目标框;(b) CA-YOLOv4;(c) DCPDN+CA-YOLOv4;(d) EPDN+CA-YOLOv4;

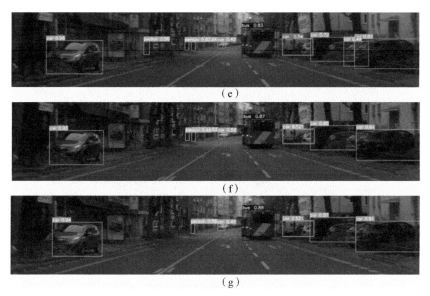

（e）

（f）

（g）

续图 3 - 66　去雾＋检测对比图（$\beta=0.01$）

（e）CBAM-EPDN＋CA-YOLOv4；（f）CBAM-EPDN＋YOLOv4；（g）EPDN＋YOLOv4

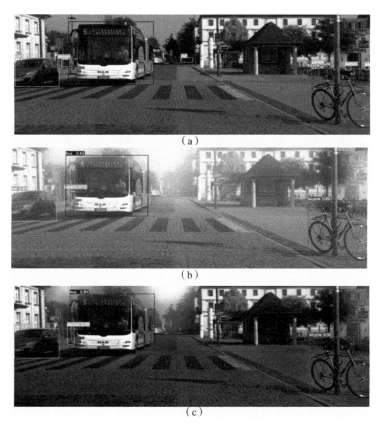

（a）

（b）

（c）

图 3 - 67　去雾＋检测对比图（$\beta=0.012$）

（a）真实目标框；（b）CA-YOLOv4；（c）DCPDN＋CA-YOLOv4；

续图 3-67　去雾＋检测对比图(β＝0.012)

(d) EPDN＋CA-YOLOv4；(e) CBAM-EPDN＋CA-YOLOv4；

(f) CBAM-EPDN＋YOLOv4；(g) EPDN＋YOLOv4

图 3-68　去雾＋检测对比图(β＝0.015)

(a)真实目标框；

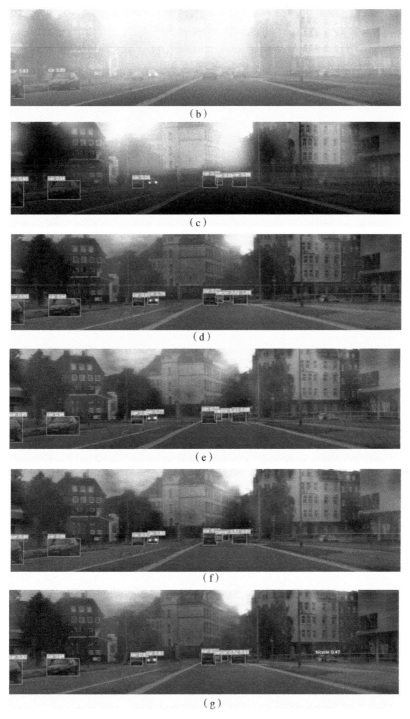

续图 3－68　去雾＋检测对比图（$\beta=0.015$）

（b）CA-YOLOv4；（c）DCPDN＋CA-YOLOv4；（d）EPDN＋CA-YOLOv4

（e）CBAM-EPDN＋CA-YOLOv4；（f）CBAM-EPDN＋YOLOv4；（g）EPDN＋YOLOv4

图 3－66～图 3－68 所示为不同 β 对应的非浓雾场景下表 3－15 列举的不同去雾＋

检测算法架构的检测结果。由图可以看出去雾＋检测方案相比于直接检测方案能获得明显的效果提升,同时使用本章 EPDN 与 CBAM-EPDN 作为去雾方案的检测效果优于以 DCPDN 作为去雾模块的方案。但更加具体的效果对比无法直观地从图中看出,因此测试了表 3-15 中所有方案在不同 β 取值下的测试集 mAP,如图 3-69～图 3-74 所示。

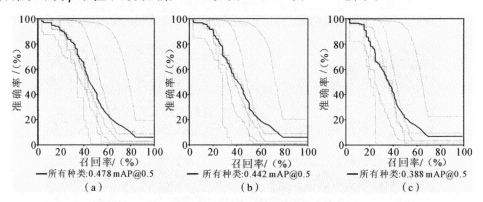

图 3-69　CA-YOLOv4 方案的测试集

(a)$\beta=0.01$;(b)$\beta=0.012$;(c)$\beta=0.015$

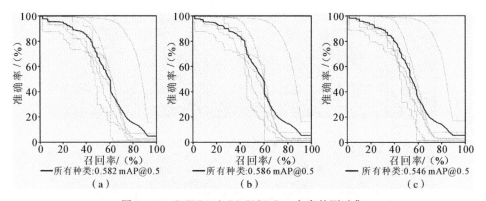

图 3-70　DCPDN＋CA-YOLOv4 方案的测试集

(a)$\beta=0.01$;(b)$\beta=0.012$;(c)$\beta=0.015$

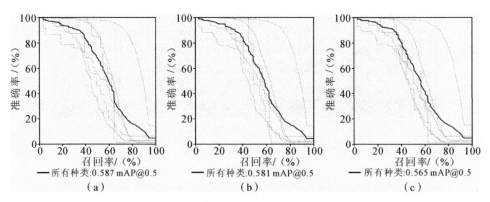

图 3-71　EPDN＋CA-YOLOv4 方案的测试集

(a)$\beta=0.01$;(b)$\beta=0.012$;(c)$\beta=0.015$

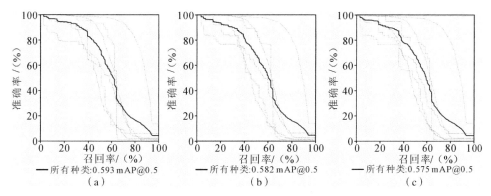

图 3-72　CBAM-EPDN+CA-YOLOv4 方案的测试集

(a)$\beta=0.01$;(b)$\beta=0.012$;(c)$\beta=0.015$

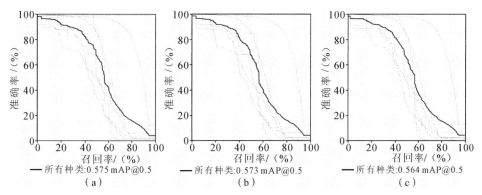

图 3-73　CBAM-EPDN+YOLOv4 方案的测试集

(a)$\beta=0.01$;(b)$\beta=0.012$;(c)$\beta=0.015$

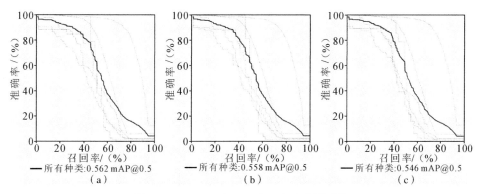

图 3-74　EPDN+YOLOv4 方案的测试集

(a)$\beta=0.01$;(b)$\beta=0.012$;(c) $\beta=0.015$

　　图 3-69～图 3-74 列出了所有算法方案在不同 β 取值下的测试集 mAP。由结果可知：在雾天场景直接检测的方式精度远低于去雾后检测，有 10% 以上的精度损失；去雾+检测串联方式测得的精度低于无雾时检测器能够达到的最高精度，这是由于去雾算法无法完全还原原始图像的所有信息，但精度损失在可接受范围内，且明显高于直接检测。更加详细的数据统

计见表 3-16。

表 3-16 不同算法架构检测指标统计

实验名称	算法架构	β 取值	准确率	召回率	mAP@0.5	Mean-mAP@0.5
实验一	CA-YOLOv4	0.01	**0.548**	0.475	0.478	
		0.012	**0.57**	0.422	0.442	0.436
		0.015	**0.552**	0.359	0.388	
实验二	DCPDN+ CA-YOLOv4	0.01	0.482	0.613	0.582	
		0.012	0.493	0.602	0.568	0.565
		0.015	0.502	0.573	0.546	
实验三	EPDN+ CA-YOLOv4	0.01	0.452	0.626	0.587	
		0.012	0.45	0.614	0.581	0.578
		0.015	0.454	0.595	0.565	
实验四	CBAM-EPDN+ CA-YOLOv4	0.01	0.454	0.632	0.593	
		0.012	0.453	0.627	0.582	0.583
		0.015	0.457	0.622	0.575	
实验五	CBAM-EPDN+ YOLOv4	0.01	0.461	0.611	0.575	
		0.012	0.463	0.611	0.573	0.571
		0.015	0.459	0.598	0.564	
实验六	EPDN+ YOLOv4	0.01	0.452	0.598	0.562	
		0.012	0.458	0.595	0.558	0.555
		0.015	0.446	0.581	0.546	

根据表 3-16 的详细信息,可得出以下结论:

(1)采用去雾+检测的方式在非浓雾场景下进行检测是完全可行且有效的,其中 CBAM-EPDN+CA-YOLOv4 串联方式在三种雾浓度下的平均 mAP 比直接检测高出 14.7%。

(2)由实验二至四和实验五、六对比可知,在检测器固定时,前置去雾网络使用 DCPDN 达到的检测精度最低,EPDN 次之。由于 3.3 节所改进的 CBAM-EPDN 缓解了图像伪影,恢复了更多的目标特征,因此达到最高的检测精度,并比使用 EPDN 作为前置网络 mAP 分别高出 0.5% 与 1.6%。

(3)由实验四、五和实验三、六对比可知,在前置去雾网络固定时,3.4 节提出的基于注意力机制与非极大值抑制损失的 CA-YOLOv4 算法相比于原始 YOLOv4 有更高的检测精度(分别提升了 1.2% 与 2.3%)。

(4)由实验四、六对比可知,结合 3.3 节、3.4 节两种改进算法的串联策略(CBAM-EPDN+CA-YOLOv4)相比于直接采用未改进时的策略(EPDN+YOLOv4)有更高的检测精度,mAP@0.5 指标有 2.8% 的提升。

值得一提的是,在雾天场景采用直接检测的方式得到的准确率是最高的,这是由于雾气遮挡导致检测器只能检测出距离视场较近的易检测物体,这些物体检测错误率较低,所以得到的查准率会高出串联方案,实际上串联方案可以更好地检测出近距离物体。同时因为雾气的有效去除,使原本被雾气遮挡的远处目标也可以被有效检出,因此串联方案得到的召回率远高于直接检测方式。本节认为在雾天目标检测任务中,网络应尽可能提升检测正确的目标占目标总数的比例,即尽可能多地检测出正确的目标,因此召回率比准确率更加重要。而 CBAM-EPDN＋CA-YOLOv4 的方案在召回率与 mAP 综合指标均达到了最高性能,因此最终采用该组合作为非浓雾干扰下的图像检测算法方案。

3.5.3　浓雾干扰下的级联式去雾检测

3.5.3.1　串联式策略在浓雾场景的性能测试

3.5.2 小节实验与对比结果表明,对于非浓雾场景,CBAM-EPDN＋CA-YOLOv4 算法具备最佳的检测性能,本小节将对浓雾干扰下的串联式方案进行测试,验证其有效性。

由第 3.3 节实验结果可知,去雾算法在去雾效果上存在局限性,针对雾浓度较高的场景,去雾算法无法实现雾气的完整去除,存在部分区域的雾气残留和伪影,导致去雾指标难以达到令人满意的效果。但对于去雾后的检测而言,恢复后的图像是否也无法提供给检测器足够的特征,需要实验来进行检验。

本节选择 3.5.2 小节去雾＋检测串联方案 CBAM-EPDN＋CA-YOLOv4,在测试集进行测试,部分实验结果如图 3-75～图 3-77 所示。

图 3-75　真实目标框

续图 3-75 真实目标框

图 3-76 CBAM-EPDN+CA-YOLOv4($\beta=0.02$)方案测试结果

图 3-77　CBAM-EPDN+CA-YOLOv4($\beta=0.03$)方案测试结果

图 3-78 为两种浓雾能见度下模型的检测精度。

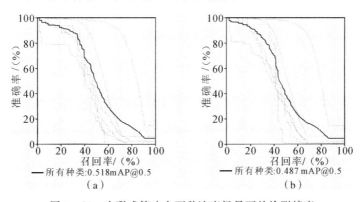

图 3-78　串联式策略在两种浓度场景下的检测精度

(a)$\beta=0.02$;(b)$\beta=0.03$

更加详细的数据统计见表 3-17。

表 3-17　串联式策略在浓雾场景下检测指标统计

算法架构	β 取值	准确率 P	召回率	mAP@0.5	Mean-mAP@0.5
CBAM-EPDN+	0.02	0.452	0.548	0.518	
CA-YOLOv4	0.03	0.471	0.507	0.487	0.502 5

测试结果表明,串联式去雾检测策略在浓雾干扰场景的检测性能较低,相比非浓雾场景下降了 8.05%,这主要有以下两方面原因:一方面,去雾算法在浓雾场景下的效果存在局限性,去雾的不彻底导致场景中目标的结构化与细节信息被较少地复原,检测器提取不到足够的有效特征;另一方面,去雾网络与检测网络的训练是无关联的,即去雾网络使图像向更有利于去雾效果的方向恢复,这一效果由峰值信噪比和结构相似性等指标评价,这使得去雾算法恢复的特征可能并不是检测器最需要的。针对这一问题,提出基于级联式训练的雾天检测策略。

3.5.3.2　级联式去雾检测网络设计

1. 多任务学习

深度学习中的多任务学习指网络可以同时学习不同计算机视觉任务,并且从一个任务中学习到的特征有利于其他任务的进行。目前多任务学习在许多领域已被证实是有效的。Y. Liao 等提出了一种可以同时应用于学习语义分割和分类的卷积神经网络,用于增强机器人应用中的场景理解;M. Teichmann 等将多任务学习应用于一个实时自动驾驶应用程序中,将三个分别学习分类、检测和语义分割任务的子网合并到一个多网模型中,实现网络的功能共享。

在雾天目标检测方面也有人尝试过将图像去雾与目标检测网络融合。解宇虹等提出了一种串联式联合训练的方法,利用 U-Net 网络作为雾图编码-解码结构进行图像去雾训练,并直接将该网络的输出作为 Faster-RCNN 的输入继续训练,两个网络模块的参数更新是同时进行的。这样的模式会使图像恢复的结果在下游检测信息的引导下进行重构,同时检测网络可以学习图像去雾中恢复的结构细节特征和颜色特征,提高检测网络的精度;Shih-Chia Huang 等提出了一种特征共享的多任务学习方法,以 RetinaNet 作为检测骨干网络,并将其 Conv1 与 Conv2_x 层作为共享特征提取块与一个恢复子网联合训练,联合子网将这部分作为去雾的编码模块,恢复子网负责进行特征图解码并输出去雾图像。由于共享了特征提取部分,检测器可以直接从该部分学习到恢复后的图像可见性增强特征。

2. 特征共享多任务学习网络

在浓雾干扰条件下,去雾网络难以恢复出足够的特征供下游检测器提取。为了使去雾网络恢复的目标特征更符合检测器的需求,本节将基于多任务学习思想,将去雾网络与检测网络融合。去雾网络将作为子模块,通过特征提取层实现参数共享,其任务不再是恢复出指标良好的去雾图像,而是在联合训练过程中学习可见性增强任务,使恢复出的多尺度多通道增强特征直接供检测器学习推理。

在 3.3 节中采用的基于生成对抗网络的去雾方法中,多分辨率生成器在 G_2 的残差连接块之前使用 7×7 与 3×3 卷积进行特征的预先提取,在下采样的同时保证特征图的感受野。

为保留该预处理模块的结构,此处将检测器残差模块之前的预处理块修改为两个 3×3 串联模块,并且在第一个 Darknet53 - resblock 模块内实现特征图下采样。预处理模块修改前后对比见表 3 - 18。

表 3 - 18 预处理模块修改对比

	卷积方式	输入特征图尺寸	输出特征图尺寸
修改前	3×3 步长=1	$W \times H \times 3$	$W \times H \times 32$
	3×3 步长=2	$W \times H \times 32$	$(W/2) \times (H/2) \times 64$
修改后	3×3 步长=1	$W \times H \times 3$	$W \times H \times 16$
	3×3 步长=1	$W \times H \times 16$	$W \times H \times 32$
	3×3 步长=2	$W \times H \times 32$	$(W/2) \times (H/2) \times 64$

经过预处理模块的特征图宽高下采样至原始的 1/2,与多分辨率生成器的全局子生成器 G_1 尺寸对应,且保证了预处理特征的感受野。

G_2 子生成器在预处理模块后融合 G_1 的输出,并使用 3 个残差块进行特征深度提取;在 YOLOv4 骨干网络中,残差模块中残差块的堆叠数量为 1、2、8、8、4,最后三个数量的堆叠块负责在三个尺度上向检测器颈部输出。由于最初的两个堆叠块的特征是三个尺度输出特征共享的,且其数量与 G_2 深度提取块吻合,因此适合作为特征共享层进行多任务学习训练。

图 3 - 79 中 Features Shared Module 为级联式去雾检测网络中的特征共享模块,特征共享模块作为改进后的检测器骨干网络前置层,同时也作为多分辨率生成器的 G_2 模块参与网络训练。

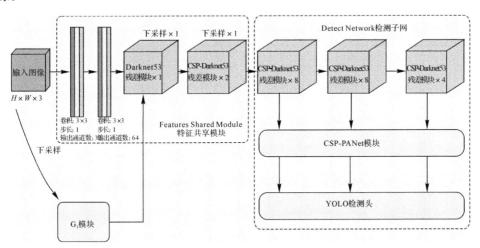

图 3 - 79 特征共享网络

多分辨率生成器在 G_2 中对图像只进行一次下采样,而在上述特征共享模块中,图像尺寸被缩放到了 1/4,因此将特征共享模块输出后的上采样层增加为两个,使图像恢复为原始大小。上采样方法采用转置卷积,复原后的图像同样送入多尺度判别器与特征增强模块组成完整的去雾恢复子网络,如图 3 - 80 所示。

去雾子网保留了 EPDN 网络的结构完整性,并且经过网络训练可由特征增加模块得到最终去雾结果,但去雾图像仅与干净图像进行损失计算并反向传播,因此不关注去雾指标好坏。经过去雾子网更新后的特征共享模块更有利于学习目标检测的可见性增强特征。网络总体结构如图 3-81 所示。

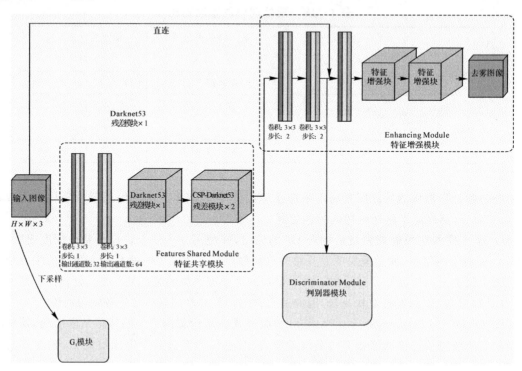

图 3-80　基于特征共享模块的去雾子网

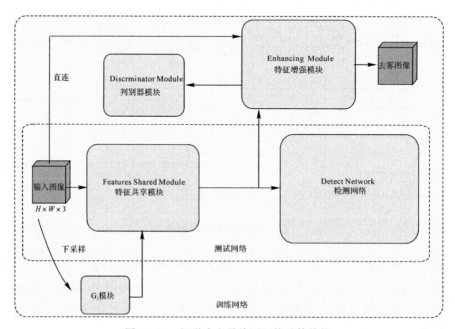

图 3-81　级联式去雾检测网络总体结构

上述级联式去雾检测网络共由五个模块组成,分别为 G_1 模块、特征共享模块、判别器模块、特征增强模块和检测网络,各模块具体结构已由图 3-79 和图 3-80 给出。其中 G_1 模块、特征共享模块、判别器模块、特征增强模块共同组成去雾子网,学习雾天图像的恢复特征;特共享模块和检测子网构成检测学习到的可见性增强特征图。在训练阶段,五个模块共同参与网络训练进行参数更新。在测试阶段,去雾子网除特征共享模块,其余模块被冻结,仅由测试网络进行目标检测推理,保证了算法在实际应用中的实时性。

3.5.3.3　损失函数与训练策略

为保证特征共享模块能够恢复到尽可能好的图像结构化信息,去雾子网的损失函数采用 3.3 节改进后的完整损失函数 L_{Defog} ,具体见式(3-27),其中 L_{GD} 损失已被替换为式(3-14)中的最小二乘损失;检测算法采用增加非极大值抑制损失后的损失函数 L_{Det} ;级联网络总体损失函数如下:

$$L = \lambda_1 L_{Defog} + \lambda_2 L_{Det} \tag{3-61}$$

其中,λ_1 和 λ_2 为权重因子,表示去雾子网与检测子网在参数更新中的重要程度。

联合训练网络由去雾子网与检测子网组成,各模块由相应的损失函数支撑各自的训练任务。为使网络收敛方向最终服务于检测器的精度提升,本节采用的训练策略如下:

(1)训练开始,冻结检测子网检测网络部分,基于 3.3.4.2 节的梯度更新策略训练去雾子网,目的是使特征共享模块得到增强的图像结构化特征信息。

(2)训练中期,解冻检测网络部分,同时训练去雾子网与检测子网,使特征共享模块参数适应检测子网需求进行调整,此时损失函数 L 权重因子 λ_1 和 λ_2 分别设为 0.4 与 0.6。

(3)训练末尾,冻结去雾子网除特征共享模块的部分,仅训练检测子网,此时学习率已降至较低水平,网络在步骤(1)和(2)恢复到的特征基础上进行微调,直至训练结束。

3.5.3.4　网络训练与结果分析

由于去雾与检测共同训练,本节使用 $\beta = 0.02$ 与 $\beta = 0.03$ 的图像共同训练网络,两种 β 对应的图像共 6 950 幅,对应去雾子网训练 6 950 个图像对,检测子网设定训练集 5 200 幅,验证集 816 幅,测试集 934 幅,图像尺寸设置为 640×320,由于显存限制,网络每批样本训练数量设置为 1。详细训练参数设定见表 3-19。

表 3-19　网络训练参数设定

	超参数名称	超参数取值	超参数意义
相同参数	batch_size	1	每个迭代批次的图像数量
	load_width	640	输入网络的图像宽度
	load_height	320	输入网络的图像高度
阶段 1	β_1	0.6	Adam 优化器一阶矩估计的指数衰减率
	β_2	0.999	Adam 优化器二阶矩估计的指数衰减率
	lr	0.002	阶段 1 网络初始学习率
	epoch	20	阶段 1 网络训练总轮数

续表

	超参数名称	超参数取值	超参数意义
阶段 2	use_mosic	False	不使用 mosic 增强
	lr	0.001 3	阶段 2 网络初始学习率
	adam	True	使用 adam 优化器
	epoch	50	阶段 2 网络训练总轮数
阶段 3	use_mosic	True	使用 mosic 增强
	lr	0.000 1	阶段 3 网络初始学习率
	cosine	False	使用余弦退火调整学习率
	epoch	80	阶段 3 网络训练总轮数

网络训练过程中部分损失函数及 mAP 变化如图 3-82 所示。

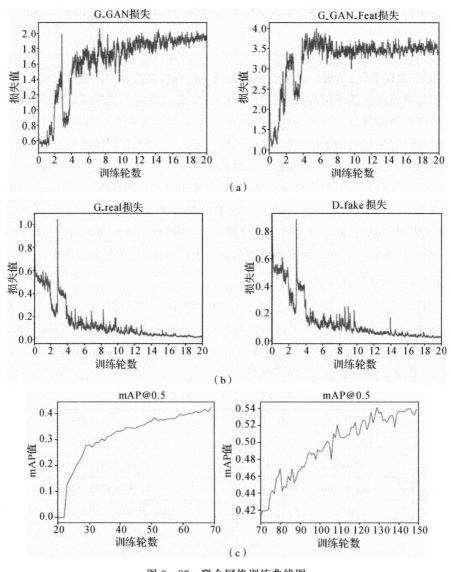

图 3-82 联合网络训练曲线图

(a)阶段 1 G_GAN 损失;(b)阶段 1 D_GAN 损失;(c)阶段 2、阶段 3 验证集 mAP 变化

由图 3-82 可知,当阶段 3 网络训练完成时,其验证集 mAP 指标达到 0.54 左右。本节进一步测试了级联网络在测试集的精度表现。由于级联网络直接在浓雾图像上进行预测,检测效果无法直观地由图中看出,因此直接给出网络在验证集上的 mAP 指标(见图 3-83)。

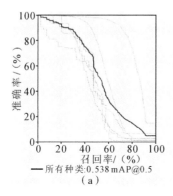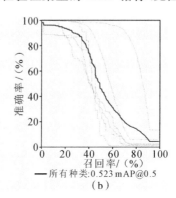

图 3-83　级联网络测试集精度

(a)β=0.02;(b)β=0.03

将级联网络与串联网络在测试集的精度做出对比,结果见表 3-20。

表 3-20　串联网络与级联网络测试集指标对比

算　法	β 取值	准确率	召回率	mAP@0.5	Mean-mAP@0.5
CBAM-EPDN+ CA-YOLOv4	0.02	0.452	0.548	0.518	0.502 5
	0.03	0.471	0.507	0.487	
级联网络	0.02	0.459	0.568	0.538	0.530 5
	0.03	0.453	0.55	0.523	

由测试结果可知,级联网络在浓雾场景的检测性能优于串联网络,在两种浓雾场景的平均 mAP 比串联方案高出 2.8%,尤其对于 β=0.03 的浓雾场景,网络召回率与 mAP 精度分别有 4.3% 和 3.6% 的提升。因此对于浓雾场景,采用级联式网络是最佳的算法策略。

3.5.4　不同雾天干扰场景目标检测系统设计

基于本节上述所有工作,发现由于不同的雾浓度干扰场景采用的算法不同,在实际应用时需要首先进行场景分类,再将图像送入不同的处理模块计算得到结果。因此需要整合所有算法,设计不同程度雾天场景的目标检测系统。3.5.1 节设计的基于全连接网络对无雾、非浓雾、浓雾的干扰场景有较为精确的分类能力,因此适合作为系统的预先处理模块,由分类结果决定后续算法策略。

对于无雾干扰的图像,无需进行任何去雾处理,直接使用在原始数据集上训练好的检测器进行推理;对于非浓雾场景,即 β<0.02 的雾天干扰场景,串联式策略可以使检测效果达到较高水平;对于 β≥0.02 的浓雾场景,串联式方法受限,级联式去雾网络通过特征共享可以学习到更多有利于检测器的可见性信息,最终训练达到较好效果。不同程度雾天场景目标检测系统结构如图 3-84 所示。

检测系统接收输入图像后首先对其进行归一化暗通道与归一化梯度特征共 60 个参数提取,并将其送入全连接网络实现分类;随后基于分类结果选择将原始图像送入不同模块进行处理,得到最终分类与检测结果。

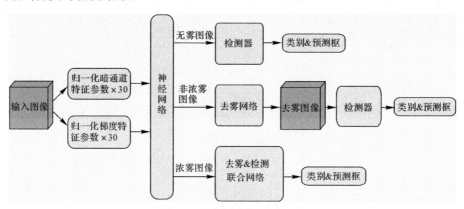

图 3-84 不同程度雾天场景目标检测系统

3.5.5 小结

本节首先针对不同干扰程度雾天图像的分类需求,提出了一种实时性强且精度较高的分类策略;随后基于 3.3 节与 3.3 节的去雾、检测算法及其改进版本,采用去雾+检测串联策略对非浓雾干扰场景进行多组性能测试,验证了该策略在非浓雾场景中的有效性;对于串联式方法在浓雾干扰场景中失效的问题,提出了一种特征共享的去雾检测联合训练网络,经过训练测试,验证了该方案在浓雾场景中可以提升网络检测性能。本节具体工作如下:

(1)分析了无雾、非浓雾、浓雾场景图像的暗通道与梯度特征差异,并针对驾驶场景的图像特征设定了两类特征提取区域与范围,生成 60 维特征参数;随后基于全连接分类网络实现三种场景的准确分类,平均精度达 94.1%。

(2)对非浓雾检测场景,采取先去雾后检测的串联方式进行性能评估,基于 3.3 节与 3.4 节的改进与对比算法,设定六组不同算法组合的检测实验,确定了非浓雾场景下串联式策略的有效性,且在对比实验中选定了 CBAM-EPDN+CA-YOLOv4 的最佳组合策略。

(3)针对浓雾干扰场景,首先使用 3.5.2 节选定的策略对其进行去雾后检测,结果表明该方法未达到较高精度,因此基于多任务学习思想设计了级联的去雾检测一体化网络。去雾子网与检测子网通过设计的特征共享模块实现特征共享,增强检测器提取的目标特征可见性;随后遵循设计好的训练策略训练联合网络并进行性能测试,测试结果表明级联式网络在浓雾场景下达到了较高的检测精度(mAP=53.05%),证实了该方法的有效性。

(4)基于上述算法与策略,设计了不同雾天干扰场景的决策级检测系统,针对无雾、非浓雾、浓雾场景图像,选取不同检测策略以达到最佳检测性能。

3.6 本章小结与展望

3.6.1 内容总结

雾天是在生活中经常出现的气象条件。雾天会使水分子小颗粒在大气中漂浮,吸收和散射光线,导致成像器件拍摄图像质量下降,目标特征丢失,为目标检测任务带来困难,因此雾天干扰下的目标检测研究也越来越被研究者所重视。本章以真实驾驶场景数据集 Cityscapes 为研究对象,基于大气散射理论,在官方的雾天干扰场景生成方法上做出改进,生成了不同浓度雾干扰且更逼近真实雾气的干扰场景;随后在基于生成对抗网络的 EPDN 算法基础上提出改进,得到性能更优的图像去雾算法;针对 YOLOv4 模型规模仍较大且对密集遮挡目标性能受限问题,设计了更加轻量化且对驾驶场景密集遮挡目标检测效果更优的检测算法,提升了目标检测性能;最后对不同浓度雾天干扰的检测策略进行讨论,采用非浓雾场景去雾＋检测串联,浓雾场景级联式训练的方法在雾天驾驶场景目标检测任务中取得了较为理想的性能。

通过本章的研究,获得主要结论如下:

(1)基于双目测距与大气散射模型的加雾方法可以得到较为符合物理模型的雾图,但实际场景中雾气并不如场景中不同物体深度差异大,且由于驾驶场景不同区域的环境分布较为固定,因此对透射率进行局部区域均值化并采用分块查找大气光值得到的雾图更加符合真实场景分布,且视觉效果更为逼真。

(2)对基于生成对抗网络的图像去雾算法而言,在其生成器模块中加入注意力机制与更加紧凑的特征提取模块有利于减少复原后图像中的伪影,能保留更多的目标细节特征。同时,现有图像去雾算法在图像去雾效果上存在能力瓶颈,实验发现在非浓雾($\beta < 0.02$)的场景中算法的去雾效果可以得到保证,但对于浓雾($\beta \geqslant 0.02$)场景,由于雾气过于厚重,去雾后图像中会出现部分区域雾气无法去除或场景中出现伪影的现象,这些都会影响去雾性能指标,并使目标模糊或被伪影遮挡,不利于特征的复原。

(3)YOLOv4 算法中 PANet 模块参数过于庞大,通过将其卷积块 CSP 化并使用深度可分离卷积,可在保留网络原始结构的同时有效减少网络参数量,提高实时性,同时通过在骨干网络与 PANet 模块引入位置相关的注意力机制,并在网络损失项中引入非极大值抑制损失,有效地提升网络的检测精度,尤其是密集遮挡场景下目标的检测性能。

(4)对于非浓雾干扰场景下的目标检测任务,由于去雾算法可有效去除雾气,因此可采用简单易于训练的去雾＋检测串联式检测方案。首先基于本章去雾算法得到复原图像,随后直接将复原图像送入检测器预测,经过测试,使用本章改进的去雾与检测算法相比于直接检测,在 mAP@0.5 指标上高 14.7％,且优于其他串联方案。

(5)对于浓雾干扰场景,由于去雾算法能力受限,采用串联式方案经过实测仅取得50.25％的 mAP@0.5 得分。为了更有效地利用去雾算法的结构化恢复能力,本章将多分辨率生成器特征提取模块与检测器骨干网络级联,通过特征共享与联合训练的方式使复原特征直接作用于检测器。经过测试,该方案在浓雾场景获得了 53.05％的 mAP@0.5 得分,高出串联式方案2.8％,是在浓雾场景中更为有效的检测方案。

(6)为使算法能够智能判别雾天干扰程度并决策选取对应检测方案,基于归一化暗通道与梯度特征的神经网络分类器可以快速、有效地实现雾天浓度分类,因此该方法可以作为系统的输入。通过算法自动判别类型,将图像送入响应的后处理模块,实现智能化雾天驾驶场景目标检测。

本章实现了雾天干扰图像分类,根据不同程度的雾天场景设计并选定了具有最佳检测性能的算法方案,基于这些工作得到了不同雾天干扰场景目标检测系统。该系统可以实现智能化判别与最优检测,因此本章研究成果可以应用于公共交通与军用车辆领域,大幅提升雾天干扰时的目标检测准确性。同时本章的雾天检测算法思想也可用于各种雾天场景（如军用目标打击时提升雾天抗干扰检测能力等），具备一定的实际应用价值。

3.6.2　后续发展展望

本章以真实驾驶场景的不同雾天干扰数据为研究对象，开展了不同浓度雾天场景的图像去雾、目标检测与两者结合进行检测的方法研究，但由于水平有限，本章工作还存在待改进之处，具体如下：

（1）本章研究的图像去雾算法在浓雾场景存在性能瓶颈，但是否可以使用能力更强的去雾网络，使其在浓雾场景中也可达到较为理想的性能，是一个值得研究的问题。

（2）由于时间有限，本章研究的基于特征共享的级联式检测方案并未进行不同组合方式的设计与消融实验，只是在现有思路上设计网络，并得到了相对最好的性能。后续可考虑不同的组合方式，例如将特征增强模块一同并入生成器，或考虑共享不同深度的骨干特征层。尝试不同组合方式的网络设计或许可以获得更佳的目标检测性能。

第4章 传统算法和深度学习算法结合的目标跟踪

在智能化信息时代,目标检测与跟踪算法已广泛应用于航空航天、工业检测等领域。然而实际场景复杂多变,智能检测算法模型大,存在部署难、抗遮挡性能差、跟踪精度低等问题。本章基于弹载平台,结合智能识别、跟踪、重检测目标一体化的轻量化算法,并将其应用于智能芯片中加以验证,为提高导弹的准确性提供科学理论依据。主要研究内容如下:

(1)提出基于尺度自适应和多特征融合的目标跟踪算法。基于核相关滤波算法,研究利用区域协方差描述子进行方向梯度直方图特征、局部二进制特征和颜色矩特征的信息融合,以提高目标特征的表征能力,并采用积分图的方法加速计算。加入一维尺度自适应滤波器以提高目标尺度估计能力,提出三级置信度判别机制和自适应模型更新算法。对遮挡和形变等复杂情况进行跟踪置信度判断,进而自适应地选择模型更新因子以克服模型漂移。

(2)提出基于弹载平台的改进轻量化 YOLOv4 目标检测算法。首先考虑到目前尚无公开的军事目标数据集作为基础研究,本章自建常用的军事目标检测数据集,并进行图像采集、图像增强、数据集划分等预处理工作。其次对 YOLOv4 模型在骨干网络、损失函数等方面进行改进,以深度可分离卷积代替标准卷积,引入反向残差结构并替换模型的骨干网络,在特征提取阶段增加双金字塔架构,使用焦点损失函数以解决类间不平衡问题。

(3)提出智能识别、跟踪、重检测目标一体化的长时目标跟踪算法。针对目前弹载平台仍需人工选取首帧目标及目标丢失后二次进入视场难定位的问题,建立上述改进跟踪算法与轻量化检测算法的协同运行机制。当上述三级置信度判别算法检测到目标处于非稳态跟踪时,启动轻量化目标检测网络 YOLOv4_slv2,并将当前检测到的目标位置发送至跟踪器进行跟踪模板初始化。最后,在数字信号处理(Digital Signal Processing,DSP)和图形处理器(Graphics Processing Unit,GPU)组合平台架构上实现算法验证。

4.1 传统算法和深度学习算法结合的目标跟踪技术概论

4.1.1 研究背景及意义

人类是如何看世界的,如何去发现世界、了解世界、学习世界,其感知、识别、理解事物的整个过程在大脑运行的每一个环节又是如何自成体系且环环相扣的,这是一个哲学问题,亦是一个科学问题。研究发现,人类与生俱来的这种本领实则是,通过复杂的视觉系统模型捕捉外界环境特征信息,利用大脑中的区域层次结构——腹侧视觉流处理所获取的信息来感知世界。那么能否教会计算机去认识世界呢？计算机视觉科学回答了这个问题。近年来随着人工智能算法、半导体技术、智能芯片制造及相关产业的飞速发展,计算机视觉迎来了新的发展浪潮,其在社会各行各业应用的广度、深度上得到了质的飞跃,已成为当下科学研究热点之一。

目标检测与跟踪是计算机视觉领域极具研究价值且富有挑战的一个重要研究方向,主要用于获取感兴趣目标的位置、姿态、轨迹等基本运动信息,是对后续进行高层语义分析或控制目标运动的前提和基础。目标检测是从不同复杂程度的背景中找出感兴趣的目标,并给出其具体类别、大小和位置,即解决目标的分类、定位问题;目标跟踪则旨在给定初始帧图像中的目标大小和位置的前提下,利用算法在后续视频序列中求解该目标具体位置,并确定目标运动轨迹。目标检测可看作是目标跟踪的组成部分,主要用于对目标状态进行初始化以及跟踪过程中的目标重定位;而目标跟踪则是建立在目标检测的基础之上,对目标状态进行连续估计和预测的过程。在当今智能化信息时代,目标检测与跟踪算法现已广泛应用于航空航天、医学影像、智能交通、工业检测等诸多领域,具有重要的理论与应用研究价值。

现代信息化战争下,战场环境复杂多变,几乎所有的军事行动都要首先对可疑目标进行精确定位和鲁棒跟踪,然而弹载平台下的高准确率、强实时性的作战要求使得智能算法还未能落到实处。美、俄等国现已研制出能够自主搜寻检测目标并能够自动跟踪的新型智能导弹系统,而目前我国导弹系统作战时仍然需要人工进行搜索和选择可疑目标,再进行自动跟踪。

当前基于DSP嵌入式平台的传统跟踪算法实时性较强,工程应用较为广泛,但在复杂背景干扰、相似物遮挡等情况下跟踪精度低;基于深度学习的单阶段检测算法所使用的深层卷积网络具有强大的目标特征表征力,但其嵌入式实现功耗大、实时性低,导致在实际军事作战等工程应用中并未发挥智能检测的良好性能。为保证检测速度同时兼顾检测精度,力求研究可用于弹载GPU平台的实时目标精准检测跟踪技术。因此本章提出基于弹载平台的智能识别、跟踪、重检测目标一体化算法,建立DSP、FPGA、GPU多运算平台协同跟踪机制,并将一体化的长时目标跟踪算法部署于该平台,实现快速追踪与辅助重定位功能,提高导弹应对各种场景典型目标的检测跟踪性能。

深度学习之下的暴力美学已然为目标检测与跟踪领域带来了飞跃式的发展,但算法在弹载计算机平台的应用过程中也十分受限。一方面,背景环境复杂及目标机动性强都会为目标稳定跟踪带来极大挑战;另一方面,弹载平台的数据存储、功耗、算力等资源受限,导致难以落地于嵌入式平台并达到实时鲁棒检测效果。在实际目标跟踪的研究中,极易导致算法失败的因素如下:

(1)光线变化:目标区域内的光照发生剧烈变化,从而导致目标像素值发生变化;

(2)外界事物遮挡:目标受到局部或全局遮挡;

(3)非刚体形变:目标具有一定的变形速率和角变形速率;

(4)尺度变化:目标的当前帧尺度与前一帧尺度之比过大或过小;

(5)运动模糊:目标或相机发生抖动而导致成像模糊;

(6)平面内旋转:目标在二维图像平面内发生旋转;

(7)平面外旋转:目标在三维空间内发生旋转;

(8)背景复杂:目标附近的背景具有和目标类似的颜色或纹理;

(9)低分辨率:目标区域内的像素点个数小于400;

（10）嵌入式平台资源受限：弹载平台数据存储量小、算力较低，但算法模型复杂、参数量大，不易移植。

目标跟踪的部分挑战如图 4－1 所示。

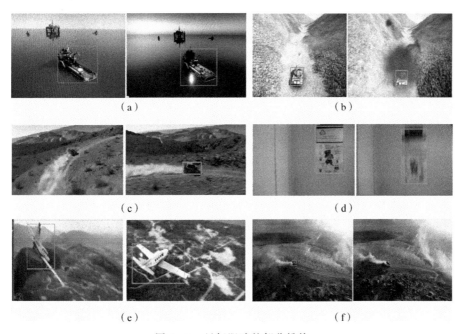

图 4－1　目标跟踪的部分挑战

（a）光线变化；（b）烟雾遮挡；（c）尺度变化；（d）运动模糊；（e）平面外旋转；（f）背景复杂

4.1.2　国内外研究现状

4.1.2.1　目标检测算法研究现状

自 2001 年问世的 Viola-Jones Detector（人脸检测算法）、HOG＋SVM（行人检测算法）、DPM（可变形部件模型）等冷兵器时代的智慧到当今 R-CNN 系列、SSD、YOLO 等深度学习力量之下的 GPU 暴力美学，整个目标检测算法的发展可谓是计算机视觉领域的一部浓缩史。以 2012 年卷积神经网络在世界范围内重新焕发生机为节点，目标检测算法分为传统目标检测算法及深度学习目标检测算法。

传统目标检测识别算法大多基于手工特征进行构建，提取形状、纹理、方向梯度直方图等低层信息特征，采用滑动窗口、积分图像、特征选择、检测级联等最直接的检测方法。2001 年，V-J 检测器诞生，其主要用于人脸的检测，算法采用 Haar 特征抽取、Adaboost 算法和滑动窗口的基本检测思想；2006 年，HOG＋SVM 方法被用于行人的检测，算法采用 HOG 特征、SVM 分类器和滑动窗口检测思想，利用非极大值抑制（Non-Maximld Suppression，NMS）算法进行候选框的筛选与合并，获得最终检测结果；2008 年，Felzenszwalb 提出的 DPM 模型则是传统目标检测算法的巅峰之作，连续三年取得了 VOC 检测比赛的冠军。算法在此前工作中增加了多组件（component）策略，基于图结构（pictorial structure）的部件模型应对目标形变问题。

基于深度学习的目标检测算法根据网络是否提取候选区域,分为 one-stage(单阶段)和 two-stage(双阶段)两大类。前者将目标检测描述为一个"从粗到细"的过程,首先由算法生成若干个候选框,再通过 CNN 对候选框进行分类;而后者更侧重于算法的"一步完成",直接回归目标的类别概率和位置坐标。双阶段检测算法以 R-CNN 系列为代表,包括 Fast R-CNN、Faster R-CNN、Mask R-CNN 等。2014 年,Ross B. Girshick 等提出了 R-CNN 模型,同年 K. He 等提出了空间金字塔池化网络(Spatial Pyramid Pooling Networks,SPPNet);2015 年,R. Girshick 提出了 Fast R-CNN 检测器;在 Fast R-CNN 提出不久之后,同年 S. Ren 等提出了第一个端到端且接近实时的检测器 Faster R-CNN,由于算法将选择性搜索算法替换为区域提议网络,大大加快了算法效率。单阶段检测算法则以 YOLO 系列和 SSD 算法为代表。2016 年,YOLO 的提出使得检测模型无需再进行区域框的提取而直接回归目标类别和位置;2017 年,YOLOv2 发表于 CVPR 会议,其在 YOLOv1 的基础之上提出了一种目标检测和分类联合训练的方法;2018 年,Redmon 等提出的 YOLOv3 模型加入了多尺度检测网络,算法的泛化性能、检测速度和精度较以往有了进一步的提升;发布于 2020 年的 YOLOv4 算法可谓是集精华于一身,将近几年的各种先进算法进行融合而取得了性能和速度的大幅提升。

YOLO 系列的单阶段检测算法主要采用深层的卷积神经网络提取特征,如 VGGNet、ResNet 或 DenseNet,骨干网络参数量庞大、计算冗余而导致算法嵌入式实时性受限。因此,研究者们又提出了各类轻量化骨干网络,如 SqueezeNet,MobileNet 或 ShuffleNet 等,有利于 Jetson TX2 等深度学习嵌入式平台的算法移植。表 4-1 列出了各检测算法的优缺点。

表 4-1　目标检测算法的优缺点

目标检测	代表算法	优　点	缺　点
传统算法阶段	HOG + SVM	检测分为三部分:HOG 特征、SVM 分类和滑动窗口	对于特征不明显的目标分辨能力较差
	DPM	DPM 采取"分而治之"的方法,训练阶段分解目标进行学习,推断阶段是不同目标部件的检测结果合并	①无法适应大幅度的目标旋转,稳定性差;②人为设计激励特征,计算量大
	R-CNN	①精度显著提高,在 VOC2010 数据集上的 mAP 从 35.1% 提升到 53.7%;②将 CNN 网络应用于目标检测领域并实现了图像特征自动提取	①训练步骤烦琐:微调网络+训练 SVM+边框回归;②需提取每个预选框的特征,产生大量特征文件,占用内存大
	Fast R-CNN	①使用 softmax 函数代替 SVM 进行多分类的预测,实现了端到端的训练;②实现了卷积网络的权重共享;③在 VOC2012 的 mAP 提升到了 68.4%,R-CNN 为 62.4%	预选框的提取方式为搜索选择,该阶段耗时较长

续表

目标检测	代表算法	优　点	缺　点
传统 算法 阶段	Faster R-CNN	①优化了预选区域的产生方式,使其真正实现了端到端训练; ②在 COCO 数据集的 mAP 为 42.1%,而 Fast R-CNN 为 39.3%	双阶段的网络结构增加训练时间,并未达到实时检测效果
深度 学习 阶段	SSD	①一阶网络,检测速度较快; ②网络实现简单	①小物体检测效果一般; ②人工设置每一层预选框的宽高,无法自动学习
	YOLOv1	①利用回归的思想,使用一阶网络同时进行目标的分类与回归; ②算法速度极快,常用于实际工业界	①小物体及密集型目标检测效果差; ②大物体与小物体的位置损失权重一样,导致小物体的损失占比小
深度 学习 阶段	YOLOv2	①使用了先验框、特征融合等方法; ②增加多种训练技巧,模型提升了检测精度	①仅在单层特征图上进行预测,细粒度不足,因此小物体的检测效果一般; ②有较多工程化的调参过程,不利于后续的算法改进与提升
	YOLOv3	①使用残差网络结构,缓解了网络训练过程中的梯度消失问题; ②采用多层特征图进行多尺度预测,利于小物体检测; ③使用多个独立的 logistic 分类器,实现多类别预测	①召回率较低; ②难以检测遮挡、高密度分布等目标
	YOLOv4	①使用空间金字塔池化结构,解决全连接层需要参数统一的问题; ②使用路径聚合网络,更好地提取浅层特征 ③使用 Mosica 进行数据增强	基于嵌入式平台的实时性有待提升

4.1.2.2　目标跟踪算法研究现状

目标跟踪算法发展于 20 世纪 60 年代,经典目标跟踪算法主要根据算法是否具有目标背景分类功能而被划分为生成式及判别式算法两大类。前者依赖于目标特征子空间的构造,后者建立在分类或回归方式基础上。深度学习是让计算机视觉研究领域沸腾起来的妙笔生花之作,它的出现使得跟踪算法迈入了新的发展阶段,基于孪生网络的跟踪算法精确度远远超越了经典算法。目标跟踪发展史上的"后浪"就是相关滤波与深度学习跟踪算法。

生成式跟踪算法以区域建模和目标特征子空间构建为前提,在给定第一帧图像中选取目标的一个特征子空间去描述目标,在下一帧求解目标位置时,选择候选区域内与特征描述模型误差最小的样本位置作为跟踪结果。经典的生成式跟踪算法有卡尔曼滤波、粒子滤波、meanshift(均值漂移)等。早期学者们将卡尔曼滤波算法应用于目标跟踪领域进行轨迹预测,Comaniciu 等提出了均值漂移算法,是指在当前帧中通过反复迭代搜索特征空间中样本点最密集的区域,搜索点沿着样本点密度增加的方向"漂移"到局部密度极大点处,从而达到跟踪的目的。到了 21 世纪初,许多学者将粒子滤波理论的研究成果引入目标跟踪领域中,来解决非线性、非高斯分布问题。生成式方法往往会忽略背景信息而着眼于对目标本身的特征信息刻画,由于背景信息的缺失,该类算法在目标形变严重或者被遮挡时容易产生漂移导致跟踪失败。

判别式跟踪算法将目标跟踪转化为目标、背景分类,即正负样本二分类问题,通过训练分类器提升分类器判别能力,将目标模板与候选区域进行相关操作的置信图最大值的位置作为当前目标所在位置,最后建立合理的模板在线更新机制以提升判别式算法在各种复杂环境下的跟踪性能。2010 年 David S. Bolme 等在"Visual Object Tracking using Adaptive Correlation Filters"一文中首次将相关滤波器引入目标跟踪领域,并提出了误差最小平方和算法(MOSSE)算法,该算法处理速度可达 669 fps,在当时学术界引起了极大轰动。相关滤波类算法因速度优势,逐渐成为目标跟踪领域的主流框架。但 MOSSE 滤波是只能处理单通道灰度信息的一组线性分类器,整体跟踪算法精度较低。随后大量的研究工作都建立在此基础之上,从特征选择、尺度估计、模型更新、目标分块、正则化等方面进行算法改进和提高。2012 年 Henriques 等提出了 CSK 方法,即基于 MOSSE 算法引入循环矩阵并在傅里叶变换域进行运算求解,极大地提高了算法实时性。2014 年,Martin Danelljan 提出的 DSST 算法开创了平移滤波与尺度滤波算法相结合的先河,其先后使用 33 种不同尺度滤波以解决目标尺度变化问题,该算法一举获得 VOT2014 大赛冠军。精度提高的同时运算速度下降,之后又出现了一系列加速的版本 FDSST。2015 年 Henriques 等提出了 KCF 算法,将线性空间的脊回归通过核函数映射到非线性空间,在非线性空间求解对偶问题和常见约束,同时算法采用多通道方向梯度直方图(HOG)特征以更好地表征目标特征。Martin Danelljan 等基于 KCF 框架提出了 SRDCF 算法,加入空域正则化去惩罚边界区域的滤波器系数以解决边界效应。算法提高了快速变化场景的鲁棒性,但无法达到实时性的要求。2017 年提出的 CSR-DCF(Channel Spatial Reliability for DCF)算法利用前景背景的颜色直方图和不同通道的响应图信息分别提高了空间可靠性和通道可靠性。同年提出的 BACF 算法使用了真实的背景信息移位得到负样本,扩大了目标搜索区域。2018 年提出的 STRCF 算法在 DCF 的基础上加入了时间和空间正则项。

基于深度学习的跟踪算法在精度上碾压了大批经典目标跟踪算法。2015 年,Bohyung Han 团队设计了具有多域结构的神经网络(MDNet),其性能表现优异,但速度只有 1 fps。2016 年提出了基于孪生网络的开山之作——SINT 算法,其利用孪生网络直接学习目标模板和候选目标的匹配函数,在线跟踪过程中只用初始帧的目标作为模板来实现跟踪。同年提出的 Siam-FC 算法利用孪生网络(Siamese network),在视频序列 ILSVRC2015 离线训练一个相似性度量函数,在跟踪过程中利用该模型,选择与模板最相似的候选区域作为跟踪结果。Siamse-RPN 网络将目标检测中的 RPN 模块应用到目标跟踪当中,RPN 子网络则分为分类目标和回归目标位置两个子模块。DaSiamRPN 方法是对 Siamese-RPN 的进一步优化和改进，着重处理训练数据不平衡、自适应的模型增量学习及长程跟踪等问题。SiamMask 算法将目标分割任务引入目标跟踪，在视频跟踪任务上达到最优性能，并且在视频目标分割上取得了当前最快的速度。尽管该类方法在公开数据库上取得了很好的性能，但需采用大规模数据来保证所训练跟踪模型的鲁棒性，并且深度网络强大的表征能力是依赖于庞大的计算量而牺牲了实时性所换取的，因此算法移植性较差。表 4-2 列出了当前目标跟踪算法的优缺点。

表 4-2　目标跟踪算法的优缺点

目标跟踪	代表算法	优　点	缺　点
生成式	卡尔曼滤波	对目标运动进行建模，算法在局部遮挡场景中表现较优	无法应用于非线性系统
	粒子滤波	算法可用于非线性系统，对模型的噪声类型无约束	严重依赖于对初始状态的估计，计算量大
生成式	均值漂移	具有快速收敛性，采用核函数直方图模型，对边缘遮挡、目标旋转、变形和背景运动不敏感	缺乏模板更新；窗口宽度大小保持不变，算法无法应对目标尺度变化；目标颜色特征描述方面缺少空间信息
判别式	MOSSE	首次引入相关滤波思想，实时性高	复杂背景下跟踪精度低
	CSK	引入循环矩阵，并在傅里叶变换域进行运算求解	无法应对目标尺度变化，循环矩阵导致边界效应
	DSST	引入尺度滤波，可应对目标尺度变化问题	位置跟踪精度低，无法长时跟踪
	KCF	引入 HOG 特征，在非线性空间求解，计算速度快	无法应对目标尺度变化
	SRDCF	加入空域正则化解决边界效应	长时目标跟踪中旋转变化、超出视野和严重遮挡情况下存在跟踪失败的问题
	CSR-DCF	使用空间正则化，增加多尺度搜索策略，使用三角函数插值	实时性低，重叠、遮挡、运动模糊、外观变化等情况无法正常跟踪
	BACF	使用背景信息移位得到负样本，扩大了目标搜索区域	未考虑滤波器的时间一致性和空间一致性信息，目标出现外观突变时，学习到的滤波器可能偏向背景而发生漂移
	STRCF	增加时间和空间正则项，根据历史滤波器进行目标空间上的约束	目标短时遮挡定位精度低，目标旋转时尺度估计不准确

续表

目标跟踪	代表算法	优　点	缺　点
深度学习	SINT	首次将孪生网络双分支结构引入目标跟踪	正负样本不均衡导致定位不准确
	SiamFC	采用孪生网络结构,两个分支共享权重,响应图和模板的互相关具有往返位移的特性,采用多尺度搜索方式	采用相关运算的方式,不能直接检测目标的横纵比例及尺度变化,采用多尺度搜索方法限制了算法速度
	DaSiamRPN	引入语义干扰上下文信息增量学习目标与干扰物模板,干扰感知候选重排序	未解决网络深度限制,提取特征有限
	SiamMask	在视频跟踪任务上达到最优性能	基于嵌入式系统的实时性不足

4.1.3　本章主要研究内容

复杂多变的战场环境使得目标检测算法识别难度增加,目前我国导弹系统作战时仍然需要人工进行搜索和选择可疑目标。智能检测算法模型大、部署难,传统算法抗干扰性能差、跟踪精度低等问题对目标检测与跟踪任务都带来了极大挑战。因此本章基于弹载平台对目标检测与跟踪问题进行研究。主要研究内容包括以下四项:

(1)提出基于尺度自适应和多特征融合的目标跟踪算法。基于核相关滤波算法,研究利用区域协方差描述子进行方向梯度直方图特征、局部二进制特征和颜色矩特征的信息融合,以提高目标特征的表征能力,并采用积分图的方法加速计算。加入一维尺度自适应滤波器以提高目标尺度估计能力,提出三级置信度判别机制和自适应模型更新算法。对遮挡和形变等复杂情况进行跟踪置信度判断,进而自适应地选择模型更新因子以克服模型漂移。

(2)提出基于弹载平台的改进轻量化 YOLOv4 目标检测算法。首先考虑到目前尚无公开的军事目标数据集作为基础研究,本章自建常用的军事目标检测数据集,并进行图像采集、图像增强、数据集划分等预处理工作。其次对 YOLOv4 模型在骨干网络、损失函数等方面进行了改进,以深度可分离卷积代替标准卷积,引入反向残差结构并替换模型的骨干网络,在特征提取阶段增加双金字塔架构,使用焦点损失函数以解决类间不平衡问题。

(3)提出智能识别、跟踪、重检测目标一体化的长时目标跟踪算法。针对目前弹载平台仍需人工选取首帧目标及目标丢失后二次进入视场难定位的问题,建立上述改进跟踪算法与轻量化检测算法的协同运行机制。上述三级置信度判别算法检测到目标处于非稳态跟踪时,启动轻量化目标检测网络 YOLOv4_slv2,并将当前检测到的目标位置发送至跟踪器进行跟踪模板初始化。在海上舰船跟踪数据集上进行算法测试,并与其他 6 种跟踪算法进行了对比。

(4)在 DSP 和 GPU 组合平台架构上实现智能化检测-跟踪算法的验证。将轻量化检测算法部署于 NVIDIA Jetson TX2 平台,将核相关滤波跟踪算法部署于 DSP6657 平台,并通过 PCIE 进行通信。传统的 DSP 嵌入式跟踪架构无法处理目标遮挡,同时采取"人在回路"的非智能化运行机制。本章设计多平台协同的智能化导引头系统,一般情况下使用 DSP 嵌入式平台进行目标跟踪,当判断目标即将丢失时,TX2 平台将启动目标检测功能,并将检测的目标位置传输至 DSP 系统,再进行持续跟踪。

本章共分为五节,除第一节外,各节的内容安排如图 4-2 所示。

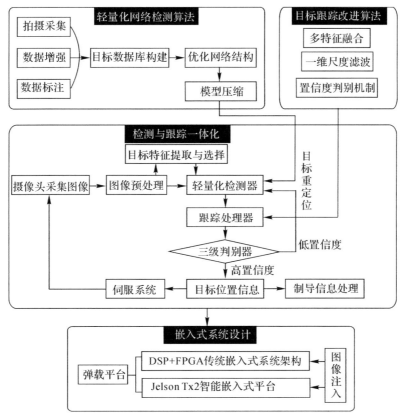

图 4-2　本章内容安排

4.2 节主要内容是基于尺度自适应和多特征融合的目标跟踪算法。首先介绍核相关滤波目标跟踪算法理论基础,重点阐述循环矩阵及密集采样、岭回归与核技巧、快速检测与模型更新等内容。其次详细论述跟踪算法的构建方式,包括基于区域协方差描述子的多特征信息融合方法、一维尺度自适应滤波器设计、三级置信度判别机制和自适应模型更新算法的建立。最后通过实验表明该节所提算法的有效性。

4.3 节主要内容是基于弹载平台的改进轻量化 YOLOv4 目标检测算法。首先阐述深度神经网络的主要理论知识,再对经典的骨干网络原理及网络结构进行详细介绍。其次介绍 YOLO 系列的目标检测算法理论,包括骨干提取网络、空间金字塔池化、路径聚合网络、损失函数等模块的设计。再次建立军事目标数据集,并进行图像采集、图像增强、数据集划分等预处理工作。在检测精度与推理速度方面优化 YOLOv4 模型,引入反向残差结构并替换模型的骨干网络,在特征提取阶段增加双金字塔架构。最后通过实验表明该节所提算法的有效性。

4.4 节主要内容是基于弹载平台的目标检测与跟踪一体化系统。将上述改进相关滤波算法和轻量化检测算法进行融合,得到一个优良的长时跟踪系统,其能大幅提升算法表现力,在

DSP 和 GPU 组合平台架构上实现智能化检测-跟踪算法的验证。

4.5 节是对本章的总结与展望。对本章的研究工作进行总结并给出结论,针对弹载平台的实时目标检测与跟踪研究工作进行展望。

4.2 基于尺度自适应和多特征融合的目标跟踪算法

4.2.1 引言

导引头的跟踪精度往往对制导能否成功起到决定性作用,高精度、强实时算法已成为当今发展需求导向。因此本节以实时性较高的核相关滤波跟踪算法作为研究的基础算法,基于核相关滤波算法将线性空间的脊回归通过核函数映射到非线性空间,在非线性空间求解对偶问题和常见约束,采用多通道方向梯度直方图表征目标特征,使用循环矩阵提升跟踪效率。但算法使用单一特征局限了目标特征的表达,不具备尺度估计能力,模板参数始终固定都会降低目标跟踪的鲁棒性。

为了解决上述问题,本节提出一种基于尺度自适应和多特征融合的目标跟踪算法,模型对于目标特征的表达能力有所提升;针对跟踪过程中背景杂乱、光线变化和目标旋转的情况下单一特征难以准确表征目标信息的问题,分析 HOG、LBP 和颜色矩特征在不同场景下的优缺点,利用区域协方差描述子融合上述三种特征信息,并采用积分图的方法加速计算;增加一维尺度滤波器解决跟踪中的尺度估计问题,提出了三级跟踪器置信度判别机制,能够对遮挡和形变等复杂情况进行跟踪置信度判断,提升算法在复杂战场环境下的适应性;通过标准数据集 OTB100 图像序列对提出算法进行实验测试和性能分析。

4.2.2 核相关滤波跟踪算法

考虑到本章基于弹载平台开展实验,因此选取的基础跟踪算法是实时性较高的 KCF 目标跟踪算法,算法引入信号领域的相关滤波思想。相关滤波跟踪原理如图 4-3 所示。相关滤波可衡量两个信号在某时刻的相似性,信号之间相似性越大,相关计算所得数值越大。假设存在两个信号 f 和 g ,则两个信号在 τ 时刻的相似性为

$$\varphi(\tau) = (f * g)(\tau) = \int_{-\infty}^{+\infty} f^*(t)g(t+\tau)\mathrm{d}t \qquad (4-1)$$

其中,$*$ 表示两个信号进行卷积运算,f^* 是 f 的复共轭。

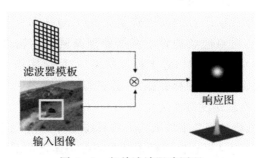

图 4-3 相关滤波跟踪原理

　　在跟踪领域即：两个很相似的目标，计算得到的相关性数值更大。目的就是求解得到位置滤波器，使其在目标上的响应值最大。核相关滤波的整体思路如下：目标跟踪器根据第一帧的目标位置，提取当前图像帧的搜索区域。再对第一帧提取的搜索区域进行特征提取，使用样本及特征训练分类器，并生成初始的位置滤波器。在后续图像帧中，目标跟踪器根据前一帧的目标位置，进行区域循环采样获得正负样本，提取样本特征以更新滤波器参数。将滤波器和新输入的图像帧进行相关性计算，响应最大值的区域即为目标位置。算法流程图如图 4 - 4 所示。

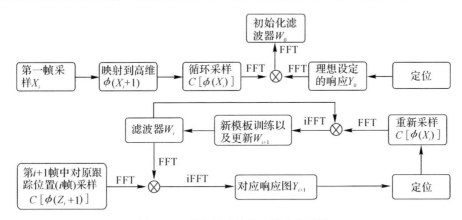

图 4 - 4　核相关滤波跟踪算法流程图

　　KCF 算法将线性空间的脊回归通过核函数映射到非线性空间，在非线性空间求解对偶问题和常见约束，同时算法采用多通道方向梯度直方图（HOG）以更好地表征目标特征。本节将进行 KCF 算法理论推导，具体分为以下三部分：循环矩阵与密集采样、岭回归与核技巧、快速检测与滤波器更新。

4.2.2.1　循环矩阵与密集采样

　　判别式跟踪算法将目标跟踪转化为目标、背景二分类问题，通过训练分类器提升分类器判别能力，可采取随机采样与密集采样进行训练样本的获取。随机采样方式所获取的正负样本数量少，计算速度快；密集采样可获取大量正负样本，大样本使得分类结果更为准确，但其计算量复杂。KCF 采取密集采样方式，巧妙地使用循环矩阵移位来代替遍历搜索区域，大大减少训练时间。

　　初始训练样本由基样本（第一帧目标）进行循环移位得到。以一维矩阵为例，设基样本为 $\boldsymbol{x} = \begin{bmatrix} x_1 & x_2 & \cdots & x_n \end{bmatrix}^{\mathrm{T}}$，定义循环矩阵 $\boldsymbol{P}$ 如下：

$$\boldsymbol{P} = \begin{bmatrix} 0 & 0 & \cdots & 0 & 1 \\ 1 & 0 & \cdots & 0 & 0 \\ 0 & 1 & \cdots & 0 & 0 \\ \vdots & \vdots & & \vdots & \vdots \\ 0 & 0 & \cdots & 1 & 0 \end{bmatrix} \qquad (4-2)$$

　　计算得到 $\boldsymbol{P}_x = \begin{bmatrix} x_n & x_1 & x_2 & \cdots & x_{n-1} \end{bmatrix}^{\mathrm{T}}$，表示对 x 进行一次循环的结果，则循环移位 $n-1$ 次的结果为 $\{\boldsymbol{P}^n x \mid n = 1, 2, \cdots, n-1\}$。将所有循环样本组合得到循环矩阵 $\boldsymbol{X}$，即目标训练样本集：

$$\boldsymbol{X} = \boldsymbol{C}(\boldsymbol{x}) = \begin{bmatrix} x_1 & x_2 & x_3 & \cdots & x_n \\ x_n & x_1 & x_2 & \cdots & x_{n-1} \\ x_{n-1} & x_n & x_1 & \cdots & x_{n-2} \\ \vdots & \vdots & \vdots & & \vdots \\ x_2 & x_3 & x_4 & \cdots & x_1 \end{bmatrix} \tag{4-3}$$

循环矩阵 $\boldsymbol{X}$ 可以使用离散傅里叶变换进行对角化：

$$\boldsymbol{X} = \boldsymbol{C}(\boldsymbol{x}) = \boldsymbol{F} \cdot \mathrm{diag}(\dot{x}) \cdot \boldsymbol{F}^{\mathrm{H}} \tag{4-4}$$

其中，$\boldsymbol{F}$ 是傅里叶变换常量矩阵，$\boldsymbol{F}^{\mathrm{H}}$ 是 $\boldsymbol{F}$ 的共轭转置矩阵，$\dot{x}$ 是基向量 $\boldsymbol{x}$ 的离散傅里叶变换，$\dot{x} = \boldsymbol{F}(\boldsymbol{x})$。

$$\boldsymbol{F} = \begin{bmatrix} 1 & 1 & 1 & \cdots & 1 \\ 1 & w & w^2 & \cdots & w^{n-1} \\ 1 & w^2 & w^4 & \cdots & w^{2(n-1)} \\ \vdots & \vdots & \vdots & & \vdots \\ 1 & w^{n-1} & w^{2(n-1)} & \cdots & w^{(n-1)^2} \end{bmatrix} \tag{4-5}$$

其中，$w = \mathrm{e}^{-2\pi i/n}$。

由上述定义可以导出循环矩阵的其他性质：

$$\boldsymbol{X}^{\mathrm{H}} = \boldsymbol{F} \cdot \mathrm{diag}[(\dot{x})^*] \cdot \boldsymbol{F}^{\mathrm{H}} \tag{4-6}$$

循环矩阵的卷积性如下：

$$F(Xy) = F[C(x)y] = F^*(x) * F(y) \tag{4-7}$$

4.2.2.2 岭回归与核技巧

KCF 将岭回归引入目标跟踪，岭回归基于最小二乘回归增加了正则化项，可以有效处理病态数据，计算结果更为稳定。在线性空间中，假设训练样本集 $D = \{(x_1, y_1), (x_2, y_2), \cdots, (x_m, y_m)\}$，为了训练得到回归模型 $f(x_i) = \boldsymbol{w}^{\mathrm{T}} x_i$，使预测值与真实值之间的误差最小，定义如下损失函数：

$$\begin{aligned} L(w) &= \min_w \sum_{i=1}^m (y_i - \boldsymbol{w}^{\mathrm{T}} x_i)^2 + \lambda \parallel w \parallel^2 \\ &= \min \parallel \boldsymbol{X}w - y \parallel^2 + \lambda \parallel w \parallel^2 \end{aligned} \tag{4-8}$$

其中，y_i 是样本 x_i 对应的标签值，$\boldsymbol{X}$ 代表输入样本的循环矩阵，$\boldsymbol{w}$ 为需要求解的系数矩阵，λ 是正则项系数，用于控制系统的结构复杂性。

使得损失函数最小化，对式(4-8)求导，并令导数为 0，求得

$$\boldsymbol{w} = (\boldsymbol{X}^{\mathrm{T}} \boldsymbol{X} + \lambda \boldsymbol{I})^{-1} \boldsymbol{X}^{\mathrm{T}} y \tag{4-9}$$

复数域中可表示为

$$\boldsymbol{w} = (\boldsymbol{X}^{\mathrm{H}} \boldsymbol{X} + \lambda \boldsymbol{I})^{-1} \boldsymbol{X}^{\mathrm{H}} y \tag{4-10}$$

将式(4-1)和式(4-4)代入式(4-10)，求得

$$\begin{aligned} \boldsymbol{w} &= (\boldsymbol{X}^{\mathrm{H}} \boldsymbol{X} + \lambda \boldsymbol{I})^{-1} \boldsymbol{X}^{\mathrm{H}} y \\ &= [\boldsymbol{F} \cdot \mathrm{diag}(\hat{x}^* * \hat{x}) \cdot \boldsymbol{F}^{\mathrm{H}} + \lambda \boldsymbol{I}]^{-1} \boldsymbol{X}^{\mathrm{H}} y \\ &= \{\boldsymbol{F}[\mathrm{diag}(\hat{x}^* * \hat{x}) + \lambda]^{-1} \boldsymbol{F}^{\mathrm{H}}\} \boldsymbol{X}^{\mathrm{H}} y \end{aligned}$$

$$= \{ \boldsymbol{F} [\mathrm{diag}(\hat{x}^* * \hat{x}) + \lambda]^{-1} \boldsymbol{F}^{\mathrm{H}} \} \cdot \boldsymbol{F} \cdot \mathrm{diag}[(\hat{x})^*] \cdot \boldsymbol{F}^{\mathrm{H}} \cdot y$$

$$= \boldsymbol{F} \mathrm{diag}(\frac{\hat{x}^*}{\hat{x}^* \odot \hat{x} + \lambda}) \boldsymbol{F}^{\mathrm{H}} y \tag{4-11}$$

式(4-11)两边同时进行傅里叶变换,可求得

$$\hat{w} = \frac{\hat{x}^* * \hat{y}}{\hat{x}^* * \hat{x} + \lambda} \tag{4-12}$$

上述分析过程基于线性空间,实际跟踪场景复杂,为了进一步解决在非线性空间中的分类问题,借鉴支持向量机的核函数原理,将训练样本从低维空间映射到高维,从而将非线性问题转化为线性可分。

假设非线性映射函数为 $\varphi(x)$,则映射之后的回归模型为 $f(x_i) = \boldsymbol{w}^{\mathrm{T}} \varphi(x_i)$,将 $\boldsymbol{w}$ 用训练样本的线性组合表示,则对 $\boldsymbol{w}$ 的求解问题转化为求解 $\boldsymbol{\alpha}$:

$$\boldsymbol{w} = \sum_i \alpha_i \varphi(x_i) \tag{4-13}$$

核函数 $\boldsymbol{K}$ 是训练样本集的核相关矩阵,定义如下:

$$\boldsymbol{K} = \kappa(x_i, x_j) = \langle \varphi(x_i), \varphi(x_j) \rangle \tag{4-14}$$

将非线性空间的映射函数转换为高维空间的内积求解,那么回归模型可进一步表示为

$$f(z) = \boldsymbol{w}^{\mathrm{T}} \varphi(z) = \sum_{i=1}^{n} \alpha_i \kappa(z, x_i) \tag{4-15}$$

解得滤波器参数为

$$\boldsymbol{\alpha} = (\boldsymbol{K} + \lambda \boldsymbol{I})^{-1} y \tag{4-16}$$

$\boldsymbol{K}$ 是一个循环矩阵,由基样本自相关向量 $\boldsymbol{k}^{xx}$ 进行循环移位得到。其中, $\boldsymbol{k}^{xx} = \kappa(x, x)$。使用循环矩阵性质对 $\boldsymbol{K}$ 进行对角化,得到下式:

$$\boldsymbol{K} = C(\boldsymbol{k}^{xx}) = \boldsymbol{F} \cdot \mathrm{diag}(\hat{k}^{xx}) \cdot \boldsymbol{F}^{\mathrm{H}} \tag{4-17}$$

将式(4-17)代入式(4-16),求得

$$\boldsymbol{\alpha} = (\boldsymbol{K} + \lambda \boldsymbol{I})^{-1} y$$

$$= [\boldsymbol{F} \cdot \mathrm{diag}(\hat{k}^{xx}) \cdot \boldsymbol{F}^{\mathrm{H}} + \lambda \boldsymbol{I}]^{-1} y$$

$$= \boldsymbol{F} \cdot \mathrm{diag}[(\hat{k}^{xx}) + \lambda]^{-1} \cdot \boldsymbol{F}^{\mathrm{H}} \cdot y \tag{4-18}$$

对式(4-18)两边同时进行傅里叶变换,可求得

$$\hat{\alpha} = \frac{\hat{y}}{\hat{k}^{xx} + \lambda} \tag{4-19}$$

4.2.2.3　快速检测与模板更新

在检测阶段,利用滤波器参数 α 与待测样本运算,响应图数值最大的区域即为目标跟踪结果输出。响应结果表示如下:

$$f(z) = (\boldsymbol{K}^z)^{\mathrm{T}} \boldsymbol{\alpha} \tag{4-20}$$

其中, K^z 是检测样本与训练样本的核相关矩阵,表示如下:

$$\boldsymbol{K}^z = C(k^{xz}) \tag{4-21}$$

其中, k^{xz} 表示训练基样本 x 与检测样本 z 之间的核相关性, $\boldsymbol{k}^{xz}$ 是 $\boldsymbol{K}^z$ 的首行向量,对 $\boldsymbol{k}^{xz}$ 循环移位得到。 $\boldsymbol{K}^z$ 也是一个循环矩阵,进行对角化,有

$$\boldsymbol{K}^z = \boldsymbol{F} \cdot \mathrm{diag}(\hat{\boldsymbol{k}}^{xz}) \cdot \boldsymbol{F}^{\mathrm{H}} \qquad (4-22)$$

将式(4-22)代入式(4-20)中,两边同时进行傅里叶变换,可得

$$\hat{f}(z) = \hat{\boldsymbol{k}}^{xz} * \hat{\alpha} \qquad (4-23)$$

在跟踪过程中,目标及背景均动态变化。为提升模型稳定性,引入线性插值法进行模板更新,对分类器的模型参数 α 和目标模板 x 进行更新,更新策略如下:

$$\left. \begin{array}{l} \alpha_t = (1-\eta)\alpha_{t-1} + \eta\alpha'_t \\ x_t = (1-\eta)x_{t-1} + \eta x'_t \end{array} \right\} \qquad (4-24)$$

其中,η 表示模型更新率,t 表示视频序列的帧数,α_{t-1} 和 α'_t 分别表示第 $t-1$ 帧图像与第 t 帧图像的模型参数,x_{t-1} 和 x'_t 分别表示第 $t-1$ 帧图像与第 t 帧图像的目标模板。

通过以上公式推导,可分析得到,在进行目标跟踪的过程中对滤波参数更新可以迅速获取当前目标外观状态,提高算法适应性。但算法对每一帧图像均进行参数更新,且 η 学习率恒定。若目标被遮挡或光线突变,会引入背景噪声从而导致模型漂移,因而需要设计合理的模型参数更新机制。

4.2.3 尺度自适应与多特征融合跟踪算法构建

通过对相关滤波算法进行推导,可以分析得到算法的优势与不足。在速度计算方面,构造循环矩阵进行训练样本密集采样,同时利用循环矩阵的性质将复杂的矩阵运算转化为点乘,使得运算量大大减少;在特征提取方面,以多通道方向梯度直方图特征代替灰度特征,能提高表征特征能力。此外,算法将线性空间的岭回归通过核函数映射到非线性空间,在非线性空间求解对偶问题和约束。但算法存在以下不足:

(1)算法以第一帧所选定的目标为基样本,跟踪过程中目标框尺度始终固定为基样本大小,跟踪过程中未发生变化。当视场中的目标发生尺度变化时,计算得到的目标框尺寸与真实框尺寸的交并比减小。分两种情况讨论,当目标增大而目标框大小不变时,此时框内只能提取到目标的局部区域,必然造成跟踪的不稳定;当目标减小而目标框大小不变时,框内有目标和部分背景区域,此时所提取到的目标模板会引入背景噪声。

(2)算法模型参数每帧均进行更新,若目标被遮挡或发生形变,而此时模型参数仍在更新,则长时跟踪过程将会引入前景噪声信息,导致模型漂移。优秀的模型更新方法应适应目标的外观变化,同时考虑避免模型被噪声污染。

(3)算法提取目标的 HOG 特征信息,在简单场景之下跟踪效果稳定。但 HOG 特征不具备旋转不变性且对于噪点十分敏感,当环境复杂或目标发生形变与旋转时,只提取目标的单一特征则会使得算法存在很大局限性。

针对以上问题,本节基于核相关滤波算法,提出了一种尺度自适应与改进融合特征的目标跟踪算法。具体设计方法如下:

(1)设计目标多特征融合方法。考虑到单一目标特征的表达力有限,进行多特征信息融合从而获取目标在多种环境下的不变性特征,提升模型的特征表达能力。

(2)设计二维位置滤波器及一维尺度滤波器联合跟踪,使其具有目标尺度判别与尺度更新能力,避免局部区域跟踪。

(3)设计合理的模板在线更新机制,使得系统能够自适应地选择模型更新率,既能捕捉目

标的变化,又不会因模板更新过快而加入随机噪声导致模型漂移。同时建立三级跟踪置信度判别机制,在判断目标跟踪丢失时停止模板更新。

4.2.3.1　基于区域协方差的多特征融合算法

KCF 算法使用单一目标特征,导致算法在复杂场景下的适应性有限,因此考虑提取目标的多种特征并进行融合,使其特征表达力增强。从以下两个方面考虑:

(1)特征选取。目前图像领域的特征研究主要分为四大方向:颜色特征、纹理特征、形状特征和空间关系特征。颜色特征包含丰富的目标颜色信息,可以应对目标旋转和平移,归一化之后甚至对目标尺度变化具有良好的不变性。纹理特征具有旋转不变性和较强的抗噪能力。形状特征可以较好地提取目标的感兴趣区域,但无法应对目标形变。空间关系特征是目标的空间位置信息,如距离、方位。空间关系特征可加强对图像内容的描述区分能力,但对目标旋转、尺度变化等信息敏感。大量实验证明,基于 HOG、LBP 和颜色矩特征的目标跟踪效果优于其他特征,因此选取这三种特征做基础研究。实验证明,HOG 特征对图像几何和光学形变都能保持良好的不变性,对于刚性物体的特征提取有良好的特性,但无法处理遮挡。LBP 特征具有旋转不变性和灰度不变性,运算速度快,但对方向信息敏感。颜色矩包含目标丰富的颜色特征信息,对于目标形变和运动模糊有较好的跟踪效果。因此结合三者优点进行特征加权融合以优化目标特征信息表征。

(2)特征融合方式。特征融合的不同方式会产生不同的跟踪结果,良好的特征融合策略将提高算法在复杂场景中的稳定性,因此有必要进行融合策略的研究。目标跟踪领域常见的特征融合方式有两种方式:方式一,基于特征层面进行特征向量的融合,将多种特征进行系数加权融合或乘性融合,但能够实时有效地识别场景并动态增大有利特征的权重有一定难度;方式二,使用多个特征分别进行核相关滤波跟踪,得到不同特征的跟踪响应图,并进行跟踪置信度融合得到最终定位结果,但该方式易受到个别置信度的干扰从而产生较大误差。而区域协方差描述子是一种优秀的目标描述模型,本节利用区域协方差描述子进行多特征信息融合,能够在不计算特征权重的前提下对以上三种特征进行融合,从而得到更全面、更准确的目标信息,提升算法在复杂环境下的稳健性。详细分析如下。

1.梯度方向直方图特征

梯度方向直方图特征(HOG)是通过计算分块图像的像素梯度得到其形状特征,具体步骤如下:

(1)计算图像梯度。设像素点 (x,y) 处的水平方向梯度为 $G_x(x,y)$,垂直方向梯度为 $G_y(x,y)$,计算公式如下:

$$\left.\begin{array}{l} G_x(x,y)=H(x+1,y)-H(x-1,y) \\ G_y(x,y)=H(x,y+1)-H(x,y-1) \end{array}\right\} \quad (4-25)$$

其中,$H(x,y)$ 为 (x,y) 处的像素值。

像素点 (x,y) 的梯度分为梯度幅值 $G(x,y)$ 和梯度方向 $\alpha(x,y)$,梯度方向取绝对值,因此梯度方向的取值范围是 $0°\sim180°$。计算公式如下:

$$\left.\begin{array}{l} G(x,y)=\sqrt{G_x(x,y)^2+G_y(x,y)^2} \\ \alpha(x,y)=\arctan^{-1}\left[\dfrac{G_y(x,y)}{G_x(x,y)}\right] \end{array}\right\} \quad (4-26)$$

(2)计算图像梯度方向直方图。将图像划分为若干 8×8 的元组,可计算元组内的梯度方向矩阵和梯度强度矩阵。给每个像素点的强度及梯度进行投票,将梯度分为 9 组,统计得到直方图,如图 4-5 所示。

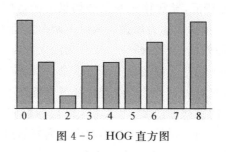

图 4-5 HOG 直方图

将图 4-5 中单个元组对应的梯度方向直方图转化为大小为 9 的单维向量,即按照规定组距对对应方向梯度个数进行编码。4 个元组组成一个图像块,对图像遍历,若图像大小为 64×128,将会得到 7×15=105 个区域块。整合所有区域块的向量,则最终形成特征大小为 9×4×105=3 780 的一维向量。图 4-6 给出了算法流程图。

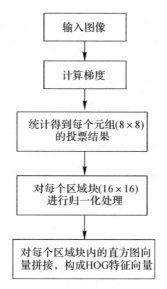

图 4-6 HOG 特征向量流程图

HOG 特征可视化输出结果如图 4-7 所示。

图 4-7 坦克原图及 HOG 特征图

2.局部二进制特征

局部二进制特征(Local Binary Pattern,LBP)用以描述图像的纹理特征。在实际跟踪过程中,目标旋转、光线变化都会导致跟踪的不稳定。LBP 具有灰度不变性和旋转不变性,合理使用 LBP 算子将会提高跟踪的有效性。具体步骤如下:

(1)定义在 3×3 的区域内,以中心像素点的灰度值为阈值,将中心点周围的 8 个像素的灰度值与其进行比较,若灰度值大于中心数值,则该点被标记为 1,否则标记为 0。由此,3×3 的区域内的 8 个灰度值转化为 8 位二进制数,即为区域中心像素点的 LBP 值。具体求解如下:

$$\text{LBP}(x_c, y_c) = \sum_{p=0}^{n-1} 2^p s(i_p - i_c) \qquad (4-27)$$

其中,(x_c, y_c) 是中心像素,i_c 是中心像素的灰度值,i_p 是相邻像素的灰度值,$s(x)$ 为符号函数,定义如下:

$$s(x) = \begin{cases} 1, & x \geqslant 0 \\ 0, & x < 0 \end{cases} \qquad (4-28)$$

转化过程如图 4-8 所示。

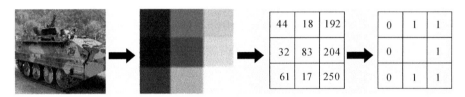

图 4-8　LBP 计算过程

(2)计算每个区域的直方图,即每个数字(假定是十进制 LBP 值)出现的频率,之后进行归一化处理。

(3)将每个区域的统计直方图连接,构成一个特征向量,即得到全图的 LBP 纹理特征向量。

图 4-9 为坦克原图及 LBP 特征效果图示例。

图 4-9　坦克原图及 LBP 特征图

3.颜色矩特征

颜色特征信息对于目标旋转、目标快速移动具有良好的不变性。考虑到颜色矩特征计算量小,且不需要提前量化颜色特征,因此选取颜色矩特征对目标信息进行表征。其中一阶矩表征该颜色通道的平均响应强度,二阶矩表示该颜色通道的响应方差,三阶矩表征该颜色通道数据分布的偏移度。对于彩色图像,图像的颜色矩一共有 9 个分量,每个颜色通道均有 3 个低阶矩。

对于目标图像 $\boldsymbol{P}$,其一阶颜色矩的定义为

$$\mu_i = \frac{1}{N} \sum_{j=1}^{N} P_{ij} \tag{4-29}$$

其中,P_{ij} 表示图像 $\boldsymbol{P}$ 的第 i 个图像通道的第 j 个像素的像素值,N 表示图像像素个数。二阶颜色矩定义为

$$\sigma_i = \left[\frac{1}{N} \sum_{j=1}^{N} (P_{ij} - \mu_i)^2 \right]^{\frac{1}{2}} \tag{4-30}$$

三阶颜色矩的定义为

$$\zeta_i = \left[\frac{1}{N} \sum_{j=1}^{N} (P_{ij} - \mu_i)^3 \right]^{\frac{1}{3}} \tag{4-31}$$

4. 基于区域协方差的多特征融合算法

此处利用上述三种特征构建多特征向量。已知颜色矩特征的一阶矩、二阶矩、三阶矩分别为 μ_i、σ_i 和 ζ_i,HOG 特征的梯度幅值和梯度方向分别为 $G_{\text{HOG}}(x,y)$ 和 $\alpha(x,y)$,LBP 特征为 $F_{\text{LBP}}(x,y)$,则目标区域 $\boldsymbol{P}$ 内的每个像素可构造为特征向量 $\boldsymbol{F}(x,y)$,具体形式如下:

$$\boldsymbol{F}(x,y) = [\mu_i, \sigma_i, \zeta_i, G_{\text{HOG}}(x,y), \alpha(x,y), F_{\text{LBP}}(x,y)] \tag{4-32}$$

特征向量 $F(x,y)$ 的维度为 $W \times H \times d$,其中 W 和 H 为图像的宽和高,d 为特征维度。计算特征的协方差矩阵 $\boldsymbol{C}_P$。

$$\boldsymbol{C}_P = \frac{1}{n-1} \sum_{k=1}^{n} (z_k - \mu)(z - \mu)^{\mathrm{T}} \tag{4-33}$$

式中:n 为图像 P 内像素点的个数;z_k 为图像内第 k 个像素点对应的特征向量;μ 为特征向量的均值。

为了加快计算速度,采用积分图的方法计算协方差,C_P 中的每个元素可计算如下:

$$\boldsymbol{C}_P(i,j) = \frac{1}{n-1} \sum_{k=1}^{n} [z_k(i) - \mu(i)][z_k(j) - \mu(j)], \quad i,j = 1, \cdots, d \tag{4-34}$$

将均值替换为一般形式,即 $\mu(i) = \frac{1}{n} \sum_{k=1}^{n} z_k(i)$,$\mu(j) = \frac{1}{n} \sum_{k=1}^{n} z_k(j)$,将它们代入式(4-34),则协方差矩阵为

$$\boldsymbol{C}_P(i,j) = \frac{1}{n-1} \left[\sum_{k=1}^{n} z_k(i) z_k(j) - \frac{1}{n} \sum_{k=1}^{n} z_k(i) \sum_{k=1}^{n} z_k(j) \right] \tag{4-35}$$

图像的特征矩阵和特征二次方矩阵为

$$\boldsymbol{P}(x_1, y_1, i) = \sum_{x < x_1, y < y_1} \boldsymbol{F}(x,y,i), \quad i = 1, \cdots, d \tag{4-36}$$

$$\boldsymbol{Q}(x_1, y_1, i, j) = \sum_{x < x_1, y < y_1} \boldsymbol{F}(x,y,i) \cdot \boldsymbol{F}(x,y,j), \quad i,j = 1, \cdots, d \tag{4-37}$$

设 $\boldsymbol{P}(x_1, y_1; x_2, y_2)$ 为图像区域,(x_1, y_1) 为图像左上角的顶点坐标,(x_2, y_2) 为图像右上角的顶点坐标,每个像素点为 d 维向量。利用积分图 $\boldsymbol{P}$ 和 Q,协方差矩阵可化简为

$$C_P(x_1,y_1;x_2,y_2)=\frac{1}{n-1}\left[\boldsymbol{Q}_{x_2,y_2}+\boldsymbol{Q}_{x_1,y_1}-\boldsymbol{Q}_{x_2,y_1}-\boldsymbol{Q}_{x_1,y_2}-\frac{1}{n}(\boldsymbol{P}_{x_2,y_2}+\boldsymbol{P}_{x_1,y_1}-\right.$$
$$\left.\boldsymbol{P}_{x_2,y_1}-\boldsymbol{P}_{x_1,y_2})(\boldsymbol{P}_{x_2,y_2}+\boldsymbol{P}_{x_1,y_1}-\boldsymbol{P}_{x_2,y_1}-\boldsymbol{P}_{x_1,y_2})^{\mathrm{T}}\right] \tag{4-38}$$

特征区域协方差描述子可提取目标的不同特征的相关性,同时具有去噪的作用,利于后续目标跟踪。

4.2.3.2　一维尺度滤波器

KCF 算法不具备尺度估计能力,提取的目标特征信息不足或不准确,造成目标定位失败。本节设计的尺度滤波器的训练过程如下:假设目标所在的区域块 P 的大小为 $M\times N$,以当前目标中心位置为中心,截取不同尺度的图片,可得到不同尺度的图像块作为目标的尺度池空间。对每个图像块提取特征向量 f,设向量维度为 d 维,通过建立最小化代价函数构造尺度相关滤波器 h。代价函数形式如下:

$$\varepsilon=\|\sum_{l=1}^{d}h^l*f^l-g\|^2+\lambda'\sum_{l=1}^{d}\|h^l\|^2 \tag{4-39}$$

其中,l 表示特征维度,g 是高斯函数,λ' 是正则项系数,用以消除频谱中的零频分量的影响。

选取 20 个尺度的目标样本,即 $S=20$,那么特征向量 f 大小为 $1\times S$。对 f 的每个维度的特征做一维傅里叶变换,得到 F;对 g 的每个维度的特征做一维傅里叶变换,得到 G。可求得滤波器模板 $\boldsymbol{H}$ 为

$$\boldsymbol{H}^l=\frac{\overline{G}\boldsymbol{F}^l}{\sum_{k=1}^{d}\overline{\boldsymbol{F}}^k\boldsymbol{F}^k+\lambda'}=\frac{\boldsymbol{A}_t^l}{\boldsymbol{B}_t} \tag{4-40}$$

为了提升算法运行效率,在训练过程中,转化为对上式中的分子和分母进行更新:

$$\boldsymbol{A}_t^l=(1-\eta)\boldsymbol{A}_{t-1}^l+\eta\overline{\boldsymbol{G}}_t\boldsymbol{F}_t^l \tag{4-41}$$

$$\boldsymbol{B}_t=(1-\eta)\boldsymbol{B}_{t-1}+\eta\sum_{k=1}^{d}\overline{\boldsymbol{F}_t^k}\boldsymbol{F}_t^l \tag{4-42}$$

其中,η 为学习率。

在目标检测过程中,首先在新一帧的图像中利用位置相关滤波器来确定目标的新位置,再以新位置为中心,截取 20 个不同尺度的图像块。目标尺度选择原则如下:

$$\beta^n W\times\beta^n H,n\in\left\{-\frac{S-1}{2},\cdots,\frac{S-1}{2}\right\} \tag{4-43}$$

其中,W 和 H 分别代表前帧图像的目标宽度和高度,β 为尺度因子,S 为尺度总级数。本实验中,设置 $\beta=1.02,S=20$。分别求取获取到的图像块的特征描述子,组合为新的特征 z,求其傅里叶变换 $\boldsymbol{Z}$,从而得到一系列的滤波结果 y。y 的数值如下:

$$y=F^{-1}\left(\frac{\sum_{l=1}^{d}\overline{\boldsymbol{A}}_t^l\boldsymbol{Z}^l}{\boldsymbol{B}_t+\lambda'}\right) \tag{4-44}$$

响应的最大峰值 $y_{\max}$ 即为最终估计的尺度结果,再进行尺度更新。

4.2.3.3　目标丢失判别器

传统的 KCF 算法不具有目标丢失判别机制,导致目标被遮挡时依然进行模板更新,从而引入背景噪声信息造成目标定位失败。本节增加三级目标跟踪置信度判别作为目标丢失预

警:一级判别采用滤波最大响应分数,二级判别采用平均峰值相关能量,三级判别采用多峰值数量。对每一帧图片的目标跟踪计算,在判别目标丢失后,停止对跟踪算法的模板更新,同时启动轻量化的目标检测器进行目标重定位。

一级判别采用滤波最大响应分数,响应分数 F 是输入图像与滤波器模板卷积的峰值,F_{max} 是最大响应分数,F_{min} 是最小响应分数,F_{thre} 是阈值响应分数。最大峰值集合表示为 $\{F_{maxi} \mid i=1,2,\cdots,n\}$。$u_1$ 表示当前图像帧之前一段时间内最大响应分数的均值,σ_1^2 表示其方差,有

$$\left. \begin{array}{l} u_1 = \sum_{i=1}^{n} F_{maxi}/n \\[2mm] \sigma_1^{\ 2} = \sum_{i=1}^{n} (F_{maxi} - m_1)^2/n \end{array} \right\} \qquad (4-45)$$

二级判别采用平均峰值相关能量,平均峰值相关能量(Average Peak-to-Correlation Energy,APCE)反应响应图的波动程度和检测目标的置信水平,目标发生丢失时波动剧烈。u_2 表示当前图像帧之前一段时间内平均峰值相关能量的均值,σ_2^2 表示其方差。它们的计算公式如下:

$$APCE = \frac{|F_{max} - F_{min}|^2}{mean\left[\sum_{w,h} (F_{w,h} - F_{min})^2\right]} \qquad (4-46)$$

$$\left. \begin{array}{l} u_2 = \sum_{i=1}^{n} APCE_i/n \\[2mm] \sigma_2^{\ 2} = \sum_{i=1}^{n} (APCE_i - \mu_2)^2/n \end{array} \right\} \qquad (4-47)$$

三级判别采用多峰值数量判别,实验证明,当滤波结果中出现多峰值状况时,目标跟踪表现趋于非稳态。设 n 为响应峰值的数量,形式如下:

$$n = num(F > F_{thre}) \qquad (4-48)$$

假设稳定性判别因子为 ξ,F_{maxp} 为第 p 帧图像的最大响应分数,$APCE_p$ 为第 p 帧图像的平均峰值相关能量,γ 是一个正实数,若满足如下条件:

$$\left. \begin{array}{l} F_{maxp} < |u_1 \pm \gamma\sigma_1|^2 \\ APCE_p < |u_2 \pm \gamma\sigma_2|^2 \\ n < 3 \end{array} \right\} \qquad (4-49)$$

则跟踪状态稳定,此时 $\xi=1$;否则跟踪失败,$\xi=0$。当 $\xi=0$ 时,启动重检测功能,检测网络将在后续章节中提到。

根据三级判别机制将学习率设置为动态自适应调整并进行自适应模板更新,ω_t 为自适应调整参数,对于跟踪的不同状态,ω_t 可取值为以下两种情况:

$$\omega_t = \begin{cases} 2^{F_{max}} - 1, & F_{maxp} < F_{maxTH} \ 且 \ APCE_p < APCE_{TH} \ 且 \ n < 3 \\ 0, & 其他 \end{cases} \qquad (4-50)$$

当目标处于无遮挡状态且跟踪状态良好,ω_t 服从指数分布;当目标为严重遮挡时,$\omega_t=0$,

此时模型更新率为 0 以避免模型污染。

在获得自适应调整参数后,参数和目标模板信息更新公式为

$$\left.\begin{aligned}\alpha_t &= (1 - \eta\omega_t)\alpha_{t-1} + \eta\omega_t\alpha'_t \\ x_t &= (1 - \eta\omega_t)x_{t-1} + \eta\omega_t x'_t\end{aligned}\right\} \tag{4-51}$$

式中:η 为模型更新率;t 为视频序列帧数;α_{t-1} 为第 $t-1$ 帧图像的模型参数;α'_t 为第 t 帧图像的模型参数;x_{t-1} 为第 $t-1$ 帧图像的目标模板;x'_t 为第 t 帧图像的目标模板。

采用 OTB100 中的 Biker 视频序列进行跟踪测试,目标在视频第 51 帧时丢失,导致跟踪失败。实验结果如图 4-10 所示。

图 4-10　目标跟踪结果

以上四帧图像的滤波结果如图 4-11 所示。

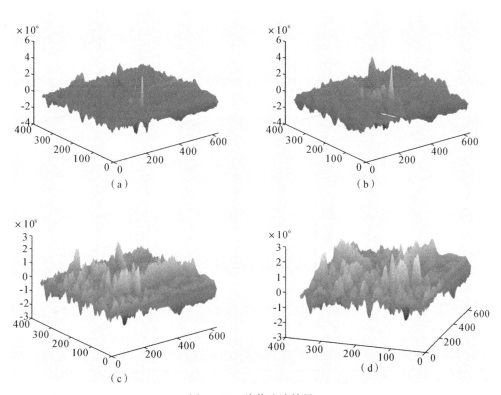

图 4-11　峰值滤波结果

(a)第 34 帧;(b)第 48 帧;(c)第 51 帧;(d)第 63 帧

由图 4-11 可以观察得到,第 34 帧和第 48 帧图像中,目标跟踪稳定时,滤波峰值数量

$n<3$;目标即将丢失时,出现了多峰值响应,如第51帧和第48帧图像中,滤波峰值数量远大于3。

图4-12是最大响应分数判别结果图,横坐标表示帧数,纵坐标表示每帧计算得到的最大响应分数;图4-13是平均峰值相关能量结果图,横坐标表示帧数,纵坐标表示平均峰值相关能量值。

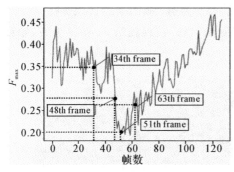 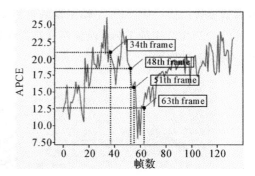

图4-12　最大响应分数判别结果　　　　图4-13　APCE判别结果

综合图4-12和图4-13,分析得到如下结论:

(1)目标跟踪稳定时,最大响应分数及平均峰值相关能量值较大。例如:第34帧图像中,计算得到$F_{max}=0.35$,APCE$=20.5$。

(2)目标跟踪情况较差时,最大响应分数及平均峰值相关能量值相应减小。例如:第48帧图像中,计算得到$F_{max}=0.28$,APCE$=18.6$。

(3)目标丢失时,此时最大峰值及APCE数值急剧下降,数值波动剧烈,第51帧时目标丢失,$F_{max}=0.21$,APCE$=15.9$。

(4)在目标丢失后,相关滤波跟踪器会引入背景误差信息,将背景作为目标继续跟踪,此时最大峰值逐渐增加,第63帧图像$F_{max}=0.267$,APCE$=12.5$。

由上述实验可知,最大响应分数、平均峰值相关能量值及多峰值可作为目标跟踪状态的判别标准,根据不同跟踪情况进行自适应模板及参数更新。

4.2.3.4　实验设置及结果分析

1.实验设置

本实验开发环境为Pycharm及MATLAB R2018b,编程语言是python及MATLAB。计算机硬件配置如下:计算机的中央处理器选型为AMD Ryzen 7 3700×8-Core Processor,运行内存为32 GB,操作环境为Win10系统。本实验按照前文所述相关参数取值,其余超参数设置为:高斯核参数$\sigma=0.6$,正则化参数$\lambda=0.0001$,学习率$\eta=0.012$。

2.算法步骤

基于尺度自适应和多特征融合的目标跟踪算法构建步骤如下:

第一步,目标跟踪器根据第一帧框选的目标位置,提取当前图像帧的搜索区域。

第二步,对第一帧提取的搜索区域进行HOG-LBP-颜色矩特征融合后,再进行融合特征提取。

第三步,使用上述样本及特征训练分类器,并生成初始的位置滤波器。

第四步,在后续图像帧中,目标跟踪器根据前一帧的目标位置进行区域循环采样。同时以目标几何中心位置为中心,对待测候选样本进行缩放得到尺度池空间。

第五步,对提取的区域样本进行 HOG-LBP-颜色矩特征融合后,再进行融合特征提取。

第六步,根据正负样本训练位置滤波器,位置滤波最大响应的区域即为当前目标位置。同时算法提取尺度空间内的目标特征进行尺度相关滤波检测,得到响应矩阵,对应最大峰值即为当前目标尺度。

第七步,在跟踪过程中使用三级跟踪置信度判别机制,求解当前置信度分数,判断每一帧图像的跟踪状态是否稳定。其中,一级判别根据滤波最大峰值进行判别,二级判别引入平均峰值相关能量指标,三级判别为多峰值判别,衡量跟踪响应效果。

第八步,将置信度分数反馈给追踪器用以判别是否进行位置滤波器参数、尺度滤波器参数及学习率更新。若分数低于所设阈值,则不进行模板更新;否则,按照公式进行自适应模板更新。

相关滤波改进算法流程见表 4-3。

表 4-3　相关滤波改进算法流程

输入:图像 I_t,前一帧的目标位置 p_{t-1} 和尺度 s_{t-1};位置滤波器模型参数为 $A_{t-1,\text{pos}}$,$B_{t-1,\text{pos}}$,尺度滤波器模型参数为 $A_{t-1,\text{scl}}$,$B_{t-1,\text{scl}}$

输出:当前帧的目标位置 p_t 和尺度 s_t;更新位置滤波器模型参数 $A_{t,\text{pos}}$,$B_{t,\text{pos}}$ 和尺度滤波器模型参数 $A_{t,\text{scl}}$,$B_{t,\text{scl}}$

位置估计:
(1)根据目标前一帧的位置 p_{t-1} 和尺度 s_{t-1},从图像 I_t 中提取样本 $z_{t,\text{pos}}$;
(2)计算响应得分 $y_{t,\text{pos}}$;
(3)计算 $y_{t,\text{pos}}$ 的最大值,即为当前目标所在位置,设为 p_t;

尺度估计:
(4)根据目标前一帧的位置 p_t 和尺度 s_{t-1},从图像 I_t 中提取样本 $z_{t,\text{scl}}$;
(5)计算响应得分 $y_{t,\text{scl}}$;
(6)计算 $y_{t,\text{scl}}$ 的最大值即为当前目标尺度,设为 s_t

三级置信度判别:
(7)计算当前帧的最大响应分数 $F_{\max_t}$;
(8)计算当前帧的平均峰值相关能量 APCE_t;
(9)计算当前帧的峰值数量 n

模型更新:根据位置 p_t 和尺度 s_t,从图像 I_t 中提取样本 $f_{t,\text{pos}}$ 和 $f_{t,\text{scl}}$;
(10)更新位置滤波器参数 $A_{t,\text{pos}}$,$B_{t,\text{pos}}$;
(11)更新尺度滤波器参数 $A_{t,\text{scl}}$,$B_{t,\text{scl}}$;
(12)更新学习率调整参数 ω_t

3.评价指标

本节采用精确度及成功率作为视频跟踪效果的评价指标。精确度指标反映了目标中心位置误差小于 20 像素的帧数占比,中心位置误差即算法标定的中心位置与真实中心位置之间的平均欧式距离,误差阈值取 20 个像素。假设算法标定的目标框的中心位置为 $(x_{\text{pre}},y_{\text{pre}})$,真实目标框的中心位置为 $(x_{\text{gt}},y_{\text{gt}})$,则中心位置误差计算公式如下:

$$\text{CLE} = \sqrt{(x_{\text{pre}} - x_{\text{gt}})^2 + (y_{\text{pre}} - y_{\text{gt}})^2} \tag{4-52}$$

算法标定成功率表示在总帧数中重叠率大于阈值的帧数占比,该阈值取为 0.5。边界框重叠率即算法标定的目标框与真实目标框的交并比,假设算法标定的目标框为 A_{pre},真实目标框为 A_{gt},重叠率 OR 的计算公式如下:

$$OR = \frac{|A_{\text{pre}} \bigcap A_{\text{gt}}|}{|A_{\text{pre}} \bigcup A_{\text{gt}}|} \tag{4-53}$$

4. 结果分析

为了进一步验证本节算法,使用公开数据集进行相关滤波类经典算法的性能对比实验。实验所用基准测试数据集为 OTB(Object Tracking Benchmark)数据集,该数据集常用于衡量不同跟踪算法性能。在 OTB100 基准测试中提供了平面内旋转、尺度变化、目标离开视野、背景复杂、光照变化、运动模糊、快速运动、变形、平面外旋转、遮挡和低分辨率 11 种属性的挑战跟踪视频。

采用 DSST、KCF、OURS 三种算法进行性能对比评估,本节算法在多种挑战下几乎都取得了较好的结果,准确率及成功率分别为 76.2% 和 57.7%,较 KCF 算法提升了 6.6% 和 10%,证明了自适应特征融合策略与一维尺度滤波器的有效性。值得一提的是,所提出的跟踪算法可以处理具有挑战性的情况,如背景复杂、尺度变化、光线变化、快速运动、形变、平面内旋转等 6 种属性,充分证明该跟踪器在有挑战性的场景中具备较好的鲁棒性。其实验结果如图 4-14~图 4-20 所示。

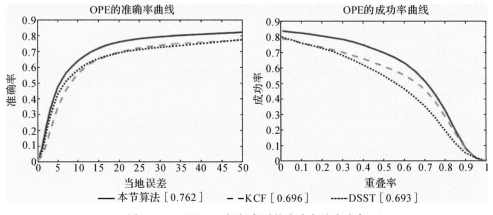

图 4-14　OTB100 视频序列的准确率及成功率

基于 6 种挑战下的视频序列进行算法验证,本节方法较 KCF 准确率及成功率均有所提升。各种挑战之下的准确率和成功率曲线如图 4-15~图 4-20 所示。

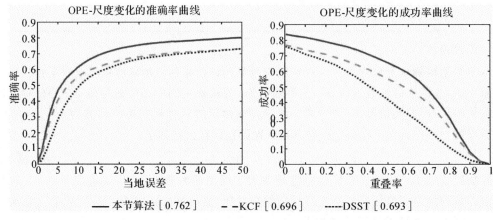

图 4-15　尺度变化视频序列的准确率及成功率

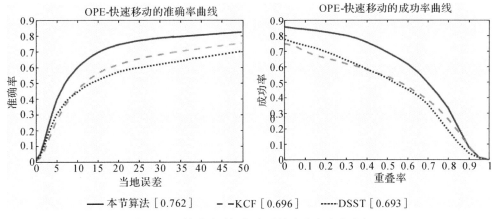

图 4 - 16　快速移动视频序列的准确率及成功率

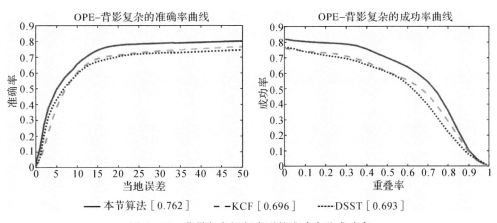

图 4 - 17　背景复杂视频序列的准确率及成功率

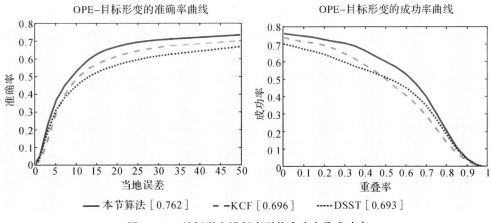

图 4 - 18　目标形变视频序列的准确率及成功率

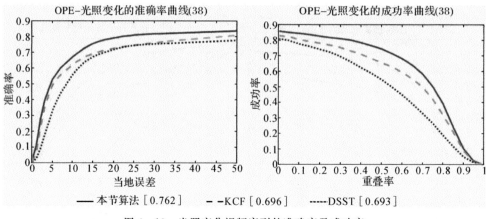

图 4-19　光照变化视频序列的准确率及成功率

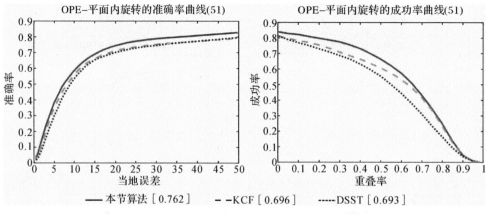

图 4-20　平面内旋转视频序列的准确率及成功率

KCF 算法仅采用了单一的 HOG 特征提取目标特征,无尺度滤波;DSST 算法采用了单一的 HOG 特征,有尺度滤波;本节算法利用区域协方差描述子融合 HOG、LBP 和颜色矩多特征信息,并采用积分图的方法加速计算,增加一维尺度滤波器,提出三级置信度判别机制和自适应模型更新算法。OTB100 数据集中部分视频序列的测试结果如下,视频序列信息见表 4-4。

表 4-4　视频序列信息表

视频序列	序列帧数	分辨率	挑战性因素
Doll	3 871	400×300	尺度变化、平面内旋转、光线变化
Biker	141	640×360	快速运动、尺度变化、运动模糊
CarDark	392	320×240	光线变化、背景复杂
Diving	214	400×224	形变、平面内旋转、尺度变化

Doll 视频序列部分跟踪结果如图 4-21 所示,目标尺度变化问题是该序列最为明显的挑

战性因素。前期视频序列中尺度变化幅度不大,三种算法的跟踪结果几近重合。在后续跟踪过程中,目标尺度逐渐增大。KCF 算法无尺度滤波功能而导致目标框大小固定,在第 3 494 图像帧之后,只定位到了目标的局部区域。而 DSST 算法所标定的目标框虽有尺度变化,却未能度量目标的最佳尺度,在第 2 431 帧后,算法求解得到的目标区域就已引入背景信息。本节算法的一维尺度滤波器与自适应模板更新机制发挥了良好作用,使得跟踪结果始终同目标真实位置和大小保持一致。

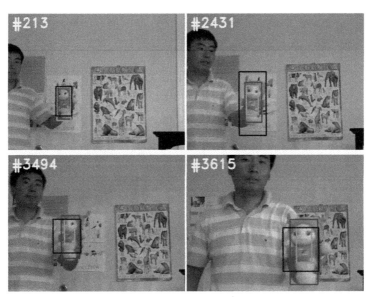

图 4 - 21　目标尺度变化

　　Biker 视频序列部分跟踪结果如图 4 - 22 所示,快速运动、尺度变化、运动模糊问题是该序列明显的挑战性因素。前期目标运动速度缓慢,跟踪算法稳定。在第 91 帧时,由于目标快速运动产生较大位移,此时 KCF 的跟踪框位置左偏,到第 141 帧目标尺度减小,KCF 算法跟踪失败。本节算法和 DSST 算法准确跟踪到头部,但本节算法尺度估计更为精准。

图 4 - 22　目标快速运动

如图 4-23 所示,CarDark 序列最为突出的挑战性因素是光照变化及背景复杂。在第 294 帧、第 324 帧光线发生了明显的变化,且含有背景复杂问题。将 KCF 算法跟踪结果与另外两种算法相比较可知,其对于光照变化问题的适应性不足,矩形目标框的位置逐渐左偏。本节算法引入多特征融合策略,因而可有效地处理光线变化问题。为了应对背景杂乱问题,本节算法采用了自适应模板更新,其不会因为模型更新过快或过慢引入背景噪声信息,能够对目标进行鲁棒跟踪。

图 4-23　光线变化

如图 4-24 所示,Diving 序列最为突出的挑战性因素是目标形变、平面内旋转及尺度变化。在视频序列第 1 帧中给定三种算法相同的目标位置和大小,由于跳水运动员起跳动作的变化,目标发生形变,并进行平面内旋转。在视频序列第 49 帧时,KCF 算法无法应对尺度变化,此时目标已经丢失,DSST 和本节算法稳定跟踪目标。第 93 帧时,目标发生明显形变,此时 KCF 与 DSST 算法均跟踪失败,本节算法由于引入尺度滤波与多特征融合策略,能够更加准确地感知跳水运动员的姿态变化,并自适应地进行滤波器模板更新,跟踪效果较为理想。

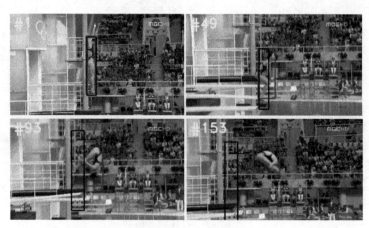

图 4-24　目标形变

4.2.4　小结

本节首先介绍了核相关滤波跟踪算法的基础理论,对循环矩阵与密集采样、岭回归与核技巧、快速检测与滤波器更新等关键模块进行了深入分析,并给出了算法的优势与不足,为 KCF 算法的改进提供了理论支撑。

其次针对复杂场景之下跟踪模型极易漂移的问题,基于核相关滤波算法提出了尺度自适应与改进融合特征的目标跟踪算法。利用区域协方差描述子进行多特征信息融合,并采用积分图的方法加速计算,能够不计算特征权重而得到更全面、更准确的目标信息。增加一维尺度滤波器解决跟踪中的尺度估计问题,提出了三级跟踪器置信度判别机制,能够对遮挡和形变等复杂情况进行跟踪置信度判断,进而自适应地选择模型更新率以克服模型漂移。

最后总结了改进算法的步骤和流程,通过实验验证了算法在尺度估计、抗遮挡等方面的有效性。在 OTB100 数据集上进行了算法验证,准确率与成功率分别提升了 6.6% 和 10%。

4.3　基于弹载平台的改进轻量化 YOLOv4 目标检测算法

4.3.1　引言

实际跟踪目标的过程中往往会受到各种干扰,导致跟踪模型漂移,4.2 节提出三级跟踪置信度判别机制,使用置信度判别器评判当前目标是否处于稳态跟踪。若此时目标即将丢失或跟踪不稳定,应引入极高精度的目标检测算法进行目标重定位,从而找回目标。基于深度学习的检测算法可提取目标更多、更深层次特征信息并进行智能决策定位,算法检测率高。但其庞大的反向传播参数计算与错综复杂的网络模型,加之弹载平台的数据存储、功耗、算力等资源受限,导致难以落地于弹载平台并达到实时鲁棒检测效果。那么如何提供"廉价"的高质量检测算法将是本节所讨论的问题。

本节首先阐述深度卷积神经网络的基本理论,再对经典的骨干网络原理及网络结构进行详细介绍。其次针对单阶段的检测网络进行理论分析与代码复现,为后续算法的轻量化改进奠定基础,并给出 8 种主流检测算法在公开数据集上的检测结果对比图,从而选取目前最优检测网络作为基础网络。再次考虑到目前尚无公开的军事目标数据集作为基础研究,自建常用的军事目标检测数据集,并进行图像采集、图像预处理、数据集划分等前期数据处理。最后对 YOLOv4 模型在骨干网络、损失函数等方面进行了改进,以深度可分离卷积代替标准卷积,引入反向残差结构并替换模型的骨干网络,在特征提取阶段增加双金字塔架构,使用焦点损失函数以解决类间不平衡问题。

4.3.2　深度卷积神经网络基础理论

卷积神经网络(CNN)启发于生物中的神经元系统,1989 年至今涌现出各类优秀算法。CNN 是目标检测与识别的核心组成部分,可以作为层次化的基础模型,通过优化方法将图像数据进行逐层抽象,并从大量的训练数据中自动学习特征表达,提取其高阶语义信息。算法性能远远超越早期人工提取特征的方法,因此广泛应用于工业、军事等各个领域的分类、识别任务。

4.3.2.1 卷积神经网络基本结构

卷积神经网络模型在 20 世纪 80 年代就已经被应用于计算机视觉任务中。深度卷积神经网络的层级结构如下:数据输入层、卷积计算层、ReLU 激励层、池化层、全连接层。不同层具有不同作用。CNN 结构如图 4 - 25 所示,本节将对部分网络层进行简明介绍。

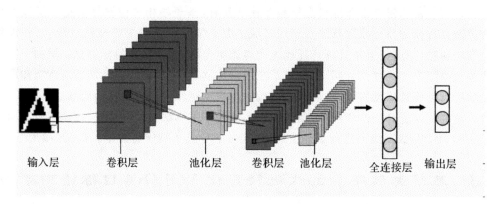

输入层　　卷积层　　池化层　　卷积层　　池化层　　全连接层　输出层

图 4 - 25　CNN 结构图示

1. 卷积计算层

卷积计算层是深度卷积神经网络的基础组成部分,利用卷积核的参数可提取图像特征。卷积计算过程如图 4 - 26 所示,设上层输出特征图为 I,卷积核为 K,I 经过卷积核进行加权,则特征输出图 Y 对应神经元的响应值。卷积核 K 从左上角开始,以固定步长依次向右、向下移动。I 的大小为 $4×4$,卷积核大小为 $2×2$,滑动窗口步长为 2,从左至右滑动 2 次,从上至下滑动 2 次,每次滑动进行一次卷积操作,最后卷积特征图大小为 $2×2$。

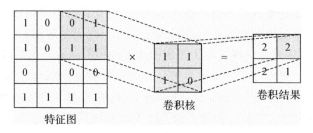

特征图　　　　　　　　卷积核　　　　　　卷积结果

图 4 - 26　卷积计算过程

2. 激活函数层

神经网络中的卷积和全连接操作都是线性变换,多层级联后仍无法提取高级语义信息,因此引入激活函数,实现非线性映射,提高神经网络的特征提取能力。常用的激活函数有 Sigmoid、ReLU、Leaky ReLU 和 Softmax 函数等。近几年,也有一些新型激活函数用于目标检测,如 ELU、mish 激活函数等。

(1)Sigmoid 函数。Sigmoid 函数将输出映射在[0,1]区间,0 代表神经元处于抑制状态,1

代表神经元处于激活状态。函数单调连续,因此易于求导,常用于二分类;但其计算量较大,且函数两侧特征的一阶导接近于 0,将可能产生梯度消失,导致损失误差难以通过反向传播进行传递。其表达式如下:

$$\sigma = \frac{1}{1 + \exp(-x)} \tag{4-54}$$

该函数的曲线图像如图 4-27 所示。

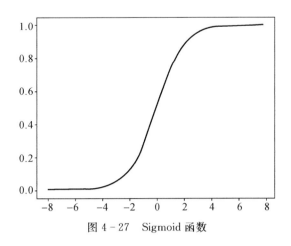

图 4-27 Sigmoid 函数

(2)ReLU 函数。ReLU 是目前最常用的整流函数之一,函数表达式。

$$\text{ReLU}(x) = \max(x, 0) = \begin{cases} 0 & (x < 0) \\ x & (x \geqslant 0) \end{cases} \tag{4-55}$$

函数只保留了正值输入,当输入为正值时,导数为 1;当输入为负值时,函数值与导数均为 0,从而生成了稀疏矩阵,使得网络收敛速度加快。但负区间的所有输入都统一置 0,将会导致部分神经元"死亡",从而无法更新部分权重。

该函数的曲线图像如图 4-28 所示。

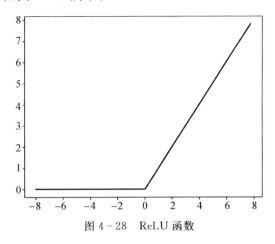

图 4-28 ReLU 函数

(3)Leaky ReLU 函数。为了解决 ReLU 函数导致部分神经元失活问题,Leaky ReLU 函

数在负区间增加了一个较小的常数,使得负轴部分的特征不会完全丢失。其表达式为

$$\text{Leaky} \quad \text{ReLU}(x) = \max(\frac{1}{a_i}x, x) = \begin{cases} \frac{1}{a_i}x & (x < 0) \\ x & (x \geqslant 0) \end{cases} \qquad (4-56)$$

式中,a_i 表示权重,即为小于 0 的输入特征值的缩小比例。

该函数的曲线图像如图 4-29 所示。

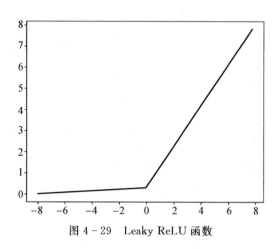

图 4-29 Leaky ReLU 函数

(4)Softmax 函数。Sigmoid 函数常用于二分类问题,Softmax 函数常用于多分类。在分类任务当中,Softmax 函数将各类别得分映射为 $[0,1]$ 的概率取值,其表达式为

$$S_i = \frac{e^{V_i}}{\sum_j^C e^{V_j}} \qquad (4-57)$$

式中:V_i 为第 i 个类别的得分;C 为类别总数;S_i 为第 i 个类别的概率。

3. 池化层

在卷积神经网络中,通常会在卷积层之间增加池化层,以减少特征图的分辨率。通过池化操作可降低空间维度,减少计算量,还可使得网络具有一定的抗噪能力,抗目标形变和平移。

常见的池化类型有最大值池化和平均池化两种方式。最大池化是指在池化区域内,取特征最大值作为池化结果,平均池化是取特征平均值作为池化结果。如图 4-30 所示,卷积特征矩阵大小为 4×4,池化区域大小为 2×2,最大池化操作后的池化特征矩阵大小为 2×2。

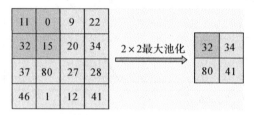

图 4-30 最大池化过程

4. 全连接层

在卷积神经网络中,全连接层位于卷积层和池化层之后,主要作用是将特征映射到标签空间,通常在全连接层之后使用 Softmax 函数完成目标分类。全连接层实际是向量的内积操作,设全连接层的输入为 $\boldsymbol{X}$,输出为 $\boldsymbol{Y}$。其表达式为

$$\boldsymbol{Y} = \boldsymbol{W}^{\mathrm{T}}\boldsymbol{X} + b \tag{4-58}$$

式中：W 为全连接的权重参数；b 为偏差。

全连接层的计算过程如图 4-31 所示。

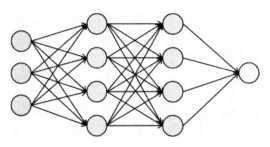

图 4-31　全连接层计算过程

4.3.2.2　经典的 CNN 模型结构

1998 年 LeCun 等提出了具有代表性的神经网络模型 LeNet,之后研究人员基于浅层网络增加模型层数并调整参数,相继提出了更深层次的神经网络,如 AlexNet、ZFNet、VGGNet 等一系列单分支网络结构。AlexNet 网络在 2012 年 ImageNet 图像分类大赛上夺得冠军,使得在一段时间内深度学习成为研究热点。2014 年,提出的 VGGNet 使用更深的网络结构,在目标检测、图像分割等领域取得了显著效果。

学者们探索在同一层引入多个并行的分支结构,如 GoogLeNet、ResNet 等网络,包括一些 ResNet 网络的改进版 WideResNet、FractalNet、ResNext、DenseNet 及 Inception V4 等。

1. 单分支网络结构

(1)LeNet。1998 年提出了经典的手写数字识别模型 LeNet 网络,网络层数仅为 5 层。输入图像是灰度图,大小为 $32 \times 32 \times 1$。其网络结构如图 4-32 所示。

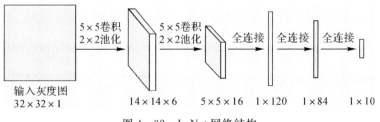

图 4-32　LeNet 网络结构

(2)AlexNet。2012 年 AlexNet 算法取得 ImageNet 图像分类竞赛冠军,其网络层数为 8。

相较于 LeNet 网络,卷积层数增加 3 层,并且准确率也取得大幅提升,模型的特征表达能力更强。输入图像是 RGB 彩色图像,大小为 224×224×3,经过 5 层卷积和 3 层全连接后得到 1 000 维度的输出。LeNet 网络在全连接层中使用 Dropout 操作对输出特征向量进行 50% 概率的随机丢弃,可减少模型过拟合。其网络结构如图 4-33 所示。

(3)VGGNet。2014 年 VGGNet 算法取得 ImageNet 图像分类竞赛亚军,其网络层数为 19。网络统一使用尺寸大小为 3×3 的卷积核和尺寸为 2×2 的池化。在训练过程中使用多尺度的变换进行数据增强,使得模型不易过拟合。该网络在目标识别、分割等任务中均取得了良好效果,当今很多学者们仍以该网络作为基础研究算法。其网络结构如图 4-34 所示。

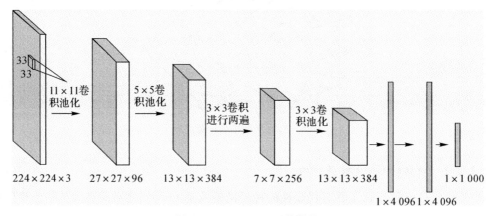

图 4-33 AlexNet 网络结构

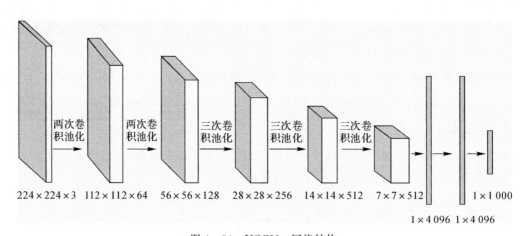

图 4-34 VGGNet 网络结构

2. 多分支网络结构

(1)GoogLeNet。2014 年 GoogLeNet 算法取得 ImageNet 图像分类竞赛冠军,其网络层数为 22。整体包含 3 个卷积层、9 个 Inception 子模块和 1 个 Softmax 层。采用不同大小(1×1,3×3 和 5×5)的卷积核,将这些不同尺度特征进行融合拼接。但是,使用 5×5 的卷积核会增加计算量,可采用 1×1 卷积核进行降维。其网络结构如图 4-35 所示。

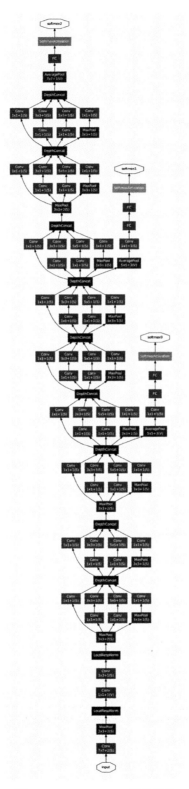

图 4 – 35　GoogLeNet 网络结构

(2)ResNet。2015 年 ImageNet 竞赛中出现了 152 层网络 ResNet,整体包含 151 个卷积层和 1 个 Softmax 层。神经网络层数的加深可能会导致过拟合问题。ResNet 引入跳线连接,误差梯度可通过跳线向前传播,有效地学习浅层特征。ResNet 网络层数多,识别精度高,现已被广泛应用于目标检测任务当中。其网络结构如图 4-36 所示。

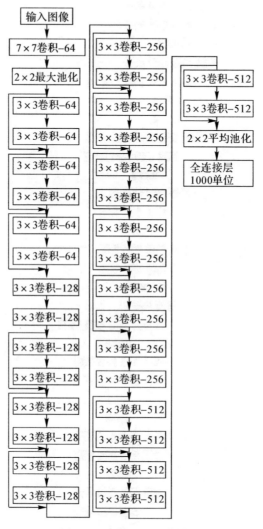

图 4-36 ResNet 网络结构

4.3.3 YOLO 系列目标检测算法研究

考虑到本章基于弹载平台开展实验,因此选取实时性较高的单阶段检测算法作为基础研究,为后续检测算法改进提供理论支撑。本节首先介绍常用目标检测数据集 PASCAL VOC 及 COCO 数据,再对经典的一阶检测算法 YOLOv3、YOLOv4、YOLOv5 等进行分析并归纳总结。

4.3.3.1　VOC 及 COCO 数据集简介

1. PASCAL VOC 数据集

PASCAL VOC 数据集可用于训练评估图像分类、目标检测和分割等多种算法,分为 PASCAL VOC 2007 和 PASCAL VOC 2012 数据集两种。以 PASCAL VOC 2007 为例,包含 9 963 张标注图片,由 train/val/test 三部分组成,共标注 24 640 个物体。其中训练集和验证集图片数量为 5 011 张,包含标注目标 12 608 个,数据内存大小为 439 MB;测试集数据图片数量为 4 952 张,包含标注目标 12 032 个,内存大小为 431 MB。检测目标共有车辆、家具、人和动物四大类别、20 个小类(加背景 21 类)。VOC 数据集预测输出类别如图 4-37 所示。

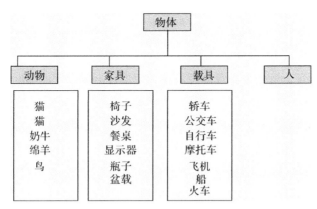

图 4-37　VOC 数据集预测输出类别

PASCAL VOC 2007 数据集包含 5 个文件夹,其文件目录如下:
```
        └── VOCdevkit  ♯根目录
            └── VOC2007  ♯不同年份的数据集
          ├── JPEGImages       ♯存放源图片
├── Annotations      ♯存放 xml 文件,包含图片的标注信息
├── ImageSets        ♯存放 txt 文件,包含图片的名称
│     ├── Action
│     ├── Layout
│     ├── Main
│     └── Segmentation
├── SegmentationClass   ♯存放图片,分割后的效果
└── SegmentationObject ♯存放图片,分割后的效果
```

2. COCO 数据集

微软发布的 COCO 大型图像数据集可用于训练评估目标检测、语义分割、人体关键点检测、图像描述等多种算法。与 VOC 数据集相比,该数据集更符合日常环境,图像中小目标多,单幅图片目标多,物体呈非中心分布,因此检测难度更大。在 2017 年数据集中,其中训练集有

118 287 张,验证集有 5 000 张,测试集有 40 670 张。检测目标共有 80 个类别。图 4 - 38 是 COCO 和 VOC 数据集的目标种类及数量对比图。

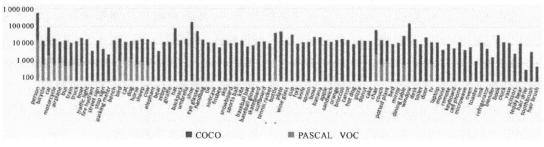

图 4 - 38　COCO 和 VOC 数据集的目标种类及数量对比

4.3.3.2　YOLO 系列目标检测算法

经典的目标检测分为单阶段和双阶段两种。以 Faster RCNN 为代表的两阶结构,首先生成感兴趣区域,再进行精细的分类与回归,虽然检测效果优良,但检测速度却有极大限制,无法满足工业界对于目标检测实时性和准确性的需求。因而出现了以 YOLOv4 为代表的单阶段目标检测算法。YOLO 系列算法采用分而治之的方法,将输入图像划分为很多网格,端到端的网络结构可以直接预测目标的类别和位置。考虑到后续嵌入式系统实现,本小节对 YOLOv3、YOLOv4、YOLOv5 算法进行了理论分析及代码复现,并给出了八种算法的精确度对比结果。

1. YOLOv3 算法概述

YOLOv3 检测算法主要改进了网络结构、网络特征以及后续计算这三部分。在网络结构设计方面,YOLOv3 吸收了残差网络和特征融合等思想,提出了新的骨干网络——DarkNet - 53。在网络特征方面,融合了深层及浅层特征,最终输出三种尺寸的特征图。为了解决小目标检测的尺度问题,YOLOv3 引入了多尺度预测。后续计算中,使用多个独立的 Logistic 分类器取代 softmax 函数。YOLOv3 算法模型结构如图 4 - 39 所示。

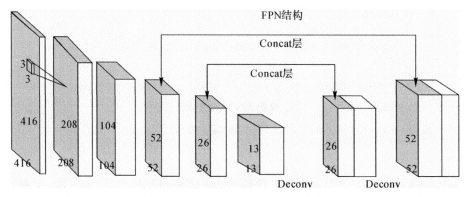

图 4 - 39　YOLOv3 算法模型示意图

(1)骨干网络设计。YOLOv3 模型使用含有更多卷积层的深度网络结构 Darknet-53,相较于 YOLOv2 的 DarkNet-19,其含有 53 个卷积层,且借鉴了 ResNet50 网络的残差结构,加入特征融合。该结构可以加快网络的训练速度、提高训练效果,并且当网络模型的层数加深时,可以很好地解决模型退化问题,使网络结构能够往更深的方向发展。

残差网络结构如图 4 - 40 所示。首先通过残差卷积,即进行一次卷积核大小为 1×1 的卷积,以及 3×3 的卷积和 1×1 的卷积,将得到的结果和原始特征层相加输出。1×1 和 3×3 的卷积与残差边的叠加,极大加深了网络,网络深度的提升也提高了准确率及网络优化能力,同时残差块使用跳跃连接缓解了梯度消失问题。

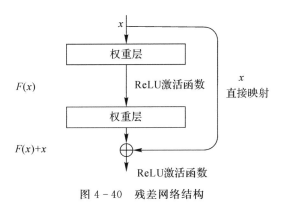

图 4 - 40　残差网络结构

(2)多尺度预测。通过聚类方法 YOLOv2 中最终选择了 5 个锚框来做预测。在 YOLOv3 中同样使用 K-means 的聚类方法,借鉴特征金字塔的思想,采用多尺度对不同大小的目标进行预测,锚框数量为 9,其中包含 3 种不同的尺度且每种尺度含有 3 个锚框,对不同大小的目标进行预测。多尺度预测是将网络中深层的特征进行上采样,再与浅层特征进行融合形成多个尺度的特征图,通过对网络多层信息的融合,达到对小目标更加准确检测的目的。

在 YOLO v3 中,当输入图像的大小为 416×416 时,其经过多尺度预测后得到的三种特征图尺度大小分别是:①13×13,作为网络最深层的特征图输出大小,由于下采样倍数高,此时特征图的局部感受野较大,因此适合预测较大的目标;②26×26,最底层特征图输出的尺度经过 2 倍上采样后与网络中最后一个 26×26 大小的特征图进行拼接,此时的特征图具有中等尺度的感受野,适合预测中等大小的目标;③52×52,与②做法相同,最终以 52×52 大小的特征图作为输出,其感受野最小,因此最适合预测较小目标。

(3)分类器类别预测。Softmax 输出的类别之间会相互抑制,只能预测出物体的一个类别,但多数场景下目标物体可能含有多重标签。因此 YOLOv3 不再使用 Softmax 对每个预测框进行分类,在不降低准确率的情况下,使用多个 logistic 分类器替代 Softmax。最终在训练过程中,选择了二元交叉熵损失(Binary Cross-Entropy Loss,BCE Loss)来进行类别预测。单个样本的交叉熵损失函数为

$$L = -\sum_{i=1}^{N} y_i \log \hat{y_i} + (1 - y_i) \log(1 - \hat{y_i}) \qquad (4-59)$$

式中:y_i 为样本 i 的标签,正类为 1,负类为 0;$\hat{y_i}$ 为样本 i 预测为正的概率。YOLOv3 的损失

函数为

$$
\begin{aligned}
\text{Loss} = &\sum_{i=0}^{S^2}\sum_{j=0}^{B} I_{ij}^{\text{obj}}(2-w_i \times h_i)\big[-x_i*\log(\hat{x}_i)-(1-\hat{x}_i)*\log(1-\hat{x}_i)\big]+ \\
&\sum_{i=0}^{S^2}\sum_{j=0}^{B} I_{ij}^{\text{obj}}(2-w_i \times h_i)\big[-y_i*\log(\hat{y}_i)-(1-y_i)*\log(1-\hat{y}_i)\big]+ \\
&\sum_{i=0}^{S^2}\sum_{j=0}^{B} I_{ij}^{\text{obj}}(2-w_i \times h_i)\big[(w_i-\hat{w}_i)^2+(h_i-\hat{h}_i)^2\big]- \\
&\sum_{i=0}^{S^2}\sum_{j=0}^{B} I_{ij}^{\text{obj}}\big[\hat{C}_i\log(C_i)+(1-\hat{C}_i)\log(1-C_i)\big]- \\
&\sum_{i=0}^{S^2}\sum_{j=0}^{B} I_{ij}^{\text{noobj}}\big[\hat{C}_i\log(C_i)+(1-\hat{C}_i)\log(1-C_i)\big]- \\
&\sum_{i=0}^{S^2} I_{ij}^{\text{obj}}\sum_{c\in\text{classes}}\Big\{\hat{p}_i(c)\log[p_i(c)]+[1-\hat{p}_i(c)]\log[1-p_i(c)]\Big\}
\end{aligned}
\tag{4-60}
$$

式中,第一项代表目标框左上角位置 x 的 BCE Loss,第二项代表目标框左上角位置 y 的 BCE Loss,第三项代表目标框高度 h 及宽度 w 的 MSE Loss,第四项和第五项代表目标置信度的 BCE Loss,第六项代表类别的误差,同样是 BCE Loss。

图 4-41 是 YOLOv3 与其他算法的检测精度、速度对比。

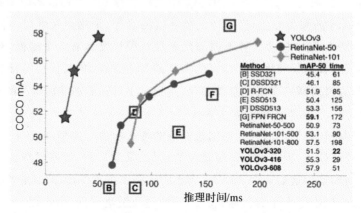

图 4-41　YOLOv3 模型检测速度和精度与其他检测算法对比图

总结 YOLOv3 具备以下几个优势:

(1)采用 FPN 反卷积架构及多尺度预测,同时改善小目标检测;

(2)基于 resnet 的 darknet53 预训练模型,残差网络有效避免模型的梯度消失;

(3)检测速度快。

2. YOLOv4 算法概述

YOLOv4 相对 YOLOv3,主要是改进了主干网络、训练方法、最小批归一化等,同时吸收了近年来最新深度学习网络的一些技巧,如 CutMix 数据增强、Mish 激活函数等。总体上,YOLOv4 是以下模块的组合,即 YOLOv4 = CSPDarknet53+(SPP+PAN)+YOLOv3。其网络结构如图 4 - 42 所示。

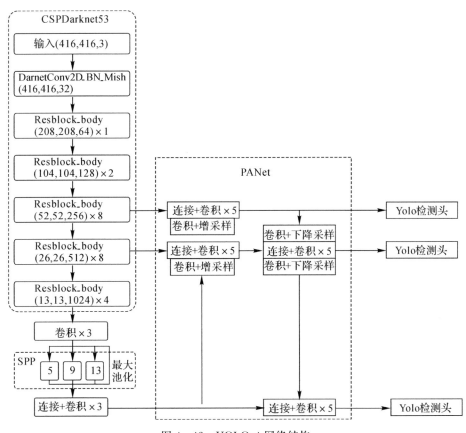

图 4 - 42　YOLOv4 网络结构

下面将对跨级局部网络、空间金字塔池化、路径聚合网络及损失函数进行逐一分析。

(1)跨级局部网络(Cross Stage Partial Network,CSP)。YOLOv4 在主干网络部分的一个主要改进点就是在残差模块采用了跨级局部网络(其结构如图 4 - 43 所示),相较于原始的残差模块,将输入的特征图按照通道进行切割,只将原特征图的一半输入残差网络进行前向传播,最后另一半与残差网络的输出结果直接进行按通道拼接。一方面,仅有一半输入参数参与计算,可以大大减少计算量和内存消耗;另一方面,反向传播过程中,增加了一条完全独立的梯度传播路径,梯度信息不存在重复利用。

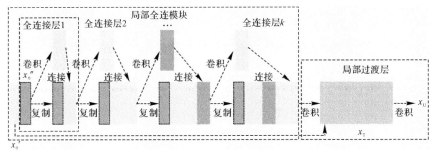

图 4 - 43　CSPDenseNet 结构

(2)空间金字塔池化(Spatial Pyramid Pooling,SPP)。YOLOv4 中 SPP 模块能够将多尺度特征转化为固定大小的特征向量,再送入全连接层。具体实现方法如图 4-44 所示,输入任意尺度特征图,假设利用 4×4、2×2、1×1 这三种不同尺度的最大池化操作对特征图进行划分,并使用 padding 使输出大小与原图一致,最后对多个池化的结果进行堆叠,使得任意大小特征图转换成为一个固定大小的 21 维特征,从而解决全连接层需要参数统一的问题。

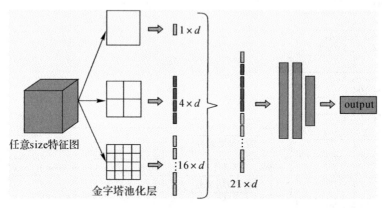

图 4-44　空间金字塔池化

(3)路径聚合网络(Path Aggregation Network for Instance Segmentation,PANet)。路径聚合网络(PAN)是特征金字塔网络(FPN)的一种改进形式,路径聚合网络在特征金字塔网络的基础之上增加了一条自底向上的路径,如图 4-45 所示。原始的 FPN 的 P5 输出层包含的浅层特征丢失严重,如图中路径 1 所示,浅层特征经过特征提取网络后,几乎都已经转化为深层特征,导致定位不准等问题。而在 PAN 中,浅层特征经过路径 2 线路到达 N5,保证浅层特征得到比较好的保存。

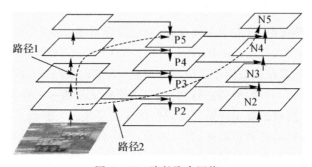

图 4-45　路径聚合网络

(4)损失函数。YOLOv4 的损失函数主要包括边界框损失、类别损失及置信度损失,计算公式如下:

$$\text{Loss} = \text{Loss}_{\text{CIOU}} + \text{Loss}_{\text{cls}} + \text{Loss}_{\text{confidence}} \qquad (4-61)$$

边界框损失为

$$\text{Loss}_{\text{CIOU}} = 1 - \text{IOU} + \frac{d^2}{c^2} + av \qquad (4-62)$$

其中,d 是两个边界框中心点之间的欧氏距离,c 是两个边框并集的对角线距离,v 是衡量长宽比一致性的参数。υ 的计算式如下：

$$\upsilon = \frac{4}{\pi^2}\left(\arctan\frac{w^{\mathrm{gt}}}{h^{\mathrm{gt}}} - \arctan\frac{w}{h}\right)^2 \qquad (4-63)$$

其中，w^{gt} 和 h^{gt} 是目标真实边界框的宽度和高度，w 和 h 是预测框的宽度和高度。α 是权重参数，计算式如下：

$$\alpha = \frac{\upsilon}{(1-\mathrm{IOU})+\upsilon} \qquad (4-64)$$

类别损失为

$$\mathrm{Loss}_{\mathrm{cls}} = \sum_{i=0}^{S^2}\sum_{j=0}^{B} I_{i,j}^{\mathrm{no\_obj}}\left[-\log(1-\mathrm{p})\right] \qquad (4-65)$$

置信度损失为

$$\mathrm{Loss}_{\mathrm{confidence}} = \sum_{i=0}^{S^2}\sum_{j=0}^{B} K\left[-\log(p)+\mathrm{BCE}(\hat{n},n)\right] \qquad (4-66)$$

$$\mathrm{BCE}(\hat{n},n) = -\hat{n}\log(n) - (1-\hat{n})\log(1-n) \qquad (4-67)$$

式中：S 为网格数；B 为网格锚点序号；n 为第 i 个网格中第 j 个锚点的实际类别；$\hat{n}$ 为第 i 个网格中第 j 个锚点的预测类别；p 为目标概率；K 为指示函数。$K = I_{i,j}^{\mathrm{obj}}$，其含义是，当有目标出现在第 i 个网格的第 j 个锚点时，其值为 1，否则为 0。

3. YOLO 系列算法对比

本小节分别从数据增强、激活函数、正则化、损失函数等方面整理了 YOLO 系列算法的主要思想。对比结果见表 4-5。

表 4-5　YOLO 系列算法对比

Trick	YOLOv3	YOLOv4	YOLOv5
数据增强	图像旋转、尺度变换	Mosica 数据增强	Mosica 数据增强
骨干网络	Darknet53	CSPDarknet53	Focus＋CSP
激活函数	Leaky relu	mish	Leaky relu
Neck	FPN＋PAN	SPP＋FPN＋PAN	FPN＋PAN
损失函数	IOU	CIOU	GIOU
非极大值抑制	nms	DIOU_nms	nms

对单阶段的经典检测网络进行了代码复现，并给出了 8 种主流检测算法在 COCO 数据集上的准确率对比结果，各算法的 $P\text{-}R$ 曲线结果如图 4-46 所示。图中，mAP 的性能水平排序为 YOLOv4＞YOLOv5x＞YOLOv5l＞YOLOv3-spp＞YOLOv3＞YOLOv5m＞YOLOv5s＞YOLOv3-tiny。YOLOv4 检测性能表现最好，在 COCO 数据集下 IOU 阈值为 0.5 时的 mAP 值为 0.7。YOLOv5s 模型体积最小，检测速度最快，但平均精度只有 0.544。因此，对最优模型 YOLOv4 进行网络轻量化设计，从而满足弹载平台的实时性能要求。

4.3.4　改进轻量化 YOLOv4 目标检测算法构建

通过上述分析，本节选取当前最优性能的目标检测网络算法作为基础网络，基于

YOLOv4 进行弹载平台的军事目标检测网络设计,并建立系统的军事数据集,同时进行算法训练、测试与验证,以求在速度和精确度上保持先进性,为军事目标检测识别的落地应用提供有力支撑。

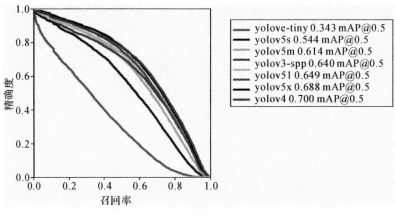

图 4-46 各算法 P-R 曲线

4.3.4.1 典型军事目标数据集构建

1. 数据采集与标注

目前无人机、坦克、舰艇等军事目标数据集尚不全面也未在网络上进行公开。本节采用外场拍摄和平台仿真两种方式来获取各类常见军事目标数据,并对原始图像数据进行镜像、旋转、形变、随机擦除、尺度变换等操作以丰富训练集样本,从而提高网络泛化性能及检测性能。使用 Labelimg 图像标注软件进行目标信息标注,标注格式为 VOC 数据集格式。该数据集是一个具有挑战性的军事目标数据集,包括普通车辆、装甲车辆、无人机、舰船、油桶、立交桥 6 种不同的检测类别,覆盖多种尺寸、多种视图、天气、比例和光线的目标,共 4 511 张图像。其中,3 609 张图像作为训练集,451 张图像作为验证集,451 张图像作为测试集。

如图 4-47 所示,军事数据集由图片文件夹、标签文件夹和图片名称构成。其中,JPEGImages 文件夹存放数据集的图片信息,Annotations 文件夹存放各个图片的标签文件,ImageSets 文件存放训练集和测试集的图片名称。

图片标注过程如图 4-48 所示,对图中目标的真实位置区域进行标注,生成 .xml 文件,得到目标位置及类别信息。具体格式如图 4-49 所示。

现对标注文件中的关键信息进行说明:图 4-49 中,size 指图像大小和通道数,图像高度为 1 920,图像宽度为 1 080,图像通道数为 3。Segmented 指是否用于图像分割,0 为否。Object 为图像中的目标信息,其中,目标名称是 armored_vehicle,目标未被遮挡,该目标不是难例样本,目标标定框的左上和右下坐标分别为 (1157,522) 和 (1380,668)。

2. 数据预处理

近年来,在目标检测算法中也涌现了很多数据增强方法,如 Cutout、Cutmix 和 Mixup 等。对于作战场景复杂、光线变化、弱小目标难以识别等问题,借鉴上述数据增强策略,分别基于图像光学变换与几何变换两个维度进行。光学变换指的是对图像的亮度、对比度、饱和度、图像像素值、RGB 通道等属性进行随机调整,几何变换指的是对原始图像数据进行镜像、旋转、形

变、随机擦除、尺度变换等。这些操作能够丰富训练集样本,从而在一定程度上提高网络泛化性能及检测性能。具体方法如下:

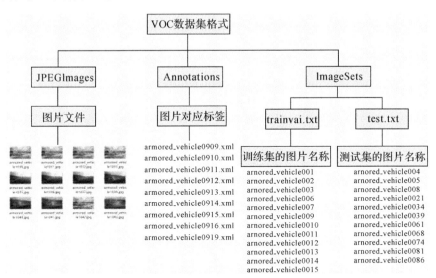

图 4 - 47　军事目标数据集

图 4 - 48　目标标注图示

(1)HSV 通道颜色转换。

(2)亮度和对比度转换。

(3)水平翻转、垂直翻转、灰度转换、随机裁剪。

(4)使用 Cutout 方法,随机裁剪样本的部分区域,用 0 像素填充,分类结果不变;使用 Cutmix 方法对部分区域进行裁剪,不填充 0 像素,而是随机填充训练数据集中其他区域像素值,分类结果按一定比例分布。Cutout 及 Cutmix 方法对比如图 4 - 50 所示。

```
-<sixe>
    <width>1920</width>
    <height>1080</height>
    <depth>3</depth>
</size>
<segmented>0</segmented>
<object>
    <name>armored_vehicle</name>
    <pose>Unspecified</pose>
    <truncated>0</difficult>
-<bndbox>
    <xmin>1157</xmin>
    <ymin>522</ymin>
    <xmax>1380</xmax>
    <ymax>668</ymax>
    </bndbox>
</object>
```

图 4-49   . xml 标注文件内容

图 4-50   Cutout 及 Cutmix 方法对比

(5)使用 Mosaic 方法,将四张训练图像按照一定的比例组合成一张图像,使模型能够在更小的范围内学会识别物体。Mosaic 方法如图 4-51 所示。

图 4-51   Mosaic 方法

4.3.4.2   轻量化目标检测网络整体结构

本节基于 YOLOv4 算法设计了两种轻量化目标检测网络,分别是 YOLOv4_slv2 网络和 YOLOv4_slv3 网络,接下来介绍这两种算法的构建方法。

1. YOLOv4_slv2 轻量化目标检测网络

YOLOv4_slv2 网络的整体结构如图 4-52 所示,其构建步骤如下:

1)将骨干网络设计为轻量化网络。使用深度可分离卷积代替标准卷积,将卷积过程分为逐通道卷积和逐点 1×1 卷积两步。虽然卷积过程扩展为两步,但轻量的卷积方式减少了计算冗余,总体计算量约为标准体积的 1/9,运算速度提升。轻量化网络的单元是反向残差结构,如图 4-53 所示,反向残差块结构中间宽两边窄:利用 1×1 卷积进行升维,再利用 3×3 深度可分离卷积进行特征提取,最后利用 1×1 卷积降维。轻量化网络包含 5 个由反向残差块所构成的卷积模块,每个卷积模块的输出特征图分别表示为 C_1、C_2、C_3、C_4、C_5。设置网络的输入图像尺寸为 416×416,则 C_1~C_5 特征图的维度依次为:208×208×16、104×104×24、52×52×32、26×26×96、13×13×320,相对原图 C_1 层尺寸缩小为 1/2,C_2 层尺寸缩小为 1/4,C_3 层缩小为 1/8,C_4 层缩小为 1/16,C_5 层缩小为 1/32。

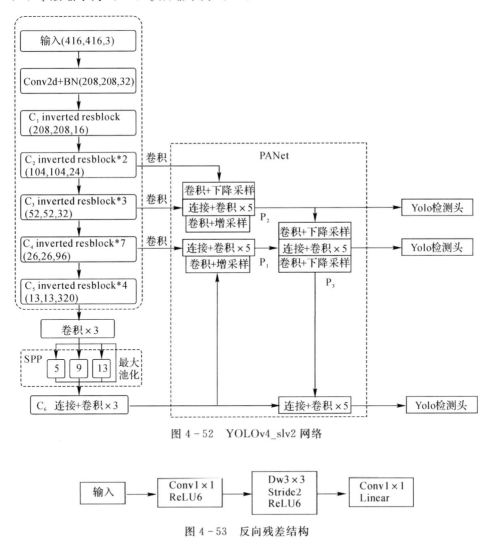

图 4-52　YOLOv4_slv2 网络

图 4-53　反向残差结构

2)对第一步得到的特征图进行空间金字塔池化,以增加网络的感受野。使用 5×5、9×9、

$13×13$ 这三个不同尺度的池化层,三个池化层的输出经过通道拼接将得到更丰富的目标特征,之后再进行 $1×1$ 的卷积进行特征降维,特征图记为 C_6。

3)为了提升轻量化检测网络对于不同尺度物体的检测能力,基于 C_2、C_3、C_4、C_6 网络层进行特征融合。由于 C_1 尺寸较大,为节约计算成本,这里并未考虑。首先分别对 C_2、C_3、C_4、C_6 进行卷积核为 $1×1$ 的卷积操作,这一步在保证各层特征图的面积大小保持不变的同时,改变通道数,以便于后续的融合操作。特征金字塔网络(FPN)自顶向下进行特征语义信息的增强,但忽略了定位信息的增强。本节采用自顶向下和自底向上的双金字塔结构进行特征融合,从不同的主干层对不同的检测层进行参数聚合,将同时增强高层的语义信息及低层的强定位信息。对 C_6 进行上采样操作,再与经过卷积操作的 C_4 层进行拼接,得到的特征图记为 P_1。对 P_1 再进行上采样,对 C_2 进行下采样,和经过卷积操作的 C_3 层进行拼接,得到的特征图记为 P_2,再经过卷积操作送入检测头 1。对 P_2 进行下采样,和 P_1 进行拼接得到 P_3,经过卷积操作送入检测头 2。最后对 P_3 进行下采样,和 C_6 进行拼接,结果经过卷积操作送入检测头 3。

4)为解决类间不平衡问题,使用焦点损失函数。YOLOv4_slv2 的损失函数主要包括边界框损失、类别损失及置信度损失,计算公式如下:

$$Loss = Loss_{CIOU2} + Loss_{cls2} + Loss_{confidence2} \qquad (4-68)$$

边界框损失为

$$Loss_{CIOU2} = 1 - IOU + \frac{d^2}{c^2} + \alpha \upsilon \qquad (4-69)$$

其中,d 是两个边界框中心点之间的欧氏距离,c 是两个边框并集的对角线距离,υ 是衡量长宽比一致性的参数,其计算公式如下:

$$\upsilon = \frac{4}{3^2} \left(\arctan \frac{w^{gt}}{h^{gt}} - \arctan \frac{w}{h} \right)^2 \qquad (4-70)$$

式中,w^{gt} 为目标真实边界框的宽度,h^{gt} 为目标真实边界框的高度,w 为预测框的宽度,h 为预测框的高度,α 是权重参数,计算公式如下:

$$\alpha = \frac{\upsilon}{(1 - IOU) + \upsilon} \qquad (4-71)$$

类别损失 $Loss_{cls2}$ 引入了系数来调节难易样本的权重,定义如下:

$$Loss_{cls2} = \sum_{i=0}^{S^2} \sum_{j=0}^{B} I_{i,j}^{no\_obj} - \alpha_t (1-p)^\gamma \left[-\log(1-p) \right] \qquad (4-72)$$

置信度损失与 YOLOv4 模型相同。

2. YOLOv4_slv3 轻量化目标检测网络

轻量化目标检测网络 YOLOv4_slv3 的整体结构如图 4-54 所示,其构建步骤如下:

1)将骨干网络设计为轻量化网络。如图 4-55 所示,bneck 结构代替标准卷积,即先利用 $1×1$ 卷积进行升维,利用 $3×3$ 深度可分离卷积进行特征提取。引入轻量级的注意力机制调整每个通道的权重,结构中使用激活函数 h-swish 代替 swish 函数,提升模型性能。轻量化网络包含 5 个由 bneck 结构所构成的卷积模块,每个卷积模块的输出特征图分别表示为 C_1、C_2、C_3、C_4、C_5。设置网络的输入图像尺寸为 $416×416$,则 $C_1 \sim C_5$ 特征图的维度依次为 $208×208×16$、$104×104×24$、$52×52×40$、$26×26×112$、$13×13×160$。相对原图,C_1 层尺寸缩小 $1/2$,C_2 层尺寸缩小为 $1/4$,C_3 层缩小为 $1/8$,C_4 层缩小为 $1/16$ 倍,C_5 层缩小为 $1/32$。

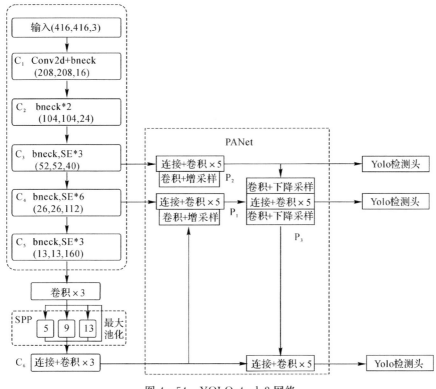

图 4-54　YOLOv4_slv2 网络

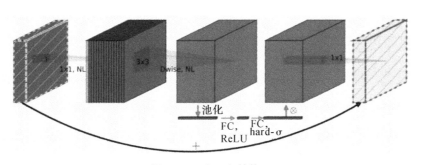

图 4-55　bneck 结构

2) 对第一步得到的特征图进行空间金字塔池化,以增加网络的感受野。使用 5×5、9×9、13×13 三个不同尺度的池化层。三个池化层的输出经过通道拼接将得到更丰富的目标特征。之后再利用 1×1 的卷积进行特征降维,特征图记为 C_6。

3) 为了提升轻量化检测网络对于不同尺度物体的检测能力,基于 C_3、C_4、C_6 网络层进行特征融合。由于 C_1 与 C_2 特征层尺寸较大,为节约计算成本,这里并未考虑。首先对 C_3、C_4、C_6 分别进行卷积核为 1×1 的卷积操作,然后对 C_6 进行上采样操作,再与经过卷积操作的 C_4 层进行拼接,得到的特征图记为 P_1。P_1 再进行上采样,和经过卷积操作的 C_3 层进行拼接,得到的特征图记为 P_2,经过卷积操作送入检测头 1。对 P_2 进行下采样,和 P_1 进行拼接得到 P_3,经过卷积操作送入检测头 2。最后对 P_3 进行下采样,和 C_6 进行拼接,结果经过卷积操作送入检测头 3。

4.3.4.3 实验设置及结果分析

1. 数据采集与标注

本实验数据集共有 4 511 张图片,训练图片、验证图片、测试图片所占比为 8∶1∶1,其中,有 4 059 张图片用于训练与验证,测试集共有 452 张。PyTorch 灵活且简洁,因此选择 PyTorch 深度学习框架进行算法实现。实验设置参数 epoch=200,batch_size=4,img_size=416,lr= 0.000 007。

实验的硬件配置见表 4-6。

表 4-6 实验硬件配置

硬件环境	版 本
中央处理器	AMD Ryzen 7 3700X 8-Core Processor
内存	32G
显卡	Nvida GeForce RTX 2080TI
操作环境	Win10

实验的软件配置见表 4-7。

表 4-7 实验软件配置

软件环境	版本	软件环境	版 本
python	3.6	opencv-python	3.4.0
pytorch	1.2.0	numpy	1.71.3
anaconda	3	pyqt5	5.15.6
cuda	10.0	torchvision	0.4.0
apex	0.1		

2. 评价指标

采用平均精度均值(mean Average Precision,mAP)作为目标检测的评价指标。mAP 是各种目标类别 AP 的平均值,反映模型平均精度均值;AP 是准确率-召回率(Precision-Rccall,$P-R$)曲线下的面积,表示该类别的平均精度。准确率 Precision 和召回率 Recall 的计算公式如下:

$$Precision=\frac{TP}{TP+FP} \tag{4-73}$$

$$Recall=\frac{TP}{TP+FN} \tag{4-74}$$

其中:TP 表示真正例,指被模型正确预测为正样本的正样本数量;FP 表示假正例,指被模型错误预测为正样本的负样本数量;FN 表示假反例,指被模型错误预测为负样本的正样本数量。

3. 结果分析

为了验证设计的两种轻量化网络的有效性,采用 4.3.4.1 小节所构建的军事目标检测数据集对上述三组网络分别进行迭代训练。除网络结构不同外,本实验参数设置、软硬件配置和网络训练过程均相同。训练迭代次数共 200 轮,每轮训练模型结果均保存,并进行损失值可视化。模型训练结束后,使用测试集分别对三组模型(分别表示为 YOLOv4、YOLOv4_slv2、YOLOv4_slv3)进行测试,得到模型的 mAP 值分别如图 4-56~图 4-58 所示。

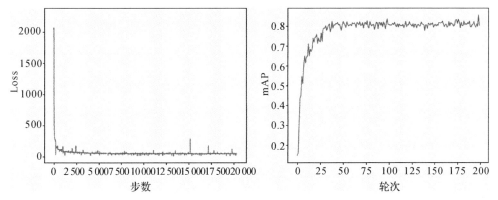

图 4-56　YOLOv4 网络的训练损失及 mAP 测试结果

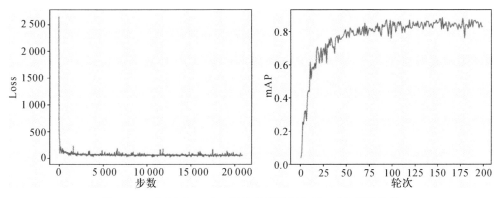

图 4-57　YOLOv4_slv2 网络的训练损失及 mAP 测试结果

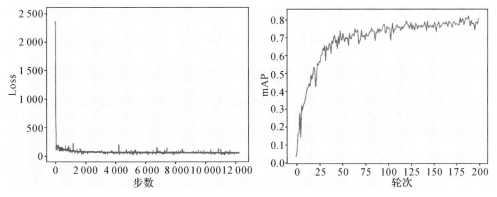

图 4-58　YOLOv4_slv3 网络的训练损失及 mAP 测试结果

图 4-59 给出了三种模型基于军事测试集的各目标的 AP 值。实验结果表明，与基础网络 YOLOv4 相比，YOLOv4_slv2 引入深度可分离卷积及残差结构，双金字塔结构进行特征融合，并使用焦点损失函数解决军事目标数据集的类间不平衡问题。模型测试集的 mAP 值从 85.6% 增加到了 89.5%。实验表明，本节设计的轻量化模型可减少参数冗余，去除不必要的网络耦合关系后可提高检测精度。

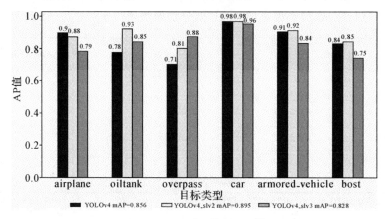

图 4-59 三种网络的 AP 值

实验结果表明，与基础网络相比，轻量化网络 YOLOv4_slv2 在军事目标数据集上取得了 3.9% 的 mAP 增量。其中，oiltank、overpass、armored_vehicle、boat 四类目标的 AP 值均获得了明显提升。轻量化网络 YOLOv4_slv3 在军事目标数据集上的 mAP 值为 82.8%，立交桥目标的 AP 值取得明显提升。三种算法在各类目标测试下的 AP 值见表 4-8。

表 4-8 三种网络 AP 值比较

目 标	YOLOv4	YOLOv4_slv2	YOLOv4_slv3
airplane	**0.896**	0.878	0.788
oiltank	0.782	**0.933**	0.852
overpass	0.710	0.814	**0.878**
car	**0.988**	0.976	0.960
armored_vehicle	0.914	**0.919**	0.842
boat	0.843	**0.851**	0.753
mAP	0.856	**0.895**	0.828

YOLOv4 的骨干网络是 CSPDarknet-5，模型复杂，模型权重 244MB，当输入图片大小为 416×416 时，平均检测时长为 22.4ms，YOLOv4 网络难以满足弹载平台的高速要求。YOLOv4_slv2 模型简化了骨干网络，模型权重为 176 MB，当输入图片大小为 416×416 时，平均检测时长为 17.8 ms，明显降低了嵌入式设备的内存消耗。YOLOv4_slv3 模型权重为 110 MB，当输入图片大小为 416×416 时，平均检测时长为 15.1 ms，但 AP 值下降较为明显。综上所述，YOLOv4_slv2 具有高精度、强实时、小模型等特点，对于网络的弹载平台移植具有明显优势。三种模型体积对比及检测时间见表 4-9。

表 4 - 9　网络权重大小比较

模　型	输入图像大小	模型大小/MB	每幅图片耗时/ms
YOLOv4	416×416	244	22.4
YOLOv4_slv2	416×416	176	17.8
YOLOv4_slv3	416×416	110	15.1

最终选取 YOLOv4_slv2 算法进行弹载平台移植,检测的部分实验结果如图 4-60~图 4-64 所示。大物体的语义信息通常隐藏于深层网络,小物体的语义信息在较浅层的特征图,深层网络反而使其丢失细节信息。图 4-60 中,针对不同尺度的无人机类目标检测状况良好,表明双金字塔结构可有效缓解多尺度检测问题。图 4-61 中,网络可以正确检测被烟雾遮挡的部分坦克。图 4-62 中,油桶类目标相互拥挤与遮挡造成物体检测的部分信息缺失,网络检测效果较好,表明数据增强的有效性,同时算法实时性提高,表明深度可分离卷积可有效减少参数量。车辆类目标如图 4-63 所示,舰船类目标如图 4-64 所示。

图 4-60　无人机类目标

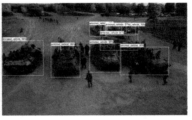

图 4-61　坦克类目标

图 4 - 62　油桶类目标

图 4 - 63　车辆类目标

图 4 - 64　舰船类目标

4.3.5　小结

本节首先介绍了深度卷积神经网络及 YOLO 系列目标检测算法的基础理论,对网络结构和算法思想进行了深入分析,阐述了不同检测算法的优势与不足,为检测算法的改进提供了理论支撑。同时对单阶段的经典检测网络进行了代码复现,并给出了 8 种主流检测算法在公开数据集上的准确率对比结果。

其次考虑到目前尚无公开的军事目标数据集作为基础研究,本节自建常用的军事目标检测数据集 4 511 张,包括普通车辆、装甲车辆、无人机、舰船、油桶、立交桥 6 种不同的目标类别,覆盖多种尺寸、多种视图、天气、比例和光线的目标,并详细介绍了数据集建立过程中的图像采集、图像预处理、数据集划分等前期数据处理流程。

最后对 YOLOv4 模型在骨干网络、损失函数等方面进行了改进,以深度可分离卷积代替标准卷积,网络引入双特征金字塔结构,为解决类间不平衡问题,引入焦点损失函数,这大大减少了模型参数,同时提升了网络精度。与基础网络相比,轻量化网络 YOLOv4_slv2 在军事目标数据集上取得了 3.9% 的 mAP 增量,模型参数量减少了 68 MB,同时图片检测耗时平均缩短 4.6 ms。

4.4　基于弹载平台的目标检测与跟踪一体化系统

4.4.1　引言

目前反舰导弹追踪目标仍以传统跟踪算法为主,传统跟踪算法实时性强,但难以在战场环境中对目标进行长时间的稳定跟踪。其主要存在以下跟踪难点:第一,实际作战场景中存在大量杂波干扰、雨雪雾等各种天气影响,致使感光元器件成像光强减弱,对比度与色彩饱和度下降,导致算法鲁棒性降低,待打击目标丢失后将无法找回;第二,目标自身机动性强,易于隐蔽。而短时跟踪算法不具备目标重识别功能,一旦跟踪模板被污染后将导致跟踪失败。此时强实时的跟踪器则需要一双智慧的"眼睛"——智能的目标检测器重新找回目标再进行跟踪。

基于深度学习的智能检测算法通过大量数据训练后则可以在恶劣的检测环境中以高识别率检测定位目标,但算法复杂度高、计算量大,弹载平台存储有限,使得算法不能满足弹载平台的实时性要求。

为了最大化地平衡算法实时性与精确度,本节结合 4.2 节所提出的基于尺度自适应和多特征融合的目标跟踪算法和 4.3 节改进的轻量化网络 YOLOv4_slv2,建立检测与跟踪一体化系统。一方面,算法满足跟踪目标的实时性要求;另一方面,在判断目标丢失时可以使用智能检测器进行目标找回,从而提高反舰导弹追踪目标的鲁棒性能。此外,本研究对所设计的检测与跟踪一体化系统进行了实验验证,结合两种嵌入式平台构建了基于弹载平台的检测与跟踪一体化系统,并且对系统的实际运用效果进行展示。

4.4.2　目标检测与跟踪一体化算法设计

基于弹载平台的目标检测与跟踪一体化算法,采用以跟踪为主、检测为辅的方法将改进相关滤波算法和轻量化检测算法进行融合,得到一个优良的长时跟踪系统,大幅提升了算法表现力。长时跟踪器由以下三部分组成:轻量化的目标检测器、改进的核相关滤波算法、三级跟踪置信度判别器。首先使用轻量级的目标检测器快速、准确地检测到待打击目标,将第一帧检测到的目标位置传输至跟踪器,跟踪器启动,同时 4.2 节所述的三级跟踪置信度判别器判断此时的目标跟踪状态。当判断目标处于非稳态跟踪时,启动轻量化目标检测器,并将重定位结果发送至跟踪器,跟踪器继续进行目标追踪。整体算法结构如图 4-65 所示。

本研究目标检测与跟踪一体化算法流程如图 4-66 所示,具体步骤如下:

第一步,摄像头采集图像并读入图像序列,轻量化检测算法 YOLOv4_slv2 标定首帧图像的目标位置,提取当前图像帧的搜索区域。

第二步,对首帧目标及搜索区域进行特征提取,获取 HOG、LBP 及颜色矩特征的区域协方差,训练得到初始位置滤波器及尺度滤波器。

第三步,在后续图像帧中,目标跟踪器根据前一帧的目标位置,进行区域循环采样获得正负样本,使用初始滤波器完成目标快速定位,并得到位置响应图及尺度最大响应值。

第四步,在跟踪过程中采用三级跟踪置信度判别机制,实现当前跟踪状态的联合判断,求解当前置信度分数,判断每一帧图像的跟踪状态是否稳定。其中,一级判别根据滤波最大峰值进行,二级判别引入平均峰值相关能量指标,三级判别为多峰值判别,衡量跟踪响应效果。

第五步,根据三级判别结果将学习率设置为动态自适应调整并进行自适应模板更新。判断跟踪状态稳定时,学习率服从指数分布;跟踪不稳定时,停止模板更新并启动轻量化检测器,重定位丢失目标,并将定位结果发送至跟踪器。

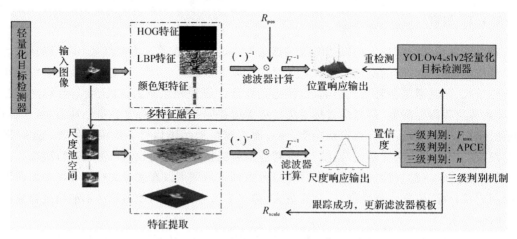

图 4-65　目标检测与跟踪一体化算法框架

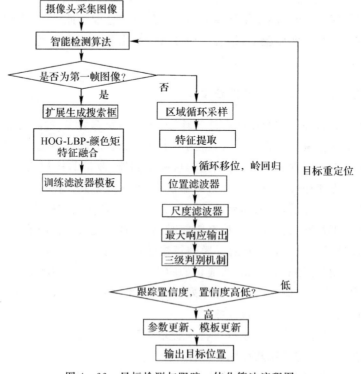

图 4-66　目标检测与跟踪一体化算法流程图

4.4.3 弹载平台嵌入式系统搭建

在嵌入式平台部署方面,搭建 DSP、FPGA、GPU 多运算协同平台用以测试目标检测与跟踪一体化算法。将轻量化检测算法部署于 NVIDIA Jetson TX2 平台,将相关滤波跟踪算法部署到 DSP6657 平台,二者协同实现稳定跟踪。

基于 DSP 的传统检测算法功耗低、实时性较强,在实战中应用广泛,但在复杂战场背景中弱小目标易丢失且无法处理目标遮挡。同时采取"人在回路"的非智能化运行机制,即射手发现目标丢失后,人为将目标找回,再将坐标信息传送至跟踪器。基于 GPU 等平台的深度学习算法,其检测跟踪精度较高,但目标检测实时性不足。因此结合二者优势,以基于 DSP 的传统跟踪算法为主,以 GPU 平台为辅,当弱小目标丢失时,使用深度学习检测算法对已有跟踪目标进行校正以及目标重定位,由检测结果给出陆战目标的具体位置,提高算法检测识别精度。下面将详细介绍两种嵌入式平台。

4.4.3.1 用于目标检测的 Jetson TX2 智能嵌入式平台

Jetson TX2 深度学习智能运算计算平台能够高效处理浮点及图像运算,其资源配置丰富且强大,具有高实时、小体积、低功耗及高能效比等特点。GPU 包含 256 个 CUDA 内核,CPU 由双核和四核 CPU 集群组成。内存子系统包含一个 128 位的内存控制器,可提供高带宽 LP-DDR4 支持。其具有高速硬件视频编码器和解码器,可为弹载平台的目标检测算法提供硬件基础。其具体参数见表 4 - 10。

表 4 - 10 Jetson TX2 参数表

Jetson TX2	详细参数
GPU	采用 Pascal 架构,配置 256 个 CUDA 内核
CPU	双核 Denver 2 和四核 ARM A57
内存	8 GB 128 位 LPDDR4 内存
存储空间	32 GB eMMC 闪存
视频编码	4k×2k
视频解码	4k×2k
尺寸	87 mm×50 mm
PCIE	Gen 2 | 1×4+ 1×1 或 2×1+ 1×2
USB	USB 3.0+ USB 2.0
尺寸	87 mm×50 mm

英伟达智能芯片实物图如图 4 - 67 所示。

图 4 - 67 Jetson TX2 实物图

4.4.3.2 用于目标跟踪的 DSP+FPGA 嵌入式系统架构

本节设计并实现了一种基于 Xilinx 7 系列 FPGA 和 TI TMS320C6657 双核 DSP 的嵌入式系统架构。系统集成了光学图像采集、数据传输、目标跟踪等子模块,构建了模块化、标准化的可见光目标识别体系架构。采用 FPGA 作为图像采集与数据传输的处理器件,DSP 作为目标跟踪算法的运算单元。提出基于 DSP 的相关跟踪算法嵌入式移植优化方法,算法跟踪帧率达到 50 fps,满足弹载平台的实时性指标要求。

弹载平台后端信息处理系统由光学镜头、图像传感器、FPGA、DSP 等组成。图像传感器将光学信号转换为电信号,以 LVDS 信号将图像数据传递给 FPGA,同时图像传感器的成像参数可以通过 SPI 进行调整,其状态可由 GPIO 进行监控。FPGA 接口板将上述图像数据信号解析并做预处理后,通过 UPP 或 SRIO 传给 DSP,DSP 进行目标跟踪算法处理,并将目标位置实时发送至飞控系统,舵机收到坐标信号后调整姿态,配合制导控制技术实现对目标的智能协同打击。基于 DSP+FPGA 的弹载平台硬件架构如图 4-68 所示,光学镜头、CMOS 图像传感器、FPGA、DSP、VGA 视频输出的硬件具体位置已在图中指出。

图 4-68　基于 DSP+FPGA 的弹载平台硬件架构

本节选取双核高性能芯片 DSP 处理图像数据,型号为 TMS320C6657。芯片运行频率为 1.25 GHz,并集成了大量片上内存,建立在 TI KeyStone 多核架构基础之上,同时能够完全兼容现有的 C6000 系列定点和浮点 DSP。在与 SYS/BOIS 实时系统配合使用时可保障图像处理及信号处理运算的实时性。TMS320 功能框架如图 4-69 所示。

本节选用 Xilinx 公司高性能 Artix-7 系列 FPGA XC7A100T。Xilinx 高性能功耗比结构的 FPGA,集成了 215 360 个逻辑单元,支持对各类机器视觉传感器采集的图像信息进行实时流水线运算,在采集图像信息及进行图像部分预处理时能够达到较高的实时性。硬件系统设计如下:

(1)图像接收模块:此模块可以控制由视频装置发出的图像数据的接收和存储,也可供其余功能模块调用处理。本模块充分发挥 FPGA 本身的灵活性,可自定义位宽,接收任意位宽的视频图像数据,并将数据转为图像处理计算所需要的数据宽度。

(2)图像预处理模块:将接收到的图像数据进行缓存,利用 DDR3 接收图像数据,缓存图像完整的帧数据,再经过双口 RAM 乒乓式地实时发送给 DSP 进行处理,以满足 DSP 算法数据量及图像处理实时性的要求。

(3)图像处理模块:对于图像数据而言,算法结构复杂且计算量较大,因此使用具有改进型的哈弗结构、运算速度快、寻址灵活、指令机制强大的可编程 DSP 芯片进行处理,芯片选型为 TMS320C6657。

(4)显示模块:底板使用 ADV7123 单芯片三路高速数模转换器,将 RGB 信号转换为模拟输出,实现 16 比特真彩色 VGA 接口电路作为显示接口,对处理后的图像数据进行实时的显示或下传。

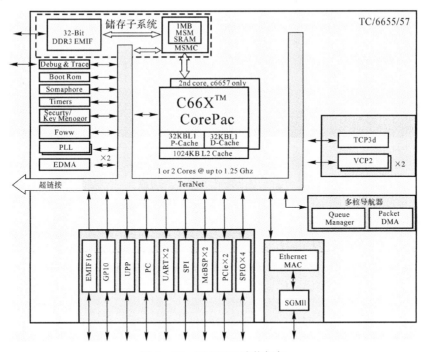

图 4-69 TMS320 功能框架

4.4.4 实验设置和结果分析

4.4.4.1 室内模拟测试

首先进行室内模拟测试,进行 10 组室内拍摄实验,使用拍摄后的视频图像测试。当输入图像帧像素为 416×416 时,KCF 算法的跟踪平均成功率为 80%,帧率为 50 fps。目标检测与跟踪一体化算法的跟踪平均成功率为 93%,帧率为 21 fps。室内模拟测试结果见表 4-11。

表 4-11 室内模拟测试结果

算　法	输入图像大小	成功率	帧率(fps)
KCF	416×416	0.80	50
OURS	416×416	0.93	21

在室内进行坦克跟踪实验,设置初始目标大小为像素区域 30×50,以目标为中心、100×100 像素区域作为目标搜索区域。图 4-70 为目标旋转的跟踪测试结果,可见目标旋转时跟踪稳定。

图 4-70 目标旋转

在室内进行小目标跟踪实验,单摆上挂着一个小球,其真实长度 $L = 7$ cm,进行左右快速运动。图 4-71 为小目标快速运动的跟踪测试结果,可见目标跟踪稳定。

图 4-71　小目标快速运动的跟踪测试结果

4.4.4.2　军事目标数据集测试

基于自制军事目标测试集,验证目标检测与跟踪一体化算法的性能。输入图像帧像素为 416×416 时,KCF 算法的跟踪平均成功率为 78%,帧率为 50 fps。目标检测与跟踪一体化算法的跟踪平均成功率为 89%,帧率为 21 fps。表 4-12 为军事目标数据集测试结果。

表 4-12　军事目标数据集测试结果

算　法	输入图像大小	成功率	帧率(fps)
KCF	416×416	0.78	50
OURS	416×416	0.89	21

针对军事目标数据集中出现的烟雾遮挡、光线变化、平面内旋转等情况,本节提出的基于弹载平台的目标检测与跟踪一体化算法均具有良好的跟踪表现。部分对比实验跟踪结果如图 4-72～图 4-74 所示,图中本节算法、原始 KCF 算法的跟踪结果分别用深色、白色矩形框表示。

图 4-72　烟雾遮挡

图 4-73　光线变化

图 4-74　平面内旋转

如图 4-72 所示,在坦克视频序列中,主要存在的跟踪干扰是烟雾遮挡。在前期视频序列中,背景单一且无遮挡,算法检测到首帧的目标位置,将坐标信息传输至跟踪器进行鲁棒跟踪。后续图像序列中出现烟雾遮挡,此时原始算法的跟踪结果已经漂移,本节算法由于加入目标重定位机制而跟踪稳定。出现烟雾遮挡后,此时跟踪置信度急剧下降,三级跟踪置信度判别器认定跟踪效果不佳,则启动轻量化目标检测器,在检测到目标后,再次将目标的坐标传输至跟踪器,稳定跟踪直到视频序列结束。由于判别器的作用,没有让跟踪器产生错误累积,导致跟踪漂移。

如图 4-73 所示,在舰船视频序列中,主要存在的跟踪干扰是光线变化。轻量化目标检测器检测到首帧的目标位置,并将结果传送至跟踪器。后续图像序列中出现强光干扰,导致目标在画面中消失一段时间后重现,在舰船重新出现时,原始算法已丢失目标,本节算法跟踪稳定。舰船重现时,算法自动启动检测器,对目标进行重定位,之后进入稳定跟踪阶段。

如图 4-74 所示,在无人机视频序列中,主要存在的跟踪干扰是目标发生平面内旋转运动。轻量化目标检测器检测到首帧的目标位置,并将结果传送至跟踪器。后续图像序列中目标发生平面内旋转,原始算法目标框固定,因而引入了一部分背景信息作为模板,从而跟踪结果的交并比减小。本节算法使用三级判别器判断到目标发生旋转,此时重启轻量化目标检测器,对目标进行重定位,再进行持续跟踪。

综上所述,基于弹载平台的目标检测与跟踪一体化算法能够利用三级跟踪置信度判别器来评判跟踪效果。当判断目标处于非稳态跟踪时,及时启用高精度的轻量化检测器,一方面避免了跟踪器进行错误更新模板而引入背景误差信息,另一方面进行目标重定位,初始化跟踪器。本节算法在复杂背景下能实现较为鲁棒的跟踪性能,其中,在烟雾遮挡、光线变化、平面内旋转以及目标丢失后重入视场等情况下跟踪效果良好。

4.4.4.3　算法性能对比测试

为了进一步验证本节提出的目标检测和跟踪一体化的长时目标跟踪算法性能,将本节算法和其他主流的目标跟踪方法进行算法性能对比,采用准确率及成功率作为视频跟踪效果的评价指标,计算方式与 4.2 节相同。在外场拍摄的海上目标数据集上进行测试得到如图 4-75 的结果。

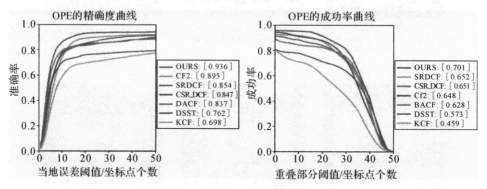

图 4-75　准确率和成功率图

由图 4-75 可以观察到:本节改进算法的性能均优于经典的滤波类跟踪算法,准确率为 0.936,较 CF2 算法提高了 4.1%,较 KCF 算法提高了 23.8%;成功率为 0.701,较 CF2 跟踪算法提高了 5.3%,较 KCF 算法提高了 24.2%。在海上目标跟踪数据集上进行测试,与其他六种算法的对比跟踪结果如表 4-13 所示。

表 4-13　对比算法跟踪结果

方法	准确率	成功率	帧率/(fps)
本节算法	**0.936**	**0.701**	**40(CPU)**
CF2	0.895	0.648	43(GPU)
SRDCF	0.854	0.652	1.99
CSR_DCF	0.847	0.651	13
BACF	0.837	0.628	35(CPU)
DSST	0.762	0.573	3.29
KCF	0.698	0.459	172(CPU)

由此得出结论,一体化算法在跟踪速度和精度方面均取得了较好性能。为了更加直观地对比跟踪器的抗干扰性能,选取 SRDCF、DSST、KCF 经典的滤波类算法和本节算法进行定性实验对比,在外场拍摄的海上数据集上进行视频跟踪测试,分别在目标尺度变化、目标遮挡或光线发生强烈变化时进行算法性能测试。对比跟踪结果如图 4-76~图 4-78 所示。

图 4-76　目标遮挡跟踪结果

图 4 - 77　尺度变化跟踪结果

图 4 - 78　光线变化跟踪结果

对比图 4 - 76～图 4 - 78 可得出结论,本节提出的算法在目标尺度变化、光线变化、目标遮挡等情况下跟踪都较为稳定。在图 4 - 76 海上舰船跟踪视频序列中,在第 1 940 帧时进行人为目标遮挡,在第 1 985 帧去除遮挡物,遮挡大约持续 45 帧。在该过程中,KCF 算法、DSST 算法和 SRDCF 算法的跟踪漂移至其他物体。相比之下,本节针对不同跟踪状态设计模板自适应更新并采取目标检测重定位机制,再次捕获目标并持续跟踪,算法可有效应对遮挡问题,表现出较强的抗干扰性能。图 4 - 77 在舰船目标尺度变化时,本节算法加入一维尺度滤波器后具有较好跟踪精度。图 4 - 78 海上光线发生剧烈变化,在第 70 帧时本节算法进行目标重定位后依然可以正确锁定目标位置,并在后续图像帧中跟踪平稳,而其余算法在目标重现后均失去了跟踪能力。

4.4.5　小结

本节首先进行了目标检测与跟踪一体化的轻量化算法设计,将上述改进相关滤波算法和轻量化检测算法进行融合得到一个优良的长时跟踪系统,大幅提升算法表现力。长时跟踪器由以下三部分组成:轻量化的目标检测器、改进的核相关滤波算法、三级跟踪置信度判别器。

其次,建立 DSP、FPGA、GPU 多运算平台协同目标跟踪体系,将轻量化检测算法部署于 NVIDIA Jetson TX2 平台,将核相关滤波跟踪算法部署于 DSP6657 平台,并通过 PCIE 进行通信,实现自动识别、快速追踪与辅助重定位目标的一体化。

最后,进行实验验证,将智能识别、跟踪、重检测目标一体化的轻量化算法部署于智能化嵌入式平台,本课题的目标检测与跟踪一体化算法在面对多种困难场景均有较好的检测和跟踪表现,能够稳定跟踪目标。此外,在外场拍摄的海上目标数据集上进行算法性能对比测试,发现本节算法较传统 KCF 跟踪算法准确率和成功率分别提升了 23.8% 和 24.2%,准确率和成功率较 CF 算法分别提升了 4.1% 和 5.3%。

4.5　本章小结与展望

4.5.1　内容总结

现代信息化战争之下的战场环境复杂多变,几乎所有的军事行动都要首先对可疑目标进行精确定位和鲁棒跟踪,然而弹载平台下的高准确率、强实时性的作战要求使得智能算法还未能落到实处,目前我国导弹系统作战时仍然需要人工搜索和可疑目标选择。智能检测算法模型大、部署难,传统算法抗遮挡性能差、跟踪精度低等问题给目标检测与跟踪任务都带来了极大挑战。因此,本章基于弹载平台对目标检测与跟踪算法的协同问题进行了深入研究,主要工作包括以下五方面:

(1)阐述了目标检测与跟踪任务的研究背景及意义,调研了国内外目标检测与跟踪算法的研究现状,并对其进行了细致的总结与分析。

(2)提出基于尺度自适应和多特征融合的目标跟踪算法。基于核相关滤波算法,研究利用区域协方差描述子进行方向梯度直方图特征、局部二进制特征和颜色矩特征的信息融合,以提高目标特征的表征能力,并采用积分图的方法加速计算。加入一维尺度自适应滤波器以提高目标尺度估计能力,提出三级置信度判别机制和自适应模型更新算法。对遮挡和形变等复杂情况进行跟踪置信度判断,进而自适应地选择模型更新因子以克服模型漂移。实验结果表明:与核相关滤波算法相比,本章提出的方法更具备跟踪稳健性,在 OTB100 数据集上进行了算法验证,准确率与成功率分别提升了 6.6% 和 10%。

(3)提出基于弹载平台的改进轻量化 YOLOv4 目标检测算法。首先阐述了深度神经网络的主要理论知识,对经典的骨干网络原理及网络结构进行详细介绍。其次考虑到目前尚无公开的军事目标数据集作为基础研究,本章自建常用的军事目标检测数据集,并进行图像采集、图像增强、数据集划分等预处理工作。最后基于 YOLOv4 模型在骨干网络、损失函数等方面进行了改进,以深度可分离卷积代替标准卷积,引入反向残差结构并替换模型的骨干网络,在特征提取阶段增加双金字塔架构,使用焦点损失函数以解决类间不平衡问题。结果表明:检测模型参数量大幅减少,检测速度提升。相较于 YOLOv4 模型,轻量化网络 YOLOv4_slv2 在军事目标数据集上取得了 3.9% 的 mAP 增量,模型参数量减少了 68 MB,同时图片检测耗时平均缩短 4.6 ms。

(4)提出智能识别、跟踪、重检测目标一体化的长时目标跟踪算法。针对目前弹载平台,仍需人工选取首帧目标及目标丢失后二次进入视场难定位的问题,建立上述改进跟踪算法与轻量化检测算法的协同运行机制。上述三级置信度判别算法检测到目标处于非稳态跟踪时,启动轻量化目标检测网络 YOLOv4_slv2,并将当前检测到的目标位置发送至跟踪器进行跟踪模板初始化。结果表明:本章算法能够有效处理遮挡情况且最大化平衡准确率与实时性,解决了KCF 算法无法长时稳定跟踪的问题。在海上舰船跟踪数据集上进行算法测试,并与其他六种滤波类跟踪算法进行了对比,发现本章算法较传统 KCF 跟踪算法精确度和成功率分别提升了 23.8% 和 24.2%。

(5)在 DSP 和 GPU 组合平台架构上实现了智能化检测—跟踪算法的验证。将轻量化检测算法部署于 NVIDIA Jetson TX2 平台,将核相关滤波跟踪算法部署于 DSP6657 平台,并通过 PCIE 进行通信。传统的 DSP 嵌入式跟踪架构无法处理目标遮挡,同时采取"人在回路"的非智能化运行机制。本章设计多平台协同的智能化导引头系统,一般情况下使用 DSP 嵌入式平台进行目标跟踪,当判断目标即将丢失时,TX2 平台将启动目标检测功能,并将检测的目标位置传输至 DSP 系统,再进行持续跟踪。

4.5.2　后续发展展望

本章对弹载平台的目标检测与跟踪问题进行了深入分析与探讨,改进算法取得了一定的性能提升。由于时间有限,仍有许多问题值得研究与完善,具体如下:

(1)本章使用标准矩形框作为检测和跟踪结果,若考虑更精细化的目标跟踪,后期可将回归目标框设为自适应多边形,从而更好地描述目标位置信息,使得跟踪效果更接近像素级跟踪。

(2)本章所提出的检测跟踪一体化算法仅对单目标适用,而实际作战环境中往往会出现多个目标,后期可考虑进行单一算法级联实现多目标跟踪。

(3)本章基于传统和智能平台进行了目标跟踪嵌入式系统设计,目标丢失判别机制的稳定性在整个长时跟踪过程中发挥着极大作用。本章采取的三级判别机制也是基于自学习的方式进行目标稳态鉴定,判别器具有一定的不稳定性,后续可设计独立于跟踪系统的目标稳定性判别神经网络,提升跟踪稳态的判断精度。

参 考 文 献

[1] 贾玉林,张麟瑞,程科. 可见光系统在制导武器中的应用:电视制导技术[J]. 红外与激光
工程,2006(增刊):1-8.

[2] 沈英,黄春红,黄峰,等. 红外与可见光图像融合技术的研究进展[J]. 红外与激光工程,
2021,50(9):152-169.

[3] BURT P, ADELSON E. The laplacian pyramid as a compact image code[J]. IEEE
Transations on Communications, 1983, 31(4):532-540.

[4] TOET A. Image fusion by a ration of low-pass pyramid[J]. Pattern Recognition Let-
ters, 1989, 9(4):245-253.

[5] TOET A, VANRUYVEN L J, VALETON J M. Merging thermal and visual images
by a contrast pyramid[J]. Optical Engineering, 1989, 28(7):789-792.

[6] TOET A. A morphological pyramidal image decomposition[J]. Pattern Recognition
Letters, 1989, 9(4):255-261.

[7] FREEMAN W T, ADELSON E H, INTELL M. The design and use of steerable fil-
ters[J]. IEEE Transpattern Anal, 1991, 13(9):891-906.

[8] GROSSMANN A, MORLET J. Decomposition of hardy functions into square integra-
ble wavelets of constant shape[J]. Siam Journal on Mathematical Analysis, 1984, 15
(4):723-736.

[9] MALLAT S G. A theory for multiresolution signal decomposition—the wavelet repre-
sentation[J]. IEEE Transactions on Pattern Analysis and Machine Intelligence, 1989,
11(7):674-693.

[10] MADHESWARI K, VENKATESWARAN N. Swarm intelligence based optimisation
in thermal image fusion using dual tree discrete wavelet transform[J]. Quantitative
Infrared Thermography Journal, 2017, 14(1):24-43.

[11] ZOU Y, LIANG X, WANG T. Visible and infrared image fusion using the lifting
wavelet[J]. Telkomnika Indonesian Journal of Electrical Engineering, 2013, 11(11):
6290-6295.

[12] CHAI P F, LUO X Q, ZHANG Z C. Image fusion using quaternion wavelet trans-
form and multiple features[J]. IEEE Access, 2017, 5:6724-6734.

[13] YAN X, QIN H L, LI J, et al. Infrared and visible image fusion with spectral graph
wavelet transform[J]. Journal of the Optical Society of America A:Optics Image Sci-
ence and Vision, 2015, 32(9):1643-1652.

[14] TAO G Q, LI D P, LU G H. On image fusion based on different fusion rules of
wavelet transform[J]. Acta Photonica Sinica, 2004, 33(2):221-224.

[15] SELESNICK I W, BARANIUK R G, KINGSBURY N G. The dual-tree complex wavelet transform[J]. IEEE Signal Processing Magazine, 2005, 22(6): 123 – 151.

[16] DA CUNHA A L, ZHOU J P, DO M N. The nonsubsampled contourlet transform: theory, design, and applications[J]. IEEE Transactions on Image Processing, 2006, 15(10): 3089 – 3101.

[17] YIN S, CAO L, TAN Q, et al. Infrared and visible image fusion based on NSCT and fuzzy logic[C]//Proceedings of the 2010 IEEE International Conference on Mechatronics and Automation. Xi'an, China:IEEE, 2010: 671 – 675.

[18] LIU H X, ZHU T H, ZHAO J J. Infrared and visible image fusion based on region of interest detection and nonsubsampled contourlet transform[J]. Journal of Shanghai Jiaotong University (Science), 2013, 18(5): 526 – 534.

[19] GUO K, LABATE D. Optimally sparse multidimensional representation using shearlets[J]. Siam Journal on Mathematical Analysis, 2007, 39(1): 298 – 318.

[20] EASLEY G, LABATE D, LIM W Q. Sparse directional image representations using the discrete shearlet transform[J]. Applied and Computational Harmonic Analysis, 2008, 25(1): 25 – 46.

[21] KONG W W, WANG B H, LEI Y. Technique for infrared and visible image fusion based on non-subsampled shearlet transform and spiking cortical model[J]. Infrared Physics & Technology, 2015, 71: 87 – 98.

[22] KONG W, LEI Y, ZHAO H. Adaptive fusion method of visible light and infrared images based on non-subsampled shearlet transform and fast non-negative matrix factorization[J]. Infrared Physics & Technology, 2014, 67: 161 – 172.

[23] YANG B, LI S T. multifocus image fusion and restoration with sparse representation[J]. IEEE Transactions on Instrumentation and Measurement, 2010, 59(4): 884 – 892.

[24] LIU Y, LIU S P, WANG Z F. A general framework for image fusion based on multi-scale transform and sparse representation [J]. Information Fusion, 2015, 24: 147 – 164.

[25] YIN H T. Sparse representation with learned multiscale dictionary for image fusion [J]. Neurocomputing, 2015, 148: 600 – 610.

[26] YANG B, LI S T. Pixel-level image fusion with simultaneous orthogonal matching pursuit[J]. Information Fusion, 2012, 13(1): 10 – 19.

[27] LIU Y, WANG Z F. Simultaneous image fusion and denoising with adaptive sparse representation[J]. IET Image Processing, 2015, 9(5): 347 – 357.

[28] NEJATI M, SAMAVI S, SHIRANI S. Multi-focus image fusion using dictionary-based sparse representation[J]. Information Fusion, 2015, 25: 72 – 84.

[29] WANG J, PENG J Y, FENG X Y, et al. Fusion method for infrared and visible images by using non-negative sparse representation[J]. Infrared Physics & Technology,

2014，67：477 – 489.

[30] ZHANG Q, LEVINE M D. Robust multi-focus image fusion using multi – task sparse representation and spatial context[J]. IEEE Transactions on Image Processing, 2016, 25(5)：2045 – 2058.

[31] ZHANG Q H, FU Y L, LI H F, et al. Dictionary learning method for joint sparse representation-based image fusion[J]. Optical Engineering, 2013, 52(5)：1 – 11.

[32] YU N N, QIU T S, BI F, et al. Image features extraction and fusion based on joint sparse representation[J]. IEEE Journal of Selected Topics in Signal Processing, 2011, 5(5)：1074 – 1082.

[33] AHARON M, ELAD M, BRUCKSTEIN A. K-svd：an algorithm for designing over-complete dictionaries for sparse representation[J]. IEEE Transactions on Signal Processing, 2006, 54(11)：4311 – 4322.

[34] KIM M, HAN D K, KO H. Joint patch clustering-based dictionary learning for multimodal image fusion[J]. Information Fusion, 2016, 27：198 – 214.

[35] CHATTERJEE P, MILANFAR P. Clustering-based denoising with locally learned dictionaries[J]. IEEE Transactions on Image Processing, 2009, 18(7)：1438 – 1451.

[36] YAO Y, GUO P, XIN X, et al. Image fusion by hierarchical joint sparse representation[J]. Cognitive Computation, 2014, 6(3)：281 – 292.

[37] OPHIR B, LUSTIG M, ELAD M. Multi-scale dictionary learning using wavelets[J]. IEEE Journal of Selected Topics in Signal Processing, 2011, 5(5)：1014 – 1024.

[38] ZHANG Q, LIU Y, BLUM R S, et al. Sparse representation based multi-sensor image fusion for multi-focus and multi-modality images：a review[J]. Information Fusion, 2018, 40：57 – 75.

[39] KONG W W, ZHANG L J, LEI Y. Novel fusion method for visible light and infrared images based on nsst-sf-pcnn [J]. Infrared Physics & Technology, 2014, 65：103 – 112.

[40] XIANG T Z, YAN L, GAO R R. A fusion algorithm for infrared and visible images based on adaptive dual-channel unit-linking pcnn in nsct domain[J]. Infrared Physics & Technology, 2015, 69：53 – 61.

[41] MA L J, ZHAO C H. An effective image fusion method based on nonsubsampled contourlet transform and pulse coupled neural network[C]// Proceedings of the 2nd International Conference on Computer and Information Applications (ICCIA 2012). Paris, France：Atlantis Press, 2012：8 – 12.

[42] LI Y, SONG G H, YANG S C. Multi-sensor image fusion by nsct-pcnn transform [C] //2011 IEEE International Conference on Computer Science and Automation Engineering. Shanghai, China：IEEE Computer Society, 2011：638 – 642.

[43] KONG W W, LEI Y J, LEI Y, et al. Image fusion technique based on non-subsam-

pled contourlet transform and adaptive unit-fast-linking pulse-coupled neural network [J]. IET Image Processing, 2011, 5(2): 113 – 121.

[44] QU X B, YAN J W, XIAO H Z, et al. Image fusion algorithm based on spatia frequency-motivated pulse coupled neural networks in nonsubsampled contourlet transform domain[J]. Acta Automatica Sinica, 2009, 12(34): 1508 – 1514.

[45] EL-TAWEEL G S, HELMY A K. Image fusion scheme based on modified dual pulse coupled neural network[J]. IET Image Processing, 2013, 7(5): 407 – 414.

[46] YU Z, YAN L, HAN N, et al. Image fusion algorithm based on contourlet transform and pcnn for detecting obstacles in forests[J]. Cybernetics and Information Technologies, 2015, 15(1): 116 – 125.

[47] LI H, WU X J, KITTLER J. Infrared and visible image fusion using a deep learning framework[C]// 2018 24th International Conference on Pattern Recognition. Beijing, China: IEEE, 2018: 2705 – 2710.

[48] MA J Y, YU W, LIANG P W, et al. Fusiongan: a generative adversarial network for infrared and visible image fusion[J]. Information Fusion, 2019, 48: 11 – 26.

[49] YUN X, JING Z, XIAO G, et al. A compressive tracking based on time-s-pace kalman fusion model [J]. Sci. China Inf. Sci., 2016, 59(1): 1 – 15.

[50] ISARD M, BLAKE A. Condensation conditional density propagation for visual tracking, int [J]. Comput. Vis., 1998, 29(1): 5 – 28.

[51] GANG X, XIAO Y, WU J. A new tracking approach for visible and infrared sequences based on tracking-before-fusion [J]. In. J. Dyn. Control, 2016, 4(1): 40 – 45.

[52] ZHAI S, SHAO P, LIANG X, et al. Fast RGB-T tracking via cross-modal correlation filters[J]. Neurocomputing, 2019, 334: 172 – 181.

[53] LUO C, SUN B, YANG K, et al, Thermal infrared and visible sequences fusion tracking based on a hybrid tracking framework with adaptive weighting scheme[J]. Infrar. Phys. Technol., 2019, 99: 265 – 276.

[54] ZHANG K, LIU Q, WU Y et al. Robust visual tracking via convolutional networks without training[J]. IEEE Trans. Image Process, 2016, 25(4): 1779 – 1792.

[55] LI C, WU X, ZHAO N, et al. Fusing two-stream convolutional neural networks for RGB-T object tracking [J]. Neurocomputing, 2018, 281: 78 – 85.

[56] LAN X, YE M, SHAO R. Learning modality-consistency feature templates: a robust RGB-infrared tracking system [J]. IEEE Transa. Ind. Electron., 2019, 66(12): 9887 – 9897.

[57] 莫晓盈, 杨锋, 尹梦晓, 等. 医学图像配准的深度学习方法综述[J]. 小型微型计算机系统, 2021, 42(8): 1706 – 1714.

[58] Thorlabs. Optical elements[EB/OL]. (2021 – 7 – 10)[2021 – 8 – 10]. https://www.

thorlabschina. cn/navigation. cfm guide_id＝7.

[59] 姚保琛,柏春松.基于特征的图像配准技术综述[J].现代计算机,2020(20):52－56.

[60] RICHARD SZELISKI.计算机视觉－算法与应用[M].北京:清华大学出版社,2012.

[61] Iray Technology. 金属封装非制冷型红外探测器[EB/OL].(2021－8－10)[2021－9－10]. https://www.iraytek.com/product/tcqpro-detail-76.htm.

[62] 张全.基于 NSST 的红外与可见光图像融合算法研究[D].西安:西安电子科技大学,2020.

[63] 刘战文.基于非下采样剪切波变换的红外与可见光图像融合算法研究[D].西安:西北工业大学,2018.

[64] 孔韦韦.图像融合技术:基于多分辨率非下采样理论与方法[M].西安:西安电子科技大学出版社,2015.

[65] 李妍,高闽光,童晶晶,等.基于巴特沃斯滤波器的傅里叶变换红外光谱处理方法研究[J].量子电子学报,2021,38(6):780－787.

[66] LI B, REN W, FU D, et al. Benchmarking single-image dehazing and beyond[J]. IEEE Transactions on Image Processing, 2018, 28(1): 492-505.

[67] REN S, HE K, GIRSHICK R, et al. Faster R-CNN: towards real-time object detection with region proposal networks[J]. IEEE Transactions on Pattern Analysis and Machine Intelligence, 2016, 39(6): 1137－1149.

[68] 何宁,王金宝,鲍泓.单幅图像去雾方法研究综述[J].北京联合大学学报(自然科学版) 2015,29(3):24－31.

[69] HE K, SUN J, TANG X. Single image haze removal using dark channel prior[J]. IEEE transactions on pattern analysis and machine intelligence, 2010, 33(12): 2341－2353.

[70] XIAO J, ZHU L, ZHANG Y, et al. Scene-aware image dehazing based on sky-segmented dark channel prior[J]. IET Image Processing, 2017, 11(12): 1163－1171.

[71] 赵锦威,沈逸云,刘春晓,等.暗通道先验图像去雾的大气光校验和光晕消除[J].中国图象图形学报, 2016,21(9):1221－1228.

[72] CAI B, XU X, JIA K, et al. Dehazenet: an end-to-end system for single image haze removal[J]. IEEE Transactions on Image Processing, 2016, 25(11): 5187－5198.

[73] LI B, REN W, FU D, et al. Benchmarking single-image dehazing and beyond[J]. IEEE Transactions on Image Processing, 2018, 28(1): 492－505.

[74] ASADA N, FUJIWARA H, MATSUYAMA T. Edge and depth from focus[J]. International Journal of Computer Vision, 1998, 26(2): 153－163.

[75] KIM Y, JUNG H, MIN D, et al. Deep monocular depth estimation via integration of global and local predictions[J]. IEEE transactions on Image Processing, 2018, 27(8): 4131－4144.

[76] SAKARIDIS C, DAI D, VAN GOOL L. Semantic foggy scene understanding with

synthetic data[J]. International Journal of Computer Vision, 2018, 126(9): 973 - 992.

[77] ACHANTA R, SHAJI A, SMITH K, et al. SLIC superpixels compared to state-of-the-art superpixel methods[J]. IEEE Transactions on Pattern Analysis and Machine Intelligence, 2012, 34(11): 2274 - 2282.

[78] KIM J H, JANG W D, SIM J Y, et al. Optimized contrast enhancement for real-time image and video dehazing[J]. Journal of Visual Communication and Image Representation, 2013, 24(3): 410 - 425.

[79] GOODFELLOW I, POUGET-ABADIE J, MIRZA M, et al. Generative adversarial networks[J]. Communications of the ACM, 2020, 63(11): 139 - 144.

[80] HE K, ZHANG X, REN S, et al. Spatial pyramid pooling in deep convolutional networks for visual recognition[J]. IEEE Transactions on Pattern Analysis and Machine Intelligence, 2015, 37(9): 1904 - 1916.

[81] VIOLA P, JONES M. Robust real-time object detection[J]. International Journal of Computer Vision, 2001, 4:34 - 47.

[82] EVERINGHAM M, VAN GOOL L, WILLIAMS C K I, et al. The pascal visual object classes(VOC) Challenge[J]. International Journal of Computer Vision, 2010, 88(2):303 - 338.

[83] REN S, HE K, GIRSHICK R, et al. Faster r-cnn: Towards real-time object detection with region proposal networks[J]. IEEE Transactions on Pattern Analysis and Machine Intelligence, 2016, 39(6): 1137 - 1149.

[84] 赵行伟. 基于深度学习的目标检测算法研究与应用[D]. 成都:电子科技大学,2020.

[85] ZHOU S K, CHELLAPPA R, MOGHADDAM B. Visual tracking and recognition using appearance-adaptive models in particle filters[J]. IEEE Transactions on Image Processing, 2004, 13(11): 1491 - 1506.

[86] 杨欣,刘加,周鹏宇,等. 基于多特征融合的粒子滤波自适应目标跟踪算法[J]. 吉林大学学报(工学版),2015(2): 533 - 539.

[87] COMANICIU D, MEER P. Mean shift: a robust approach toward feature space analysis[J]. IEEE Transactions on Pattern Analysis and Machine Intelligence, 2002, 24(5): 603 - 619.

[88] HENRIQUES J F, CASEIRO R, MARTINS P, et al. High-speed tracking with kernelized correlation filters[J]. IEEE Transactions on Pattern Analysis and Machine Intelligence, 2014, 37(3): 583 - 596.

[89] 周志华.机器学习[M].北京:清华大学出版社,2016.

[90] SCHÖLKOPF B, SMOLA A J, BACH F. Learning with kernels: support vector machines, regularization, optimization, and beyond[M]. Cambridge: MIT press, 2002.

[91] FUKUSHIMA K, MIYAKE S. Neocognitron: a self-organizing neural network model for a mechanism of visual pattern recognition [M]. Berlin: Springer, 1982.

[92] LECUN Y, BOTTOU L, BENGIO Y, et al. Gradient-based learning applied to document recognition[J]. Proceedings of the IEEE, 1998, 86(11): 2278 - 2324.

[93] KRIZHEVSKY A, SUTSKEVER I, HINTON G E. Imagenet classification with deep convolutional neural networks[J]. Advances in neural information processing systems, 2012, 25: 1097 - 1105.

[94] DENG L. The mnist database of handwritten digit images for machine learning research [J]. IEEE Signal Processing Magazine, 2012, 29(6): 141 - 142.

[95] SRIVASTAVA N, HINTON G, KRIZHEVSKY A, et al. Dropout: a simple way to prevent neural networks from overfitting[J]. The Journal of Machine Learning Research, 2014, 15(1): 1929 - 1958.

[96] PASZKE A, GROSS S, MASSA F, et al. Pytorch: an imperative style, high-performance deep learning library[J]. Advances in Neural Information Processing Systems, 2019, 32: 8026 - 8037.